新型墙体材料应用丛书

# 混凝土多孔砖生产及应用技术

杨伟军　杨春侠　编著
梁建国　彭艺斌　主审

中国建筑工业出版社

**图书在版编目（CIP）数据**

混凝土多孔砖生产及应用技术/杨伟军，杨春侠编著.
北京：中国建筑工业出版社，2011.10
（新型墙体材料应用丛书）
ISBN 978-7-112-13509-7

Ⅰ.①混… Ⅱ.①杨…②杨… Ⅲ.①混凝土-砖-生产工艺 Ⅳ.①TU522.1

中国版本图书馆 CIP 数据核字（2011）第 174165 号

新型墙体材料应用丛书

**混凝土多孔砖生产及应用技术**

杨伟军 杨春侠 编著

梁建国 彭艺斌 主审

*

中国建筑工业出版社出版、发行（北京西郊百万庄）
各地新华书店、建筑书店经销
北京红光制版公司制版
北京市安泰印刷厂印刷

*

开本：850×1168 毫米 1/32 印张：10¾ 字数：288 千字
2011 年 10 月第一版 2011 年 10 月第一次印刷
定价：**26.00** 元
ISBN 978-7-112-13509-7
（21278）

本书从混凝土多孔砖的产品设计、生产及其砌体的力学性能到房屋的承载力分析、试验研究、抗裂性能、抗震性能等方面对混凝土多孔砖及其砌体进行了系统的论述。第 1 章绪论；第 2 章混凝土多孔砖生产与应用可行性分析；第 3 章混凝土多孔砖产品设计；第 4 章混凝土多孔砖性能、原材料及其资源分析；第 5 章混凝土多孔砖生产技术；第 6 章混凝土多孔砖砌体的基本力学性能；第 7 章混凝土多孔砖砌体房屋的建筑设计与建筑节能技术；第 8 章混凝土多孔砖砌体结构构件的承载力计算；第 9 章混凝土多孔砖砌体房屋的墙柱设计；第 10 章混凝土多孔砖砌体房屋裂缝控制；第 11 章混凝土多孔砖砌体房屋的抗震设计；第 12 章混凝土多孔砖砌体房屋的施工技术。

本书可供新型墙体材料生产企业、管理部门的技术与管理人员，房屋建筑工程技术人员、科学研究人员和高等院校有关师生参考。

* * *

责任编辑：赵梦梅　武晓涛
责任设计：董建平
责任校对：肖　剑　刘　钰

# “新型墙体材料应用丛书”
# 编审委员会

# 前　言

加快新型墙体材料的发展是我国经济社会发展和实施可持续发展战略的必然要求。随着墙改工作的深入开展，各类满足节能、节土、利废要求的新型墙体材料不断涌现。并在实践中不断完善与改进，对提高建筑工程质量，改善建筑功能，美化我们的生活和工作环境发挥了巨大的作用。

目前，新型墙体材料产量在墙体材料中占到了绝大多数，但新型墙体材料生产及其应用中有一些问题尚待解决。例如：对新型墙体材料了解不够、市场不清楚、技术不完善、政策导向不了解、生产与应用脱节等。因而大力发展新型墙体材料产业，生产出高质量的新型墙体材料，完善新型墙体材料建筑设计施工技术等，是做好“禁实”工作的前提条件。

新型墙体材料的发展和应用需要从政策、市场、建筑结构体系、建筑节能、技术创新、资源情况、产品种类品种及工艺、技术装备选型等出发，全方位给予指导，提供成套技术。一方面解决新型墙材品种过多过滥、优质产品过少、产品性能指标不高，企业在上项目时无所适从的问题；另一方面也便于管理，制定和实行扶植政策支持发展重点；另外也为新型墙体材料革新工作的健康发展提供成套技术保障。

作者编著本套丛书意在为墙材企业的新建改造项目决策、生产技术和应用市场提供科学依据和成套技术；为新型墙体材料建筑在设计、施工与验收规定等方面提供技术应用指导，解决新型墙体材料建筑推广过程中的应用技术问题。

作者在多年从事混凝土多孔砖及其砌体理论与试验研究工作的基础上，吸收国内外该领域的最新科研成果，写成了本书。

本书得到湖南省墙体材料改革办公室的资助，梁建国教授仔细审查了全书，长沙理工大学的许多同事和研究生参与了本书工作，在此一并表示衷心感谢！

本书试图起到抛砖引玉的作用，使新型墙体材料建筑得到较大的发展，为国家经济建设作出贡献。限于作者水平，书中难免有不妥之处，恳请有关专家和广大读者批评指正。

2011 年 6 月

# 目　录

# 第 1 章　绪　　论

随着改革开放的深入，我国已进入了城市化的高峰期。据有关部门预测，未来十年内我国的房地产业将每年保持 7%以上的增长速度，我国将进入另一个大规模建设的时期，进入一个建筑业高速发展的时期。而其中住宅产业又是整个房地产业中未来发展最为迅速、市场需求最大的部分。长期以来我国的住宅建筑采用的是黏土实心砖墙承重的结构体系，随着全国城市化进程的加快，对建造房屋的黏土砖需求量正在急剧增大，从而导致了土地资源的进一步严重短缺。而我国耕地面积仅占世界总量的 7%，人口却占世界总人口的 22%，耕地资源十分贫乏。据悉，每生产 1 万块标准黏土砖需要挖土 33t，约 $18m^3$；同时烧砖煤耗需要标准煤 1t 左右。按此计算，每烧制黏土砖 66.6 万块，就要烧毁 1 亩可耕地；1t 烧煤约产生二氧化碳 3.7t，同时还会放出大量的二氧化硫气体。为了保护日益稀缺的耕地资源，避免由于黏土实心砖的生产对于我国的土地资源、能源、环境造成严重的危害，急需新型墙体材料取代实心黏土砖，进行墙体材料的改革势在必行。国家实行强制性“禁实”、“限粘”、“节能环保”政策的要求为新型墙体材料提供了良好的发展机遇和新的挑战，许许多多的新型墙体材料应运而生，混凝土多孔砖就是近几年开发的符合国家产业政策的其中一种。图 1.0-1 为长沙理工大学西苑学生公寓 7、8 号楼，系湖南省用混凝土多孔砖建设的首两栋建筑。

图 1.0-1　混凝土多孔砖砌体建筑

## 1.1 混凝土砖的分类

（1）按照有无孔洞和孔洞大小特征

混凝土砖按照有孔、无孔及孔洞的大小可以分为混凝土实心砖、混凝土多孔砖和混凝土空心砖。

混凝土实心砖是以水泥为胶结材料，砂、石为主要骨料，经加水搅拌、成型、养护制成的，砖的外形为直角六面体，其主规格尺寸为：240mm×115mm×53mm、200mm×100mm×56mm。其他规格由供需双方协商确定，但砖高≥40mm。砖的抗压强度分为MU40、MU35、MU30、MU25、MU20、MU15六个等级。按混凝土自身的密度分为普通（A：≥2100kg/m$^3$）、中等（B：1680～2100kg/m$^3$）和轻量级（C：<1680kg/m$^3$）三个密度等级。

混凝土多孔砖是以水泥为胶结材料，以砂、石等为主要骨料，加水搅拌、成型、养护制成的一种有多排小孔的混凝土砖。产品的主规格尺寸为240mm×115mm×90mm，孔洞率不小于30%；按强度等级分为MU10、MU15、MU20、MU25、MU30共5个强度等级。

承重墙体的混凝土多孔砖的孔洞应垂直于铺浆面，孔洞率不应大于35%。外壁和肋的厚度不宜小于15mm。

混凝土空心砖是由水泥、粗细骨料以及外加剂（其中粗骨料≤10mm）制成的空心砖，按一定比例经机械成型、养护而成的块材。混凝土空心砖的强度等级为MU20、MU15、MU10、MU7.5、MU5。竖孔混凝土空心砖孔洞率为35%以上，主要规格有240mm×115mm×90mm、190mm×190mm×90mm和240mm×180mm×115mm等；水平孔混凝土空心砖的孔洞率一般为40%以上，外壁和肋的厚度不宜小于10mm，主要规格有290mm×290mm×115mm及150m和240mm×115mm×240mm，密度为1000～1100kg/m$^3$，用于非承重墙或作为钢筋混凝土预制空心砖墙板、空心砖楼板和空心砖檩条的填充体。

(2) 按照密度和使用材质的不同

以混凝土多孔砖为例，根据密度和使用材质的不同可以分为普通混凝土多孔砖、轻骨料混凝土多孔砖、粉煤灰混凝土多孔砖及再生混凝土多孔砖。

普通混凝土多孔砖以普通水泥为胶结料，砂石为主要骨料，轻骨料为辅助骨料，经配料、加水搅拌、振动加压成型、养护而成。

根据骨料的不同，轻骨料混凝土多孔砖有很多类型。如采用粉煤灰烧结陶粒生产的轻骨料混凝土多孔砖，它是以粉煤灰陶粒、粉煤灰、煤渣等工业废渣为主要骨料，以水泥为胶结料，采用"薄壁肋多排孔半封底"的孔型结构设计和振动加压成型生产工艺生产的。它具有抗压强度高，墙体抗震性能好，建筑热工性能优良，符合我国现行建筑设计施工规范要求等特点的轻骨料混凝土多孔砖；矿渣混凝土多孔砖是利用高炉矿渣和硼泥等工业废料为骨料，水泥为胶结料，采用机械压制成型的一种新型墙体材料。矿渣混凝土多孔砖的强度等级有 MU10、MU15，其干燥收缩率不大于 0.045%。矿渣混凝土多孔砖具有隔热保温、节土利废、减少污染等优点。

粉煤灰混凝土多孔砖是以粉煤灰为主要原料的建筑材料，它具有密度小、孔隙率高、导热系数低。

再生混凝土多孔砖是利用废弃的混凝土或黏土砖制作成的。随着建筑业的发展，建筑垃圾的处理量和处理费用越来越高，利用建筑垃圾中的混凝土及砖石残骸碎片，经过破碎、分级、清洗，并按一定的比例配合后，作为再生骨料部分或全部替代天然砂石配制再生混凝土砖，节能利废，符合国家的发展政策。

(3) 按照其使用用途分

按照是否用于承重，可分为承重混凝土砖和非承重混凝土砖。混凝土实心砖一般可作为承重砖用于工业与民用建筑基础；

混凝土多孔砖一般可作为承重砖用于工业与民用建筑墙体；混凝土空心砖只能用于非承重墙体。

装饰混凝土砖是以水泥混凝土为原料制成的、使用时至少有一面直接裸露、具有装饰功能的砖。装饰混凝土砖的外形通常为直角六面体，其长度、宽度和高度宜分别符合下列要求，mm：365、330、290、240、190；240、115、90；115、95、90、56、53。按其抗渗性分为普通型（P）和防水型（F）；按其抗压强度分为 MU15、MU20、MU25、MU30 四个等级。

混凝土路面砖按形状可分为普通型路面砖和联锁型路面砖两种；按面料可分为水磨石面砖、光亮面砖、彩色和原色水泥面砖等多种种类。

## 1.2 混凝土多孔砖及其砌体的基本情况

混凝土多孔砖是在混凝土小型空心砌块和烧结多孔砖基础上发展起来的。在材料上它与混凝土小型空心砌块相似，在外形尺寸上它又与烧结多孔砖相同。它是以水泥、砂石、水为主要原材料，经坯料制备、振压成型、养护而成的新型墙体材料。混凝土多孔砖主要规格尺寸为 240mm×115mm×90mm，与烧结多孔砖一致。其他规格尺寸，如长度、宽度和高度应符合下列要求：290mm、240mm、190mm、180mm；240mm、190mm、115mm、90mm；115mm，90mm、53mm。孔洞率一般大于 25%。混凝土多孔砖的一般规格见图 1.2-1。

混凝土多孔砖较黏土多孔砖的优势有以下几点：

240mm×115mm×90mm

240mm×190mm×90mm

图 1.2-1 混凝土多孔砖规格示意图

1）混凝土多孔砖产品外观尺寸规范，砌体平整度好，灰缝饱满，而黏土多孔砖外观尺寸偏差较大。砌体不平整，灰缝漏浆过多。使用混凝土多孔砖对减少砂浆用量及改善粉刷超厚的作用十分明显。

2）混凝土多孔砖生产工艺简单，制作方便。其生产工艺与混凝土小型空心砌块相似，均为机械化生产线一次压制成型。生产过程不毁耕地，与生产实心黏土砖相比，每生产 $1m^3$ 黏土砖须耗标煤 91kg，而生产 $1m^3$ 的混凝土多孔砖能耗不到 40kg 煤。同时，相应减少了粉尘、二氧化碳、二氧化硫的排量。混凝土多孔砖取材方便，非承重墙还可适量加入矿渣、粉煤灰等工业废料，从而降低成本。

3）混凝土多孔砖自重为 3.8～4.4kg，工人用一只手就可像砌筑实心黏土砖一样进行施工；由于其块高为普通黏土砖的 1.7 倍，并且块形设计符合施工习惯，能有效地减轻劳动强度，提高工效，且可减少大量灰缝砂浆。对比数据显示：黏土实心砖砌筑 $100m^2$ 的 3/4 砖内墙，耗用 30.74 劳动工日，砌筑砂浆 $3.91m^3$，混凝土多孔砖砌筑 $100m^2$ 的 3/4 砖内墙，耗用 21.74 劳动工日，砌筑砂浆 $3.65m^3$，两者相比，混凝土多孔砖节约人工工日 29.28%，砌筑砂浆 32.2%，在抹灰施工中，以墙面双面抹灰计，用混凝土多孔砖作墙体，每 $100m^2$ 可节约 $1m^3$ 的抹灰砂浆。

4）混凝土多孔砖的孔设计多为"盲孔或半盲孔"，多排孔布置，倒砌法施工，保证了水平灰缝的饱满度，提高了砌体抗剪强度。

5）混凝土多孔砖块高为 90mm 或更高，是黏土砖高（53mm）的 1.7 倍，增加了块材截面的抵抗矩，对提高砌体抗压强度相当有利。

6）混凝土多孔砖在运输过程中不易损坏，比黏土砖的损耗低 5 个百分点以上。

可见混凝土多孔砖既保留了传统黏土砖砌体结构材料取材广泛、施工方便等特点，又拥有新型墙体材料节能、节土、利废的优点，同时弥补了目前应用的各种墙体材料的一些缺陷及不足。混凝土多孔砖作为新型墙体材料，其尺寸、规格和单块强度等完全符合现行国家标准的要求，符合国家墙改的政策要求，具有很大的自身优势，因此混凝土多孔砖必将成为一种极具竞争力的建筑墙体材料。

我国目前的建筑结构多样，在经济发达地区，以框架结构为主，而绝大部分地区，砖混结构还占有很大比例。混凝土多孔砖兼具黏土多孔砖和混凝土小型空心砌块两种材料的特点，可用作承重和非承重结构的墙体材料。混凝土多孔砖主规格尺寸为240mm×115mm×90mm，与烧结多孔砖外形尺寸一致，与实心砖只是在高度上不同。实验结果显示，通过调整材料配方，混凝土多孔砖的强度等级可以从 MU10 做到 MU30，目前生产的混凝土多孔砖强度等级以 MU10、MU15 为主，也有少数厂家可生产强度等级为 MU20、MU30 的混凝土多孔砖，可见混凝土多孔砖的强度与黏土砖、混凝土砌块等强度相当。混凝土多孔砖砌体形式和其他材料的砌体一样，通常可分为无筋砌体和配筋砌体两种形式。

混凝土多孔砖无筋砌体是指配筋率小于 0.07%的混凝土多孔砖墙体，用于非地震区的低层建筑。混凝土多孔砖配筋砌体是在混凝土多孔砖砌体中配置钢筋或钢筋混凝土的砌体，由于钢筋的作用及钢筋或钢筋混凝土设置的部位和方式的不同，配筋砌体结构的类型多种多样。

## 1.3 混凝土多孔砖及其砌体的发展和应用

### 1.3.1 混凝土多孔砖及其砌体的研究现状

混凝土砖的生产及应用已经有多年的历史，但以往主要是作为路面砖及装饰砖来进行生产和使用的。由于混凝土多孔砖作为承重墙体材料具有其他新型墙体材料无法比拟的优势，近几年来，得到了工程界的广泛关注和学者的深入研究。

在混凝土多孔砖孔型和排列方面，作者结合多孔砖光弹性模型试验的结果对混凝土多孔砖在不同孔型及孔洞排列方式下的受力性能进行分析。结果表明，圆孔、孔洞交错排列的多孔砖受力性能较好[5]；作者还通过导电纸电模拟试验，分析了孔洞率、孔洞形状、孔洞排列方式和孔壁厚对多孔砖保温隔热性能的影响[6]。

在混凝土多孔砖基本力学性能方面，钱晓倩、钱志宇和孟涛研究了混凝土多孔砖砌体的力学性能。试验结果表明，当采用M10的混合砂浆砌筑MU15的多孔砖时，多孔砖砌体轴心抗压强度、抗剪强度及通缝和齿缝弯曲抗拉强度均高于同强度等级的烧结多孔砖砌体，且高于《砌体结构设计规范》GB 50003—2001烧结多孔砖砌体的强度。多项试点工程表明，除了因吸水率较小，粉刷掉灰相对较多外，混凝土多孔砖其他性能均与烧结多孔砖相似[7]。

在施工和应用方面，翟红侠、廖绍锋和冯兰芳通过研究，阐述了我国混凝土多孔砖生产及应用情况，并详细论述了混凝土多孔砖建筑施工与验收的要求[8]；于献青和董晓峰指出：混凝土多孔砖外形尺寸与过去沿用的黏土实心砖相比，仅厚度变为90mm，与烧结页岩多孔砖完全相同，因此可用于各种类型的工业与民用建筑[9]。

长沙理工大学对混凝土多孔砖砌体性能及其应用作了较为系统的研究[6]，总的来说，混凝土多孔砖产品性能、砌体基本力学性能和抗震性能的研究得到广泛关注，很多地方也开始了混凝土多孔砖砌体房屋工程的建设。大量的研究工作主要集中在以下几个方面：

1）混凝土多孔砖产品及其砌体基本力学性能的试验研究；

2）混凝土多孔砖砌体物理性能的试验及理论研究；

3）混凝土多孔砖建筑技术的研究；

4）混凝土多孔砖墙体拟静力试验研究及分析；

5）混凝土多孔砖砌体房屋非线性地震反应分析。

上述研究工作对混凝土多孔砖体系房屋的推广应用还不够，需要进一步开展更为全面的混凝土多孔砖砌体房屋性能的深入研究，探讨混凝土多孔砖砌体房屋的工程应用。

### 1.3.2 混凝土多孔砖的应用

新型墙体材料从用途上可分为砌块、砖和板材三大类。砌块类有普通混凝土小型空心砌块、轻骨料混凝土小型空心砌块、烧结空心砌块、蒸压加气混凝土砌块、石膏砌块、粉煤灰小型空心砌块；砖类有非黏土烧结多孔砖、非黏土烧结空心砖、蒸压粉煤灰砖、蒸压灰砂砖、烧结多孔砖、烧结空心砖和混凝土多孔砖；板材类有蒸压加气混凝土板、建筑隔墙用轻质条板、钢丝网架聚苯乙烯夹芯板、石膏空心条板、玻璃纤维增强水泥轻质多孔隔墙条板、金属面夹芯板、建筑平板等。目前，我国墙材生产总量8000亿块，新墙材年产量已占墙材年产总量的39.26%，其中砖类墙材产品占32.13%。砖类新型墙材产品已成为新墙材主导产品。可见混凝土多孔砖具有很大的发展空间。

混凝土砖（砌块）起源于美国，发展于发达国家。在美国，混凝土多孔砖的品种多达2000多种，生产厂家共有1270多家，劳动生产率高达3000$m^3$/人·年以上。生产的砖（砌块）约有1/3用于住宅建筑，1/3用于办公楼等房屋建筑，1/3用于学校、医院、教堂等公用建筑；少量用于特殊用途，如砌路面、砌护坡、地面等。其他国家在20世纪初也都开始生产使用混凝土砌块（砖）。

在我国，混凝土多孔砖的概念最早是对照黏土多孔砖提出的，根据上海市建筑科学研究院对混凝土多孔砖进行材料及砌体力学性能测试，混凝土多孔砖的外观质量及允许尺寸偏差、混凝土多孔砖强度质量指标、混凝土多孔砖空心率和抗冻性的技术指标均达到或超过《烧结多孔砖》GB 13544规范标准要求。

由于混凝土多孔砖由于本身的优势和国家“禁黏”和“禁

实”力度的加大和范围的进一步扩大，混凝土多孔砖的生产和应用得到了迅速的发展。目前国家已出台行业标准《混凝土多孔砖》JC 943—2004。近几年来，混凝土多孔砖在浙江、上海、江苏、福建、湖北、江西，湖南等省市得到了大力推广和使用。浙江、河北、上海等省市对混凝土多孔砖砌体的试验数据及试点工程证明：混凝土多孔砖砌体的各项力学指标与烧结多孔砖砌体相当。而其变形及收缩特征又与混凝土小型空心砌块砌体相吻合，它的应用范围、设计方法和施工质量验收符合两种砌体的受力和变形特点，因此，混凝土多孔砖砌体可按《砌体结构设计规范》GB 50003、《建筑抗震设计规范》GB 50011 砌体房屋部分、《混凝土小型空心砌块建筑技术规程》JGJ/T 14 及《砌体工程施工质量验收规范》GB 50203 的相应规定进行设计、施工和验收。近年来，上海于 2001 年已编制了技术规程 DBJ/CT 009—2001，天津市于 2004 发布工程建设标准《混凝土多孔砖建筑技术规程》DB29—85—2004，河南省于 2005 年颁布《混凝土多孔砖建筑技术规程》DBJ 41/T063—2005，湖南省相继发布了《混凝土多孔砖建筑技术规程》DBJ 43/002—2005、《非承重混凝土空心砖砌体工程技术规程》DBJ 43/T003—2005、《陶粒混凝土小型空心砌块与陶粒混凝土多孔砖建筑技术规程》DBJ 43/T001—2009、《轻骨料混凝土多孔砖建筑技术规程》DBJ 43/T003—2009，其他如浙江、河北等省市相继出台了混凝土多孔砖砌体结构应用技术的地方标准，并大量用于工程实践。混凝土多孔砖砌体的应用技术已趋于成熟，中国工程建设标准化协会于 2009 年发布了《混凝土砖建筑技术规范》CECS 257：2009。

从全国来讲，混凝土多孔砖的推广应用刚刚开始。生产混凝土多孔砖的企业在全国已愈百家，使用的设备既有进口的也有国产的，类型各异。据统计，每年的生产能力约 600 万 $m^3$。各地区对混凝土多孔砖的生产和应用进行了大量的科研和试点项目，提供了大量有用的技术资料，取得了令人满意的成果。

1997 年初，上海一些企业提出了用混凝土多孔砖（不但可用于承重墙亦可用于非承重墙）来代替黏土砖（包括实心砖和多孔砖），同时开始了系列产品的研制和开发，通过对混凝土多孔砖主规格砖型的不断改进和定型、生产设备的研制和改进、对混凝土多孔砖材性一直到所砌筑墙体的各种物理力学性能和抗震性能的试验，以及在 15 万 $m^2$ 工程实体试点经验的基础上，取得了理想的效果，并通过了上海市建委组织的科技成果鉴定。

2003 年浙江省（11 个市）混凝土多孔砖生产企业具有一定规模的达 150 余家，生产能力达 20 亿块标砖，生产量超过 10 亿标砖，占新型墙体材料比例的 67%，占非黏土新墙材比例为 22.6%。目前，混凝土多孔砖已在浙江省近 100 万 $m^2$ 建筑的承重与非承重墙体中应用。主要工程有：宁波东方城、香梅家园，总建筑面积为 13 万 $m^2$，共计 30 幢住宅墙体全部采用混凝土多孔砖及其配套砖，用砖量 600 万块。杭州中意机械有限公司，建筑面积为 6000 $m^2$，框架综合楼，墙体全部采用混凝土多孔砖及其配套砖，用砖量 60 万块。宁波长乐别墅小区，建筑面积为 6000 $m^2$，承重住宅，墙体全部采用混凝土多孔砖，用砖量 60 万块。

天津市已在塘沽区迎宾园小区的住宅、厂房、锅炉房、办公楼、食堂、幼儿园等多种类型建筑的 1～6 层建筑中应用混凝土多孔砖作为承重及非承重墙体。试点建筑共 7.5 万 $m^2$，于 2004 年 7 月 29 日通过了市建委组织的专家验收。随后，市建委将塘沽康居花园二期等 5 个建设项目列为混凝土多孔砖结构体系 50%节能达标示范项目．将塘沽迎宾园 C 区建设项目列为混凝土多孔砖结构体系 65%节能试点项目。

广东省惠州市在建和拟建的混凝土多孔砖生产厂家多达数十家，多数年生产能力达 2 万 $m^3$ 以上，混凝土多孔砖在广州市新墙材生产总量中占有率达 50%左右。

河南省鹤壁、南阳等市于 2006～2007 年分别建造了一批住宅小区，施工单位和用户初步反映良好，认为混凝土多孔砖和实心砖的砌筑工艺与黏土砖没有很大差别，砂浆与砖的粘结性较好，容易保证砌筑质量。

湖南的长沙、株洲、湘潭、邵阳等地正在大力发展混凝土多孔砖房屋，已建有混凝土多孔砖房屋千余栋。

由实例说明，混凝土多孔砖在全国范围内得到了广泛的应用。混凝土多孔砖产品已在各类型结构工程中应用（作非承重墙的框架填充墙、多层住宅中的承重墙和大开间大跨度砖混结构中的承重墙等），经济效益和社会效益显著，受到设计、施工、建设单位的好评。

### 1.3.3 混凝土多孔砖的发展趋势

混凝土多孔砖未来的发展的趋势为行业生存和发展空间扩大、竞争加剧、产品多元化与市场多元化趋势更加突出。

（1）行业生存和发展空间扩大

长期以来我国的建筑采用的是黏土实心砖墙承重的结构体系，但是由于黏土实心砖的生产对我国土地资源、能源、环境造成了严重的危害，我国已加大了对黏土实心砖的禁用力度，国家和各地政府出台了一系列的政策和法规，黏土实心砖的使用比例在逐年下降。黏土实心砖的退出和我国住宅建筑产业的迅速发展为混凝土多孔砖提供了巨大的发展空间。2007 年各地建筑市场需求加大，砖产量稳中有升。据有关部门对规模以上企业的统计，1～12 月份全国砖产品产量平均累计增长 17.8%，其中河北、辽宁、吉林、安徽、福建、江西、山东、湖北、广西、四川、陕西、青海等省区同比增长 20.6%～86.7%。可见混凝土多孔砖作为黏土砖的理想替代品，具有很大的市场需求。

最近几年国家在政策上给予鼓励和支持，这使混凝土多孔砖的应用开始从大中型城市逐步扩散至县、乡一级小城镇的建设，因为混凝土多孔砖无论在价格上还是在施工方法上都与黏土实心砖基本相同，能最大程度地满足县、镇的要求，这又为混凝土多孔砖开辟了广阔的市场。

（2）竞争加剧

自2003年以来，固定式成型机年实际需求量猛增至600～1000台（套），新建生产线的单线投资在60～200万元人民币之间的约占九成，单线投资额比2001年之前呈大幅度增加趋势。可见混凝土多孔砖生产厂家的增多和投资的加大，混凝土多孔砖行业内竞争更趋激烈，同时还受到来自行业外相同用途产品更加激烈的竞争，如加气混凝土和烧结多孔砖。

(3) 产品多元化更加突出

混凝土多孔砖将改变以前以墙用砖为主的增长方式，转为依赖建筑墙用砖、市政工程用制品和水（土）工（砌块）砖三大类产品的多品种发展态势。建筑墙用砖（砌块）仍将以非承重轻骨料填充块为主导，然而未来以多功能保温混凝土多孔砖、装饰混凝土多孔砖、混凝土路面砖和混凝土水（土）工砖等多元化产品为主导的趋势将越来越明显。

1) 保温混凝土多孔砖

目前研制的一种新型保温混凝土多孔砖，由混凝土多孔砖混凝土承重区、EPS保温层和混凝土保护层3部分组成。新型建筑节能体系采用自制新型保温混凝土多孔砖，在热桥部位采取了有效的保温构造措施，在以下方面实现了突破：

①保温节能且保温层与建筑物同寿命。

②保温与承重一体，省去了传统外墙外保温的粘贴等多道复杂工序。

③解决了外墙外保温的裂缝问题和外墙内保温热桥部位结露问题。目前外墙外保温表面裂缝是质量通病，难以解决，保温混凝土多孔砖墙体由于将保温层置于墙体内侧，能够做到不开裂。热桥部位采取了保温隔热措施，消除了结露问题。

④价格低廉，比目前市场上其他保温墙体造价均低[11]。

通过工程应用表明，室内热环境明显改善，可满足建筑节能65%的要求。

随着对节能要求的逐步提高，以上述保温混凝土多孔砖为例的一系列保温节能混凝土多孔砖新型产品将越来越受到市场的欢迎。

2）装饰混凝土多孔砖

20世纪末期，我国国民经济和人民生活水平有了很大提高，高档建筑工程和园林式建筑逐渐增多。将混凝土多孔砖制成具有装饰效果的装饰混凝土多孔砖来砌筑“清水墙”，在建筑上保证了饰面效果，提高了砌筑工效、降低了建筑成本，免维修，将会在同类墙体装饰材料中具有很强的竞争力。

3）混凝土路面砖

混凝土路面砖主要有铺路砖和植草砖。铺路砖具有高强度、抗冻融、耐磨、透水、防滑、色彩自然、质感丰富、可拼性极强，是城市道路、机场、码头、园林景观建设的首选产品。植草砖的强度高，可受重车，可用于城市道路边缘及住宅小区停车位、河道改造、高速公路护坡等，既满足城市道路功能又具绿化效果，是城市硬地改造与环境绿化的首选产品。目前不管是在国外还是在国内都得到了广泛的应用。2006年度北美两国的混凝土路面砖销售总量超过7400万$m^2$，比上年度的产品销售量增加了3.2%。这项始于1998年的市场调查显示，北美混凝土路面砖行业销售量累计已增长162%，平均年增长率为12.9%。近年来，随着我国城市化的发展，路面装饰砌块在市政、园林、交通、小区等土建工程中得到广泛应用。它通过块型设计和色彩搭配组合，创造出独特的、令人赏心悦目的装饰效果，对美化城市道路起到了积极的推动作用，同时具有强度高、耐磨性好、透水性强、耐久性佳等优点。可见混凝土路面砖将是未来混凝土多孔砖多元化发展的一个方向。

4）混凝土多孔水（土）工砖

2002年之前，专门应用于江、河、湖、海堤岸护坡的水工砌块，对中国砌块行业来说还相当陌生。仅仅4年的时间，不但出现了多家以水工砌块为主的生产企业，工程应用也从试验性铺设迅速转为大面积工程应用。淮河中下游两岸护坡工程，以及江苏扬州沿山河、河北石家庄沱河等均大面积铺设混凝土水工连锁护坡砌块和干垒挡土块。干垒挡土砌块在园林景观工程中也有一些成功的应用案例。2005 年在北京市政工程建设中，成百个工程采用了 390 装饰劈裂砌块砌筑重力式配筋混凝土挡土墙。混凝土多孔砖需借鉴混凝土砌块在水（土）工砌块上的成功经验，大力发展混凝土多孔砖水（土）工砖将是未来混凝土多孔砖多元化发展的另一个方向。

## 1.4 混凝土多孔砖及其砌体发展中的一些问题

混凝土多孔砖是继混凝土小型空心砌块之后，又一种可用于承重和非承重墙体的新型墙体材料，它既兼有混凝土小型空心砌块的非黏土特点和黏土多孔砖的块型这双重优势，又具备自身“薄壁多孔半封底”的特点，是一种节土节能，符合国家产业政策导向的环保产品。自它问世以来，受到各省有关部门和设计单位、施工单位、房地产商的高度重视和欢迎，成功地在学校、商品住宅楼等民用建筑和工业建筑中得到应用，证明它是一种适销对路，具有巨大发展潜力的新产品。近几年来我国在墙体材料研究方面取得了很大的进展，但是目前混凝土多孔砖在扩大砌体结构的应用范围，增加砌体的品种和功能，完善和建立砌体建筑结构的配套技术、标准等方面还存在一些问题，归纳如下[12]：

1）混凝土多孔砖和混凝土小型空心砌块同属混凝土制品，湿涨干缩性能与混凝土小型空心砌块类同，其收缩率在 0.35～0.45mm/m 间，比黏土砖的温度线膨胀系数大，导热系数较大，新型墙材的质量通病如砌体裂缝、渗漏等问题还不能从根本上克服，需要进一步研究总结和改良。

2）近年来，我国各类非黏土新墙材项目比较多，发展速度快，有一哄而上的趋势，由于推广应用的配套措施跟不上，在城市的多层住宅和乡镇建筑中得不到广泛使用，建设和施工单位积极性不高。主要原因是：有的企业产品档次不高、不配套，建设单位不敢用；有的企业投入大，产品档次高，但是价格也高，建设单位不愿意用；有的应用技术不配套，设计和建设单位不会用。此外，还有受传统观念影响，对非黏土新墙材顾虑重重等。

3）目前，市场上普遍应用的混凝土多孔砖多是生产的8孔砖型，其热工性能较差，导致房屋的隔热保温差，节能问题还需要进一步研究。同时“十二五”期间国家对建筑节能方面提出了很多的要求，其中强调进一步推进墙体材料革新和推广节能建筑是保护耕地、改善环境、提高资源利用效率、促进经济社会可持续发展的迫切需要。

4）混凝土多孔砖导热系数为1.51W/(m·K)左右，大于黏土实心砖的导热系数，虽然其孔洞率大有利于保温，但是其有一定宽度的混凝土壁肋及在接缝处、转角处的混凝土构造柱或芯柱有薄弱点，易形成热桥，影响外墙保温性能，造成能源损耗大，甚至出现局部墙面结露现象。

5）块体密度仍然较大，框架填充难以达到轻质要求。

6）混凝土多孔砖的应用技术要进一步推广普及到中、小城市层次。

混凝土多孔砖作为一种经济和社会效益较高的新型墙体材料，同其他任何一种新材料一样，其发展也是一个不断完善的过程，需要不断地发现问题、解决问题、总结经验。

## 1.5 对我国混凝土多孔砖及其砌体的展望

### 1.5.1 应用预测

在新型墙体材料的市场方面，伴随着改革开放的深入，国民经济的高速发展，人民生活水平的相继提高，住房条件的持续改善。我国约有17亿$m^2$/年的基本建设量，其中住宅建设量至少在10亿$m^2$以上，并以10%的速度增长。2004年底，全国主要大中城市已经完全取缔了黏土实心砖，结束“秦砖汉瓦”的历史，以减少对耕地的破坏，实施可持续发展战略。由此淘汰的年生产能力500多亿块黏土实心砖，就需要有新型标准砖来代替，这是一个巨大的市场。

此外中央在《关于制定国民经济和社会发展第十个五年计划的建议》中指出："提高城镇化水平，是促进国民经济良性循环和社会协调发展的重大措施"；"我国推进城镇化条件已渐成熟，要不失时机地实施城镇化战略"；"发展小城镇是推进我国城镇化的重要途径"。因此，今后几年是我国城市化推动型的经济、社会发展的新阶段，是经济、社会新一轮发展的突破口。经济和社会发展的现代化离不开城市建设的现代化，城市建设的现代化又离不开现代化的墙体材料。这无疑为刚刚起步的新型墙体材料工业创造了良好的发展机遇，同时为新型墙体材料行业提供了向纵深发展的空间。作为混凝土制品，混凝土多孔砖的发展方向不应限制在城市建设中，要向县镇一级推广应用。新农村建设不断取得成就，农村房屋建设在数量、结构、功能、质量方面发生着新的变化，对砖瓦和其他墙体屋面材料需求市场的拉动力将非常巨大。农房的节能是一个重要的也是急需解决的关键问题，积极推广自保温节能墙体材料，是砖瓦行业结构调整的突破口。

### 1.5.2 轻质高强

新型墙体建筑材料是与传统建筑材料相比较而言的，很明显，其受时代和技术发展水平的制约。与传统墙体材料相比，新型墙体材料要求轻质和高强。只有轻质，才可能有效地减轻建筑物的自重，提高建筑物抗震性能，以满足现代建筑向空间发展的要求；只有高强，才可以在承重结构中有效地减少材料截面面积。提高建筑物的稳定性和灵活性。目前我国的墙体材料与发达国家相比存在着强度低、重量大、耐久性差的问题，国外砖的抗压强度一般为30～60MPa，最高可达230MPa，而承重块材的孔洞率一般为25%～40%，高的可达60%。根据国外的经验和我国的条件，只要在配料、成型、生产工艺上进行改进，可显著提高混凝土多孔砖的强度和质量。

混凝土多孔砖可认为是混凝土小型空心砌块的一个分支，可以根据目前轻骨料砌块的应用情况，利用人造骨料，如页岩和黏土陶粒，天然的如火山渣、浮石、自燃煤矸石等，以及利用工业废灰（渣），如粉煤灰、炉渣、矿渣等，结合城市的具体情况，可生产粉煤灰炉渣混凝土多孔砖、粉煤灰陶粒混凝土多孔砖和煤矸石混凝土多孔砖等。根据国内的经验，在一定条件下采用较大孔洞率和轻骨料为主要配料，可以显著地减轻混凝土多孔砖的自重。

因为砌体砂浆是影响砌体强度和整体性的一个重要因素，在发展高强混凝土多孔砖的同时，应该研制高强度等级的砌筑砂浆。国内外对影响砂浆性能的因素方面做了很多研究工作，特别是在提高砂浆粘结能力上下了不少功夫，美国 ASTMC 270 规定 M、S、N 和 O 四类水泥石灰混合砂浆，抗压强度分别为 17.2MPa、12.4MPa、5.2MPa 和 2.4MPa。由于砖与砂浆材料性能的改善，砌体的抗压强度得到了大大的提高，美国砖砌体的抗压强度为 17.2～44.8MPa，已接近或超过了普通强度等级的混凝土。

我国需在混凝土多孔砖自身力学性能、材料组成和高性能砂浆等方面进行全面的研究，并借鉴外国的成功经验，大力发展轻质高强的混凝土多孔砖，并且还要加强配筋混凝土多孔砖砌体研究，使其满足作为新型墙体材料的要求。

### 1.5.3 保温隔热

在中国，建筑耗能约占全国全部能量消耗的 1/4，居耗能首位。近年来，随着国民经济的迅速发展，建筑的生产和使用耗能，尤其是建筑采暖和空调耗能大大增加。仅采暖一项，目前中国的城镇建筑耗能约占全国能源总耗能量的 11.5%，占采暖地区社会能耗总消费的 20%以上；在一些严寒地区，城镇建筑耗能甚至高达当地社会耗能总消耗量的 50%。

新型墙体材料是实现节能的关键，我国现已加大力度限制高能耗、高资源消耗、高污染、低效益的产品的生产。并且随着对建筑物节能要求的不断提高，墙体保温、隔热的问题已引起了普遍的重视，混凝土多孔砖要想在未来墙体材料中占有一席之地，就必须改进其热工性能来顺应市场的要求。

目前市面上的混凝土多孔砖墙体的传热系数在 1.4～1.9W/($m^2$ · K) 之间。根据《夏热冬冷地区居住建筑节能设计标准》JGJ 134—2001 的要求，居住建筑外墙的传热系数不得超过 1.5 (W/$m^2$ · K)，故一般混凝土多孔砖墙体作为居住建筑外墙使用时，必须采取保温措施才能满足标准要求。

混凝土多孔砖墙体热工性能的计算分析比较表明，混凝土多孔砖孔洞大小及分布对其热工性能有一定影响[6,12]。通过合理布置孔洞，在一定程度上能够提高混凝土多孔砖的热工性能。但是我国节能型混凝土多孔砖的研究还存在一系列问题，目前能达到建筑节能设计标准的混凝土多孔砖屈指可数，并且在我国的应用还是刚刚起步，为了有更好的经济效益，有关其建筑砂浆种类、强度等级以及有关抗裂、防渗的经济材料和材料的配合比等问题都还需要细致、深入的研究。节能型多功能混凝土多孔砖的尺寸、构造、空心率以及其保温灌注材料和材料的复合方式都是很值得研究的课题。

### 1.5.4 多功能

多功能是指要求材料集多种或几种功能于一身，如兼具保温、隔热、吸声、防水、防火、防潮等，使建筑物具有良好的密封性能和自防性能。目前对多功能砌块进行过很多研究，而对节能型多功能混凝土多孔砖研究相对较少，混凝土多孔砖在尺寸上可以看作是缩小的混凝土砌块，所以我们可以借鉴多功能砌块的一些做法，发展多功能混凝土多孔砖。

近期对多功能砌块的研究有：陈治平、陈立和郭安萍提出了多功能连锁砌块，它是从连锁砌块的形式改造过来的。此类砌块大大改进了块体的抗剪能力，同时提出了采用壁面复合铝箔来增加块体保温隔热性能的新方法。但增设的凸齿细小部位容易在生产、搬运及施工过程中损坏，而且凸齿的存在不便于铺浆。砌体承重全靠长侧壁，横肋只起连锁销键作用，若住户进行室内装修，则不宜在墙面凿洞穿孔[13]。袁海庆等人研制的混凝土-纸基空腔材料复合砌块是由混凝土砌块与纸基空腔材料复合而成，是具有承重、隔热隔声、耐火、无污染的新型多功能墙体材料[14]。杜文英介绍了国外多功能砌块的研究情况，美国研制出的TB型保温隔热复合砌块，在内砌块与外砌块之间采用高效保温材料，完全消除了通过墙体砌块横肋的传热；加拿大研制出的保温隔热砌块，在主砌块中有两排孔，外侧窄长孔内插绝热材料，内侧孔可根据设计需要布置钢筋或插绝热材料；芬兰研制出在两块混凝土空心砌块中间加发泡的聚氨酯高效保温材料墙体；波兰研制出咬合式保温砌块[15]。长沙理工大学设计出节能型多功能混凝土多孔砖，具有承重、保温和装饰功能，并对其进行了系统研究。

如何正确地将对多功能混凝土砌块的一系列研究运用到混凝土多孔砖上，大力发展多功能混凝土多孔砖，使其成为未来墙体材料的主导产品之一，是值得工程界和学者们努力研究的方向之一。

### 1.5.5 节能利废

我国是一个能源短缺、土地资源贫乏、经济相对落后的人口大国，且随着社会经济的迅速发展，自然环境不断恶化、资源承载能力继续下降。而我国现有的墙体材料工业又是一个资源、能源消耗大，环境污染严重的产业。为使建筑与生态环境的关系协调以促进社会和谐发展，在建筑业中大力发展节土利废、节约能源、节省资源的新型墙体材料显得尤为重要。

发展新型建筑材料可以“吃”掉许多工业废渣，如粉煤灰、煤矸石、尾矿、炉渣、磷石膏、脱硫石膏都可作为新型墙体材料和保温材料原料，生产砖、砌块、板、加气混凝土制品等各种非黏土砖的新型墙体制品，国内工业废渣的堆存量在逐年增多，堆存废渣的占地面积也相应扩大，其中还占用了大量农田，工业废渣的处理好坏，对工农业的发展有着直接影响。根据日本建设省的统计，各产业界所有废弃物中属于建筑废弃物的约为 40%，1995 年度全国建筑垃圾就达 9900 万 t；美国每年光废弃混凝土就产生大约 6000 万 t；目前，欧洲共同体废弃混凝土的排放量已增加到 16200 万 t 左右；而据专家统计，我国每年新建房屋约 6.5 亿 $m^2$，每万平方米排出垃圾约 500～600t，全年仅施工建设产生和排出的建筑垃圾就近 4000 万 t。除此以外，我们还应看到旧建筑拆除垃圾也是不容忽视的，每平方米旧建筑拆除废料约 0.5～0.7t，旧房拆除面积按新建面积的 10%计算，则房屋拆除垃圾在 4000 万 t 左右，以上两项合计，我国建筑垃圾每年产生量约 8000 万 t[16]。

近年来，国内对建筑垃圾再利用做再生骨料生产多孔砖方面的研究还处于起步阶段。在承重墙体材料中，混凝土小型空心砌块、加气混凝土砌块、煤矸石烧结空心砖、粉煤灰烧结空心砖、粉煤灰蒸压砖以及其他利废制品有一定的发展。非承重墙体材料以发展利用工业废渣的各种空心砖、砌块和轻质板材为主。因此利用工业废料制造混凝土多孔砖将是未来的一种发展趋势。

# 第 2 章　混凝土多孔砖生产与应用可行性分析

用混凝土多孔砖作为承重墙体材料是最近几年才逐渐受到人们关注的，由于混凝土多孔砖作为承重墙体材料具有其他新型墙体材料无法比拟的优势，所以必将成为新型墙体材料一个新的发展方向。许多省市把混凝土多孔砖作为重点开发的一种新型墙体材料，通过对它的系统研究，把混凝土多孔砖应用到建筑墙体中，改善新型墙体材料建筑墙体的工作性能，推动墙体材料改革的发展。

## 2.1　混凝土多孔砖的生产及其特点

(1) 生产工艺简单，容易操作

混凝土多孔砖的组成材料是水泥混凝土，其生产工艺与混凝土小型空心砌块相似，都是机械化生产线，一次振压成型，甚至能将砌块的生产模具相应做些调整即可，全国各大城市都有专门的成套设备。

混凝土多孔砖的生产工序少，原料处理简便，多孔砖用成型机成型，半成品及产品的转运、堆放易于采用轻便机械，因而劳动生产率较高。据各地的资料统计，因生产规模、机械化程度和管理水平不同，工人劳动生产率为 600～900$m^3$/(人·年)，同国内黏土砖的工人劳动生产率（按每人每年平均为 12 万块标准砖计）相比，则高出 2～3 倍。

混凝土多孔砖由于其原料费用低（仅水泥价格较贵，但水泥用量少）；生产设备少，动力费用少；劳动生产率高，人工费用少；固定资产投资少，折旧摊销费用少等有利条件，故其生产成本低。随各地物价水平、混凝土多孔砖生产工艺、工厂生产规模及管理水平不同，每1 $m^3$混凝土多孔砖的生产成本一般为85元左右。与相当体积的产品对比，混凝土多孔砖的生产成本大体上同黏土砖的生产成本不相上下的。对一些燃料价格高、黏土砖缺乏的地区来说，混凝土多孔砖的生产成本可低于黏土砖的生产成本，销售利润比黏土砖要好。

新型墙体材料发展困难的主要原因之一，是从建厂到产品销售的各个环节在经济效益上难以同黏土砖抗衡，而混凝土多孔砖同黏土砖相比却具有相当的竞争力。

年产2万 $m^3$混凝土多孔砖车间的建设投资（只包括土建及设备）约需40～70万元（自然养护）。大体上，混凝土多孔砖单位产品的建设投资约为黏土砖单位产品建设投资的50%左右。

建设混凝土多孔砖厂，由于其生产工艺较简单、生产设备较少、土建设施较轻便、无需原料矿山等，故其建设周期较短，在正常情况下，合理工期为3～9个月（视工厂生产规模大小及混凝土多孔砖养护方式而异），这对提高投资效益是十分重要的。

如某市引进的粉煤灰承重混凝土多孔砖生产线总投资750万元，其中设备投资350万元，厂房、道路、堆场及水、电设施、堆板等投资400万元。每块砖利润0.09元，以年产量3000万块计，年利润约270万元，不到3年可以收回投资，按照财税字[1996] 20号文《关于继续对部分资源综合利用产品等实行增值税优惠政策的通知》，粉煤灰利用率大于30%，可享受免税优惠政策，每1000块粉煤灰混凝土多孔砖可获免税15～30元。

（2）保护耕地，节约能源

我国是世界上黏土实心砖的生产大国，年产量约6000亿块，远远高于其他任何国家，被称为世界小块实心砖的“王国”。城乡房屋建筑用墙体材料主要采用实心黏土砖，大多数地区的建筑墙体性能不能满足保温隔热的要求，按现行建筑设计规范，如继续采用实心黏土砖墙体，砖墙厚度平均增加1/4，除减少有效使用面积外，每年还要多用砖，相应地多毁农田和多耗能源。我国现有砖瓦企业 12 万个，每年烧砖近 7000 亿块，取土 14 亿 $m^3$，相当于毁田 8 万 $km^2$。

迄今为止，我国建房所用的墙体材料主要是黏土实心砖。生产黏土砖要耗费大量的黏土做原料。虽然国家极力提倡利用山土、河泥制砖，限制和禁止毁坏耕地，但是仍有相当数量的黏土砖是毁田取土生产的。按全国有 1/3 的黏土砖系毁田取土生产来推算，每年因烧砖取土而毁坏耕地约 15 万亩，每年因此减产粮食约 6000 万 t，约为 30 万人一年的口粮，这一事实是触目惊心的。我国人口多，耕地面积少，人多地少的矛盾日益尖锐，按全国现有耕地约 14 亿亩计算，我国人均耕地仅 1.1 亩多，这样的人均耕地占有量在世界各国中是相当低的。耕地是难以再生的资源，年复一年地大量毁田烧砖，不符合保护耕地的基本国策，也贻害子孙后代。

既要解决建设所需的墙体材料问题，又要减少烧砖毁田的危害，出路在于发展少用黏土或不用黏土的新型墙体材料。改造部分黏土砖厂，使之生产黏土空心砖和黏土多孔砖是节约黏土的一种办法，但是，这种办法节约黏土的比例一般只能达到 20%～40%，最彻底的办法是发展完全不用黏土的新型墙体材料。混凝土多孔砖是其中之一，与传统的黏土砖相比，混凝土多孔砖与混凝土小型空心砌块一样，其生产过程不毁坏耕地，防止水土流失。因此，大力发展混凝土多孔砖生产，能大幅度地取代黏土砖，从而有效地保护耕地。

我国是能源相对贫乏的国家，能源是制约我国经济发展的一个重要因素，解决能源不足的问题必须开发与节约并重。黏土砖的生产能耗很大，每生产 1 万块黏土实心砖平均耗标准煤 1.3t，按生产黏土砖 4700 亿块计，每年全国烧砖耗标准煤约 6000 万 t。这一能耗约占当年建筑材料生产总能耗的 55%，约占当年全国煤炭总产量的 5%。仅此一种产品就要耗费国家如此多的能源，这是国家难以长期承受的。随着国家经济建设的发展和人民生活水平的提高，城乡房屋建设及其工程建设在相当长的时期内有增无减，对墙体材料的需求量越来越大，耗能高的黏土砖必须尽量用耗能低的新型墙体材料取代，取代的份额越多越好。

实践表明，既能大量取代黏土砖又能大幅度节能的新型墙体材料首推混凝土制品，与混凝土小型空心砌块一样，混凝土多孔砖兼有的这两个特点在迄今已有的诸多新型墙体材料中还不多见。混凝土多孔砖的生产能耗主要由混凝土原材料的能耗及其加工过程的能耗两部分所组成。前者约占总能耗的65%～95%。混凝土的原材料能耗主要是所用水泥的能耗，而水泥在混凝土诸成分中所占分量很少，绝大部分是能耗几乎可以忽略不计的骨料（人造轻骨料例外）。按每1$m^3$混凝土多孔砖平均用水泥140kg计，其能耗约22kg标准煤。混凝土多孔砖加工过程所需的能耗，则主要依其养护方式而异：自然养护方式，每1$m^3$混凝土多孔砖约耗标准煤1kg；蒸汽养护方式，每1$m^3$混凝土多孔砖约耗标准煤12kg。总计每1$m^3$混凝土多孔砖生产能耗为23kg标准煤（自然养护）或34kg标准煤（蒸汽养护）。与生产黏土实心砖相比，每生产1$m^3$体积的黏土砖须消耗91kg标准煤，混凝土多孔砖比黏土实心砖可节能63%～75%。应该指出，我国各地混凝土多孔砖多以自然养护方式生产，因此，混凝土多孔砖取代黏土实心砖的总体生产节能效果估计为73%左右，节能的幅度相当可观。同时由于煤耗减少，相应减少了粉尘、二氧化碳、二氧化硫的排放，从而达到保护环境的目的。

（3）取材广泛，便于大规模推广

混凝土多孔砖的原材料主要有水泥和砂石，这些原料的资源都很丰富，而且是地方性资源。另外还有一种常见的掺和料或主要原料——粉煤灰。

1）水泥

中国是水泥生产大国，目前全国共有水泥生产企业5000余家，水泥总产量连续20年居世界第一位。1997年我国水泥产量突破5亿t，占世界水泥产量的1/3以上；2005年我国水泥产量突破10亿t，达世界产量的1/2；2006年累计生产水泥12.04亿t，比2005年同比增长19.1%，增速比2005年上升9.41个百分点，2010年国内水泥需求量达1213亿t，占世界水泥总消耗量的70%左右。而生产混凝土多孔砖一般对水泥强度等级要求不高，32.5级水泥、42.5级水泥均可，所有合格的地方水泥都是适用的，这为混凝土多孔砖的发展奠定了物质基础。

2）砂、石

砂、石是建筑工业的粮食，数量充足、质量稳定的砂石原料是混凝土多孔砖的物质保证。随着改革开放的深入发展，带来了土木建筑业的空前活跃，道路、桥梁、铁路、机场、水工建筑、近岸结构、城市建设、通信等基础设施的建设，使得建筑材料在质和量上都达到了历史上的最高水平，砂石业同其他建材一样发展很快。我国砂石产量由改革前的6亿多t增加到15亿t，其中，砂约6亿t，这消耗了大量的资源。其中占混凝土体积70%以上的砂石骨料要开山采矿，挖掘河床，每年建筑用砂石约为30多亿t。以北京市为例，每年建设用砂石就要6400万t，其中，仅用于商品混凝土的中、粗砂于2001年使用了1066万t，2002年为1400万t，严重破坏了自然生态环境。目前研制的人工砂作为一种较为理想和实际的替代材料，正被越来越广泛地应用于各种工程建筑中。根据国标规定，凡经除土处理的机制砂、混合砂都统称为人工砂。机制砂是由于某种原因机械破碎、筛分制成的，粒径小于4.75mm的岩石颗粒，但不包括软质岩、风化岩石的颗粒；混合砂是由机制砂和天然砂混合制成的砂；人工砂的颗粒表面粗糙，多棱角，骨料与水泥、骨料之间的结合好，机械咬合力高。人工砂能够代替天然砂资源，配制高性能混凝土和混凝土制品，这也为混凝土多孔砖的生产提供了一定的物质基础。

混凝土多孔砖生产所用的大量骨料，主要是遍布各地的碎石、卵石、山砂、河砂以及其他天然轻骨料。符合大宗建筑材料就地取材的原则。

3）粉煤灰

制砖工艺中，加入少量粉煤灰可以起到部分塑化原料外掺剂的作用，减少干燥收缩和降低干燥敏感系数。并且粉煤灰制成粉煤灰烧结陶粒是生产轻骨料混凝土多孔砖的主要材料。中国是世界上最大的生产和消耗煤炭的国家，特别是改革开放以来，电力工业迅猛发展，导致粉煤灰排放量逐年锐增。根据统计，1992年全世界粉煤灰及炉底灰排放量为4.5亿t，我国1995年粉煤灰排放量为1.15亿t，2000年粉煤灰的排放量达到1.6亿t，目前粉煤灰的排放量已接近2亿t。粉煤灰是一种黏土类火山灰质材料，具有潜在的水硬活性。以粉煤灰为一种活性混合材料作为主要原料的粉煤灰混凝土多孔砖可取代大量砂石和部分水泥，具有利废、质轻、保温、节能、成本低廉，并且可以享受国家粉煤灰综合利用优惠政策等一系列优点。

可见我国有丰富的水泥和大量的骨料，并且还可以利用当地的条件大力发展粉煤灰混凝土多孔砖，符合大宗建筑材料就地取材的原则。

因此，混凝土多孔砖在应用过程中不会像灰砂砖、粉煤灰砖等新墙材那样受到地域限制。我国是世界水泥生产大国，这些都成为生产混凝土多孔砖的优势条件。同时，间接的经济效益也很明显，混凝土多孔砖生产可以带动一批相关产业的壮大发展，而且自身易于形成规模化生产，使成本大幅降低，增强混凝土多孔砖的市场竞争力。

（4）吃渣利废，维护生态环境

生产混凝土多孔砖还可大量利用许多工业废渣。由于加工混凝土多孔砖所用混凝土要求的标号一般不高，在水泥中可以掺用部分有活性的工业废渣作混合料，特别是加工混凝土多孔砖所用的混凝土骨料，可以大量采用煤渣、自燃煤矸石及其他性能稳定的冶金废渣，这对综合利用工业废渣和保护环境有积极的作用。

生产混凝土多孔砖可根据不同的用途，按一定比例加入粉煤灰、铁渣、煤矸石等工业废料，减少这些废料对周围环境的危害。同时，如有必要可适当加入外加剂制成各种颜色的多孔砖，砌成清水墙。

现代工业迅猛发展而导致工业废渣的排放量与日俱增，这些废渣不仅占用大量土地，而且对环境造成极大的危害；我国的城市建设和旧城改造每年都要产生大量的建筑垃圾。据统计，我国的废弃混凝土排放量每年有 1360 万 t，并随着经济水平的提高而逐年增长，仅河南省郑州市每年因旧建筑拆除所产生的建筑垃圾就达到数 10 万 $m^3$。处理和堆放这些工业废渣和建筑垃圾不仅要花费较多的资金，而且还严重影响环境，不利于我国的可持续发展战略。因此利用工业废渣和建筑垃圾生产混凝土多孔砖，一方面可以解决大量的工业废渣和废弃混凝土的排放及其造成的生态环境日益恶化等问题；另一方面，可以减少天然骨料的消耗，从根本上解决资源的日益匮乏及对生态环境的破坏问题。因此，利用工业废渣和建筑垃圾制成的骨料是一种可持续发展的绿色建材。用这种骨料来生产混凝土多孔砖，不仅能变废为宝，积极推进“绿色墙材”的发展，减少土地资源的浪费，减少对环境的污染，而且还可以减少建筑材料生产过程中对能源和资源的消耗，促进循环经济的发展。

总之，生产方便以及保护耕地、吃渣利废等优势为混凝土多孔砖在工程上的可行性提供了前提保证。

## 2.2 国家政策支持

墙体材料的革新不是对黏土砖的简单取代，新型墙体材料应具备以下的条件：

1）本地区材料来源广泛、易取，生产过程简便，且其生产和使用过程均符合环保政策的要求；

2）节约土地资源，不破坏耕地，节能利废，符合国家技术发展政策；

3）能够更好地满足、完善和增强建筑结构的功能，适应本地建筑结构的特点及市场的需求；

4）具有较好的保温隔热性能，达到节能50％以上的要求；

5）有与黏土实心砖相同的市场竞争能力；

6）有符合现行技术规范、规程标准以及相关政策等技术条件；

7）砌筑的灵活性、机动性，得心应手，适应我国建筑环境、建筑工艺及操作方法和习惯，易于为设计、管理、施工等工程技术人员所接受。

由于混凝土多孔砖的生产、推广和应用是完全符合我国节约能源、保护耕地、保护环境基本国策的，因此国家为了保护耕地，大力推进墙体材料的革新和发展混凝土多孔砖而提出了一系列的法规、文件、使用发展和推广混凝土多孔砖建筑体系享受的优惠政策和相应的标准、规范来大力推广和应用混凝土多孔砖。

2004年2月国家发展和改革委员会、国土资源部、建设部、农业部下发《关于印发进一步做好禁止使用实心黏土砖工作的意见的通知》（发改环资［2004］249号），要继续加大“禁实”工作力度，加快推进“禁实”工作，并由“禁实”向限制和禁用黏土多孔砖、空心砖等其他黏土制品拓展。

根据国务院办公厅《关于进一步推进墙体材料革新和推广节能建筑的通知》，到2010年底，所有城市城区禁止使用实心黏土砖，全国实心黏土砖产量控制在4000亿块以下；2008年底之前，全国第二批256个城市禁止使用毁田耗能的实心黏土砖。

各地区也相继出台了相应的政策法规。这些有利的政策法规，有力地推进了墙体改革进程，为混凝土多孔砖建筑的发展提供了契机。这些政策着重从以下方面规范发展新型墙材工作：

1）对新型墙材的生产、推广、应用制定的税收优惠，扶持发展，减免收费，实行奖励的政策；

2）对生产、使用落后产品，特别是黏土砖实行了严格的税收增收政策，不再批准新建黏土砖生产企业；

3）制定了建筑节能、住宅产业现代化的相关规定。建设开发、设计、施工单位必须遵照建筑节能标准和住宅产业现代化的要求设计、建造房屋。在现有法规和政策的基础上，相关部门不断地研究，制定一些新的规定，促进新型墙材业健康发展；

4）多部门配合，齐抓共管，加快新型墙材业进程。

国家“十一五”规划和国家发改委等部门制定的有关文件中提出：“混凝土多孔砖已成为国家发展的一种主导新型墙体材料，是作为代替黏土砖的主要墙体材料”。

国务院国发［1996］36号《关于企业所得税若干优惠政策的通知》（财税字［1994］001号）和《关于印发固定资产投资方向调节税“资源综合利用、仓储设施”税目税率注释的通知》（国发［1994］008号）中均规定生产原料中掺入工业废渣达到30％及以上的建材产品免征增值税、五年免征所得税、节能住宅固定资产投资方向调节税实行零税率。

根据国家和各省市出台的扶持新型墙体材料配套政策，使用发展和推广混凝土多孔砖建筑体系可享受多种优惠政策，例如：

①混凝土多孔砖节能住宅可以免交5％投资方向调节税（北京市等）；

②混凝土多孔砖建筑可以返退黏土砖限制使用费（湖南等）。

5）有关标准和规范

近年来，国家陆续颁布了《混凝土多孔砖》、《混凝土多孔砖建筑技术规范》等有关标准。各地建设行政主管部门编制了符合本地实际情况的规程，如上海、湖南、湖北、辽宁、河北、河南、内蒙古等地都有混凝土多孔砖建筑的地方工程建设标准。

正是由于上述标准的制定和颁发，使我们对混凝土多孔砖的建筑技术逐步熟悉和掌握，并为进一步在住宅建设中大力推广应用混凝土多孔砖替代传统的黏土实心砖墙体材料改革创造了极其有利的条件。

## 2.3 混凝土多孔砖砌体结构可行性分析

现代砌体结构中砌块的强度等级要求不小于 MU5.0，在国外建造砌体房屋都要求较高的强度等级。与国外相比，我国的砌体结构应用范围有很大差别，国内的砌体结构一般是用于 7 层以下的多层建筑；而在国外的中、高层建筑中则大量使用砌体结构，砖墙承重的配筋砌体房屋普遍达到 10 层以上，甚至 20 层以上。造成这种差距的一个重要原因是国内的墙体材料与国外相差很大。目前国内的墙材抗压强度一般为 5.0～20MPa，而国外的墙材抗压强度一般为 30～60MPa，甚至高达 100MPa 以上。可见，有效提高墙材的性能指标特别是强度等级，是提高墙体整体性和稳定性的前提。

混凝土多孔砖及其结构体系具有较好的力学性能，混凝土多孔砖的抗压强度主要取决于其混合料的成分（特别是胶结料的含量)、捣实（或加气）的程度，而较少依赖于骨料的种类和正常的养护。就混凝土多孔砖而言，其块体高度较高，增加了截面抵抗矩，对提高墙体的抗压强度有益。一般来说，对于给定的材料，混凝土多孔砖的强度随其密度的提高而提高。研究表明：砌体在均匀受压时，砌体内的砖块并不处于均匀受压状态，而是处于一种复杂受力状态，受到较大的弯曲、剪切和拉应力的共同作用。所以砖砌体的破坏不是砖先被压坏，而是砖受弯、受剪和受拉破坏的结果。从砌体的应力状态分析可见，砖形状的规则程度、水平灰缝的均匀性、饱满程度对砌体强度的影响很大。从而使砖受压比较均匀，继而砌体强度也有所提高。混凝土多孔砖是采用机械化成型生产，其形状比黏土实心砖规整，能够保证砂浆铺砌层的均匀性。作者的研究表明[6]，使用同等级的块材和砂浆，混凝土多孔砖砌体抗压强度高于黏土砖砌体。

同时混凝土多孔砖的铺浆面采用的是盲孔或半盲孔设计，砂浆与多孔砖之间可形成“栓柱”，因此也可以避免普通多孔砖、实心砖（铺浆面为通孔）经常出现的“漏浆”现象，从而保证砂浆铺砌层的饱满程度，这样也使砖受压比较均匀，强度也有所提高。“栓柱”的形成可有效提高砌体抗剪强度和结构的整体性、稳定性。研究表明混凝土多孔砖砌体的抗剪强度值明显高于黏土实心砖砌体，造成这个结果的主要原因是由于砂浆“销栓”的作用。实际上砂浆的销栓作用对于砌体抗剪强度的提高贡献很大，试验表明用同一强度等级的砖或砌块和同一强度等级的砂浆，混凝土多孔砖的抗剪强度是黏土实心砖抗剪强度的 1.41 倍、混凝土小型空心砌块砌体抗剪强度的 2.55 倍。

混凝土多孔砖的高度大于黏土砖（53mm），故其抗压强度比黏土实心砖有较大提高。实验表明，同强度等级的混凝土多孔砖与黏土实心砖同样砌筑 240mm 厚的墙体，混凝土多孔砖的抗压强度为黏土砖的 1.67 倍，近 1.7 倍，可见混凝土多孔砖的优越性。同时笔者认为：混凝土多孔砖的高度 90mm 适中，不仅可有效提高其抗压强度又可以避免像混凝土空心砌块（高度 190mm）那样，由于过高而使块体在受力时容易发生孔壁的失稳破坏。

影响混凝土多孔砖强度的因素较多，水泥品种和骨料的性质是混凝土多孔砖强度的主要影响因素。不同品种水泥生产的混凝土多孔砖强度的变化规律仍然是早期强度低者，后期强度增长较大。就骨料而言，一般采用坚硬花岗岩做成的表面粗糙而带棱角的骨料比普通碎石及片石状、针状骨料生产的混凝土多孔砖强度高；水灰比也是影响混凝土多孔砖强度的一个重要因素，水灰比的影响与密实程度有关，在一般密实情况下，水灰比越大，混凝土多孔砖抗压强度越小。在最优水灰比下获得最大强度以后，若水灰比（W/C）继续降低，强度反而会下降；通过改变配合比及掺加外加剂的方法，也可大幅度提高其抗压强度，而养护龄期、试验方法以及孔洞几何形状等因素同样可影响混凝土多孔砖强度。

作者的研究表明[28]，混凝土多孔砖的其他结构性能也较好。

其弯曲抗拉强度高于黏土实心砖。混凝土多孔砖的耐久性较好，其抗冻性和耐水性试验表明，在夏热冬暖地区，混凝土多孔砖可以用在基础工程中。

混凝土多孔砖房屋的抗压、抗剪能力不仅与材料本身性能有关，还与施工环境、施工工艺及现场条件有关，有关施工方面的内容在后面章节将有具体阐述。由于混凝土多孔砖的质量和体积较砌块小，所以其结构布置灵活，而且建筑适应性强，建筑物技术性能先进。

混凝土多孔砖在结构可行方面具有优势，特别其结构的优良抗压、抗剪性能，可以保证建筑结构的安全性与可靠性。同时多孔砖结构中的“销栓”作用使得结构在抗震方面比黏土砖和空心砌块有较大提高，能有效发挥它的性能优势。

混凝土多孔砖的综合性能优于烧结黏土多孔砖。二者砌体受轴心荷载破坏特征相似，属脆性破坏，不同之处是混凝土多孔砖砌体初裂荷载与极限荷载更接近，表明其脆性要高于烧结黏土多孔砖砌体；用 M10 混合砂浆砌筑，若其他条件都相同，混凝土多孔砖砌体的力学性能要高于烧结黏土多孔砖砌体。

作者等对在夏热冬冷地区应用达到自保温体系要求的轻骨料混凝土多孔砖砌体的基本力学性能进行了试验研究，试验结果表明，混凝土多孔砖砌体的抗剪强度明显高于黏土实心砖砌体，其主要原因是由于砂浆的销键作用。在砌筑多孔砖时，可以使铺浆面的砂浆在上层砖挤压下鼓起，从而形成销键；由于试件在受剪切时一般是沿砂浆面发生破坏，而销键的存在使得多孔砖对于砂浆的约束作用增大，继而提高了试件的抗剪能力[2]。

砌体结构的抗震性能差是影响砌体结构在抗震地区推广的主要原因。但混凝土多孔砖的抗震性能明显优于黏土烧结多孔砖。同济大学钱义良教授进行的 8 孔混凝土多孔砖（孔洞率 34%）砌体与烧结黏土多孔砖砌体抗震试验，通过 3 片混凝土多孔砖墙片和 3 个高强片的校验性的抗震和静力试验，并与烧结黏土多孔砖墙片试验结果进行了比较，结论为：

1）带构造柱的混凝土多孔砖墙片试验的实测数据表明，其抗震性能优于烧结黏土多孔砖，主要表现在：墙体破坏时，墙面由于空洞影响而造成局部减弱的薄壁外层在烧结黏土多孔砖中发生较早，而在混凝土多孔砖中，直到邻近墙体的完全倒塌才出现，增强了其抗震能力。

2）混凝土多孔砖墙体的开裂荷载为破坏荷载的60%，而黏土多孔砖墙体为80%～100%，说明混凝土多孔砖墙体延性较好。

3）试验结果表明，混凝土多孔砖墙体的延性较黏土多孔砖略好。墙体位移比（墙体破坏/开裂）：混凝土多孔砖为3.067，黏土多孔砖为2.67；墙体的极限侧移角：混凝土多孔砖墙体为1/86～1/110，而黏土多孔砖墙体为1/113～1/290。

4）墙体的静力试验表明，混凝土多孔砖长柱的承载能力计算可采用普通黏土砖的计算公式。其同标号材料的砌体抗压强度较黏土砖为高，纵向弯曲系数和偏心影响系数也较砖砌体为高。空洞对承载力的影响不大，外壁未发生剥落，增加了使用者的安全感，这较烧结黏土多孔砖有很大不同。

5）混凝土多孔砖可以代替烧结黏土多孔砖使用于房屋建筑中。其使用范围和设计方法可与烧结黏土多孔砖相同。

综上所述，混凝土多孔砖具有良好的结构性能。

## 2.4 混凝土多孔砖在建筑应用中的可行性

（1）良好的耐久性和耐火性

作为混凝土制品，混凝土多孔砖的各项性能指标都与普通混凝土相类似。一般来说，对于大多数常规用途，混凝土多孔砖具有足够的耐久性。按一般规律，在污染（化学侵蚀）和气候（冰冻侵蚀）的恶劣条件下，应当使用强度超过7N/mm$^2$的平饰面砖块。混凝土多孔砖的抗冻性和耐水性试验表明其耐久性较好。使用抗硫酸盐的硅酸水泥和（或）粉煤灰，能增强对硫酸盐侵蚀的抵抗力。

混凝土多孔砖同样具有很好的耐火性。然而，实际上的耐火性受到很多因素控制，例如骨料的品种和级配，以及混合料中水泥的含量，混凝土多孔砖的形式、重量、厚度及其含水量。按一般规律，大多数100mm厚混凝土砌块的耐火性，在承载时可达2h，在非承载时可达4h，混凝土多孔砖与其相似，但具体的资料应从生产厂商处获取。

(2) 较混凝土小型空心砌块好的保温隔热性能

墙体的保温隔热性能与砖的原材料、孔洞率、孔洞大小与形状、孔洞排列方式、孔壁厚度等因素有关。一般来说，矩形孔的导热系数小，菱形孔次之，圆形孔最大；孔壁越薄保温隔热性能越好，在相同孔壁厚度的条件下，砖的热阻值与垂直于热流方向的排数成正比；在相同孔洞率的条件下，错排孔洞的多孔砖的导热系数要比齐排孔洞的小；在孔洞尺寸方面，空气层厚度在20mm范围以内，气孔的热阻值随空气层厚度的增加而增加；大于20mm时，气孔的热阻值随空气层厚度的增加而减少。传统的混凝土空心砌块一般采用单排孔设计，肋厚≥25mm，空气层厚度≥60mm，190mm厚的混凝土空心砌块砖墙的热阻值要明显低于240mm厚的黏土砖墙。随着人民生活水平的提高，人们对居住环境与居住水平的要求也不断提高，因此墙体保温隔热性能差也是影响混凝土空心砌块推广的一个重要原因。

混凝土多孔砖采用双排孔以上设计，孔洞为上下错排布置，空气层厚度、孔壁厚度均要小于混凝土空心砌块。在砌筑240mm厚空心砖墙时，其顺砖的孔洞有四排，顶砖的孔洞有三排（图2.4-1）。

因此混凝土多孔砖的保温隔热性能要大大强于混凝土小型空心砌块，与实心黏土砖不相上下。可以看到混凝土多孔砖较好的保温隔热性能为得到市场认同并进一步取代黏土砖提供了先决条件。

长沙理工大学、浙江大学、上海市建筑科学研究院对混凝土

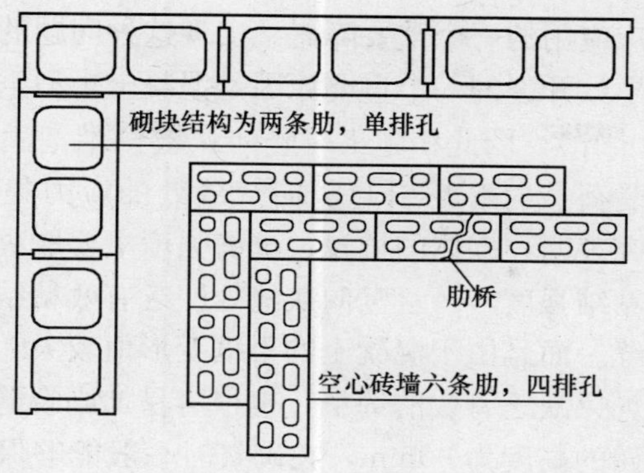


图 2.4-1　混凝土多孔砖的保温隔热性能

多孔砖墙体进行了测试及计算，结果表明，墙体试件 240mm 砖厚、另加两面各 20mm 粉刷层的热阻 $R=0.32\text{m}^2\cdot\text{K/W}$ 左右。另对不同规格不同孔洞率的混凝土多孔砖砌筑的墙体进行计算，其传热系数为 1.4～1.9W/($\text{m}^2\cdot\text{K}$)。

采用“T”形砌筑法，砌筑成 370mm 厚混凝土多孔砖试验墙体。砌筑方法：240mm 加 115mm，中间用 15mm 厚普通 1∶3 水泥砂浆为胶结材，墙体两面均未抹灰，只作勾缝处理。测试条件：冷室控制温度为－20℃，热室控制温度为 20℃。用工业废渣混凝土多孔砖砌筑的墙体，经检测，热阻值为 $0.97\text{m}^2\cdot\text{K/W}$。

目前学者们对混凝土多孔砖进行改型，越来越多的新型节能混凝土多孔砖产品面世，其性能也越来越好，有的不经处理就能满足建筑节能的要求。

（3）抗裂、抗渗性能改善

当前，块材类建筑的通病是“热、裂、渗”。而在解决好“热、裂、渗”问题的前提下，块材类的发展应该是向着多排孔、封底、改善热工性能、环保、节能、装饰化、系列化的方向发展，而 240mm×115mm×90mm 混凝土多孔砖较为明显地反映出这一优势。

混凝土小型空心砌块长期以来存在严重的裂、渗问题，这也是影响其推广应用的一个重要障碍。出现这种问题的原因是多方面的，其中导致开裂的一个重要原因是混凝土小型空心砌块的高度过大（190mm），因此在施工时竖向灰缝很难饱满，甚至造成空洞，在承受荷载时容易引起竖向灰缝处的应力集中，导致开裂。同时研究表明，砌体的抗拉、抗剪强度主要取决于灰缝中砂浆与块体的粘结强度，一旦竖向灰缝处缺乏有效粘结就很容易加剧砌体的裂缝。而且由于混凝土的干缩变形值较大，当块体发生干缩变形时如果缺乏有效的约束，也很容易加剧裂缝的产生。而混凝土多孔砖的高度为 90mm，在砌筑时一般能够保证竖向灰缝砂浆的饱满度，因此与小型混凝土空心砌块相比，可大大提高砌体的抗裂性能。

混凝土小型空心砌块孔洞率高达 47%，水平灰缝砂浆易掉浆，施工困难，造成水平灰缝不饱满，导致砌体易开裂。混凝土多孔砖铺浆面采用盲孔设计，水平灰缝砂浆（类似黏土实心砖）易饱满，减少了砌体裂缝的开展。

混凝土多孔砖的几何尺寸小于混凝土小型空心砌块，其干缩变形产生的砌体裂缝较细而均匀，甚至不裂。砖块体形较小，本身就减小了干缩造成裂缝的概率，掺入 20%（体积比）的粉煤灰能起到缓解水泥制品干缩的作用，而且自身孔型结构设计应力分布合理，辅浆面采取了厚度 2～3mm 的封底，确保了砌筑砂浆能够达到 90%以上的饱满度，由于辅浆面盲孔或半盲孔的设计，从而增加了粘结面积或形成了灰缝孔洞处的销键，增强了砌体的抗剪能力，因此大大地降低了砌体裂缝的概率。

传统砖砌体开裂的一个重要原因是由于当气温变化或材料收缩时，混合结构房屋的钢筋混凝土屋盖、楼盖和黏土实心砖墙由于线膨胀系数和收缩率的不同，将产生各自不同的变形，从而引起彼此的约束作用而产生应力，导致开裂（如内外横墙和纵墙的八字裂缝；沿屋盖支撑面水平裂缝和包角裂缝以及女儿墙裂缝等都是由于这个原因引起）。而新型墙材中的轻质高强墙板也是由于这个原因在其与钢筋混凝土柱和楼盖的连接处容易开裂，发生渗漏。而混凝土多孔砖的原材料是混凝土，本质上与混凝土屋盖、楼盖、柱是同一种材料制成，干燥收缩率及线膨胀系数相近，砌体整体抗剪切性能良好，有助于减少蒸压灰砂砖、加气混凝土砌块等新墙材无法解决的墙体开裂问题。试点工程对比显示，混凝土多孔砖砌体的抗剪强度普遍较高；混凝土构造柱和混凝土多孔砖之间的咬接较好，构造柱与砌体的接缝处不用特殊处理，采用普通粉刷也不会出现裂缝。在框架填充墙结构体系中，在框架柱、梁与墙体接缝处，采取内外墙粉刷前加贴钢丝网片的措施，可有效防止这些部位的界面缝。因此采用混凝土多孔砖易于被用户接受。

混凝土多孔砖的抗渗性能也优于混凝土小型空心砌块，这是由于墙体的抗渗性能与所用块材的材料密实度有关。混凝土多孔砖的肋厚较薄，对材料的级配要求更为严格，在生产过程中所用的粗骨料都事先经过碎石系统进行处理，粗骨料的最大直径≤10mm，所以混凝土多孔砖的材料密实度要高于混凝土空心砌块，从而其抗渗性能也优于混凝土空心砌块。

砌体的抗渗性能更多地取决于砂浆的饱满度，前面已叙述，由于混凝土多孔砖的高度为90mm，远小于混凝土小型空心砌块的190mm，竖向灰缝容易饱满。所以，混凝土多孔砖砌体的抗渗性能优于混凝土小型空心砌块砌体。

（4）良好的隔声性能

研究表明，墙体的隔声性能与墙体的面密度有关。一般来说，面密度越大，墙体的隔声性能越好。隔声性能一向是新型墙体材料的技术难题，相同条件下隔声能力与墙体的面密度成正比，即墙体厚度一定，密度大的质量大，隔声性能也相应加强。一般的新型墙材都是由轻质高强材料制成，但密度较小，不能满足建筑隔声要求，因此施工中要作墙体的隔声处理，这不仅增加了造价，而且增加工时、工序。混凝土多孔砖的材料密实度较高，因此其面密度要大于混凝土小型空心砌块，更要远远高于轻质高强隔板，可以看出混凝土多孔砖的隔声性能要优于以上两种墙体材料。混凝土多孔砖的隔声能力同黏土实心砖相近，隔声能力有 52dB，已经超过五星级酒店的隔声标准，而对一般办公的隔声要求是 30dB，住宅是 40dB，可见混凝土多孔砖较好的隔声性能有助于其应用和推广。混凝土多孔砖在这方面优势明显。

根据长沙理工大学和上海市建筑科学研究院对混凝土多孔砖墙体的测试，结果表明，墙体试件 240mm 砖厚，另加两面各 20mm 粉刷层的计权隔声量 $R_w$ 为 55dB 左右，平均隔声量为 51dB 左右，满足现行国家标准《民用建筑隔声设计规范》中的最高等级 40dB 的要求。

用工业废渣混凝土多孔砖砌筑 115mm 厚墙体，墙体两面各抹 10mm 厚的混合砂浆，墙体总厚度为 135mm，隔声量检验结果为 42dB。目前用于内隔墙 120mm 厚轻质隔墙板的隔声量指标一般为 37～39dB，可以说利用工业废渣生产的混凝土多孔砖隔声效果优于轻质隔墙板。

（5）粉化问题

在黏土砖中发现的粉化问题很少在混凝土制品中出现。当在混凝土多孔砖中产生钠、钾和钙的碳酸盐时就会发生粉化，这些碳酸盐是由相应的氢氧化物和大气中二氧化碳之间反应而形成的。通过蒸压、在混合料中使用火山灰、避免多孔砖过早的干燥收缩和不适当的养护，以及对多孔砖的正确设计、施工和维护等，可以进一步减少粉化的发生。然而，在某种较少见的情况下，这些盐可能形成造成损坏多孔砖的硫酸盐。

（6）混凝土多孔砖可达到很好的美观效果

混凝土多孔砖在生产过程中可作适当处理，如加入相应的添加剂、改变孔洞模式等，使产品呈现出各种颜色、各种样式，用来砌筑形式各样的清水墙，达到美观实用的效果。

（7）二次装修问题

由于社会的发展，人们生活水平的提高，普遍存在在房屋的二次装修问题。许多新型墙体材料难推广，其主要原因之一是，不容许二次装修或二次装修困难。混凝土多孔砖墙体二次装修对结构受力性能没有什么影响。且开洞、开槽后，孔洞较小，易于固定。混凝土多孔砖外壁到相邻肋的距离为 40～51mm，肋与肋之间的距离也是 50～51mm，是安装暗插座、暗开关和铺设水电管道的最佳尺寸，且不受砖砌筑方向的限制。由于 240mm×115mm×90mm 混凝土多孔砖采取的是双排以上小孔洞的设计结构，故一般荷载施工时，只是辅以简单的机具切割，破损其中一排孔即可，其强度只损失 1/6。破损处只是采用同标号的细石混凝土填补，即可起到补漏防渗和补强的作用，简单易操作。

## 2.5 混凝土多孔砖在施工中的可行性

（1）施工速度快、施工方便

与黏土砖施工相比，由于混凝土多孔砖的体积为黏土砖的 1.7 倍，可加快施工速度。黏土砖、空心砌块、多孔砖的各项技术指标比较见表 2.5-1 所示。一块标准混凝土多孔砖自重 4kg 左右，一块实心黏土砖自重 2.5kg，在施工前要洒水润湿，这时一块实心砖的重量约为 3kg。有研究表明：成年人单手拿起 5kg 以内的物体不会感到吃力，因此就重量而言，4kg 重的多孔砖不会影响工人施工速度。一个比较熟练的瓦工，每天能砌筑黏土砖 1500～2000 块，合 240mm 砖墙 11.6～15.4$m^2$ 墙体面积。由于重量的影响较小，故按每天砌混凝土多孔砖 1400～1900 块计，合 240mm 墙 15.4～20.8$m^2$ 墙体面积，是黏土实心砖的 1.3 倍以上。

**三种常见墙材比较** **表 2.5-1**

| 类　别 | 黏土实心砖 | 混凝土空心砌块 | 混凝土多孔砖 |
|---|---|---|---|
| 标准块尺寸 | 240×115×53(mm) | 390×190×190(mm) | 240×115×90(mm) |
| 标准块重量 | 2.5kg(润湿后 3kg) | 17.3～19.4kg | 3.8～4.4kg |
| 砌筑每平方米墙体所需块数(灰缝按 10mm 计算) | 126.98 块 | 12.5 块 | 80 块 |

续表

| 类　别 | 黏土实心砖 | 混凝土空心砌块 | 混凝土多孔砖 |
|---|---|---|---|
| 每天砌筑块数 | 1500～2000 块 | 300～400 块 | 1400～1900 块 |
| 每天砌筑墙体平米数 | 11.6～15.4$m^2$ | 24～32$m^2$ | 15.4～20.8$m^2$ |
| 砌筑每平方米墙体(240mm 厚)砌块质量 | 126.98×3=381kg | 12.5×18=225kg | 80×4=320kg |

由表 2.5-1 可知，混凝土多孔砖的施工速度介于黏土砖和混凝土空心砌块之间，空心砌块的施工速度较快，但体积大，需要工人两只手操作，而且在铺浆过程中灰缝饱满度不宜操作，漏浆较严重，浪费较大。砌筑每平方米 240mm 厚的墙体质量，混凝土多孔砖是黏土实心砖的 84％（灰缝重量不计），即墙体重量降低 16％，因此可减少基础的负重和截面。混凝土多孔砖是采用盲孔或半盲孔施工，砂浆用量比砌块多，但易于施工操作，混凝土多孔砖不用绘制排砖图，砌筑前不用试摆；与黏土实心砖相比，混凝土多孔砖的施工速度较快，也不用洒水润湿，规则性较强；与现浇钢筋混凝土相比，由于混凝土多孔砖结构不需要支模、钢筋绑扎、拆模、混凝土养护等过程，其施工速度也可提高一倍。

混凝土多孔砖和黏土砖的施工要求相同，工人易于操作，工程技术人员也容易控制进度。建造混凝土多孔砖建筑无需大型专用机械，一般会砌筑黏土实心砖的瓦工略加实习就可掌握混凝土多孔砖施工操作技术，所以混凝土多孔砖的施工工艺比较容易被广大施工单位所接受。

（2）可以有效节约砂浆

混凝土多孔砖的主块厚度为 90mm，约为黏土砖的 1.7 倍，长、宽尺寸与黏土实心砖相同。由此计算，砌筑每平方米 240mm 厚的砖墙所用砂浆仅为黏土砖的 75％，即可节约砂浆 25％以上。由于混凝土多孔砖是采用机械化压制成型生产，其外观比黏土实心砖规整，外形尺寸误差也小，这样墙体的抹灰层就不会造成薄厚不均的情况，混凝土多孔砖墙比砖墙可节约粉刷砂浆约 20%。而且可砌成清水墙。从而简化了墙体的抹灰工作量，也节约了抹面的砂浆。

(3) 墙体开槽、开孔影响不大

单排孔混凝土空心砌块在进行管道暗埋时，一旦在墙体上开洞、开槽，会使砌体的强度有很大削弱。在实际施工中一般要采取灌筑芯柱混凝土等加固措施，但同时也加大了施工难度。混凝土多孔砖为双排孔以上设计，每块砖有三条以上肋，孔洞率也很合适，在墙体上开槽、开洞，即便锉去一条肋对多孔砖的强度都不会造成很大影响。值得一提的是，混凝土多孔砖不仅可以用灰刀直接砍断，而且砍断后的断面很规则，尽管较黏土砖费力，却不是想象中的那样难砍断。但不论多孔砖还是空心砌块都以混凝土为主要原料，对于墙体开孔、开洞都很困难，因此，开发带凹槽的多孔砖和配砖已提上日程，这样可以有效解决施工中的不便之处。

由此可见混凝土多孔砖是适合工程实践应用的墙体材料，由于同时具有黏土砖和砌块的特点，所以较其他墙体材料有很大的发展潜力。

## 2.6 混凝土多孔砖的经济效益分析

(1) 直接经济效益

1) 一块混凝土多孔砖从体积上讲，相当于 1.7 块黏土实心砖，取混凝土多孔砖(MU10)价格为 130 元/$m^3$(2004 年某地价格为例)，每立方米含混凝土多孔砖

$$10^9/(240\times115\times90)=403 \text{ 块}$$

即每块混凝土多孔砖 0.32 元，相当于黏土实心砖每块 0.19 元，与黏土实心砖市场价基本持平(黏土实心砖定额价为每块 0.219 元)。故从块体材料单价上，改用混凝土多孔砖不会增加建筑成本。

取混凝土多孔砖的定额价为黏土实心砖的定额价，即每块 0.219×1.7=0.3723 元。

在砌体中，1 块混凝土多孔砖相当于 1.6 块红砖加 0.5 条灰缝。故砂浆减少百分比为：

$$\frac{240\times115}{240\times115\times2+115\times90\times2+240\times90}\times100\%=28.3\%,$$

取 28%。

$10m^3$ 砖基础含红砖 5.21 千块，则含混凝土多孔砖：5.21/1.6=3.2563 千块；

$10m^3$ 一砖砖墙含红砖 5.31 千块，则含混凝土多孔砖：5.31/1.6=3.3188 千块；

$10m^3$ 半砖砖墙含红砖 5.64 千块，则含混凝土多孔砖：5.64/1.6=3.525 千块；

混凝土多孔砖每千块的价格为：1000×0.3723=372.3 元/千块；

$10m^3$ 红砖砖基础含水泥砂浆（M10）：$2.45m^3$；

$10m^3$ 一砖红砖砖墙含混合砂浆（M5）：$2.25m^3$；

$10m^3$ 半砖红砖砖墙含混合砂浆（M5）：$1.95m^3$；

则：

$10m^3$ 混凝土多孔砖砖基础含水泥砂浆（M10）：2.45×72%=$1.764m^3$；

$10m^3$ 一砖混凝土多孔砖砖墙含混合砂浆砂浆（M5）：2.25×72%=$1.62m^3$；

$10m^3$ 半砖混凝土多孔砖砖墙含混合砂浆砂浆（M5）：1.95×72%=$1.404m^3$。

混凝土多孔砖墙体水用量大大减少，偏保守取黏土实心砖墙体水用量的 30%。所以：

$10m^3$ 混凝土多孔砖砖基础材料费：

142.37×1.764+372.3×3.2563+0.89×1.05×0.3=1463.74 元；

10m³混凝土多孔砖一砖砖墙材料费：

115.03×1.62＋372.3×3.3188＋0.89×1.06×0.3＝1422.22元；

10m³混凝土多孔砖半砖砖墙材料费：

115.03×1.404＋372.3×3.525＋0.89×1.13×0.3＝1474.16元。

而10m³黏土实心砖砖基础、一砖砖墙、半砖砖墙材料费分别为1490.73元、1422.65元、1460.48元。假设人工费和机械费不变，可见其造价相当。如果混合砂浆由M5提高为M7.5以上，则改用混凝土多孔砖略有经济效益（表2.6-1）。

**混凝土多孔砖墙与黏土实心砖墙经济效益对比　　表2.6-1**

| 砌体名称 | M10混合砂浆（1砖墙） | | M7.5混合砂浆（1砖墙） | |
|---|---|---|---|---|
| | 混凝土多孔砖墙体 | 黏土实心砖墙体 | 混凝土多孔砖墙体 | 黏土实心砖墙体 |
| 单位 | 10m³ | 10m³ | 10m³ | 10m³ |
| 定额（元） | 1466.20 | 1483.74 | 1435.81 | 1441.53 |
| 砌体名称 | M10混合砂浆（1/2砖墙） | | M7.5混合砂浆（1/2砖墙） | |
| | 混凝土多孔砖墙体 | 黏土实心砖墙体 | 混凝土多孔砖墙体 | 黏土实心砖墙体 |
| 单位 | 10m³ | 10m³ | 10m³ | 10m³ |
| 定额（元） | 1512.28 | 1513.42 | 1485.94 | 1476.84 |

用M10混合砂浆砌筑240mm墙体10m³，采用混凝土多孔砖较黏土实心砖墙节约材料费17.54元。

2）一个比较熟练的瓦工，每天能砌筑黏土砖1500～2000块，合240mm砖墙11.6～15.4m² 墙体面积。由于重量的影响较小，故按每天砌混凝土多孔砖1400～1900块计，合240mm墙15.4～20.8m² 墙体面积，是黏土实心砖的1.3倍以上。

故人工费（一砖墙）为16.08×19.70/1.3＝243.67元，而黏土实心砖需316.78元。砌筑240mm墙体10m³，采用混凝土多孔砖较黏土实心砖墙节约人工费 73.11 元。

3）混凝土多孔砖外形比黏土实心砖规整，外形尺寸误差小，墙面抹灰可减薄，从而简化了墙体的抹灰工序，也节约了抹灰的砂浆。若每面墙体抹灰层（10mm）减薄 2mm，则抹灰造价降低 20%。以石灰砂浆砖墙抹灰为例，由每 $100m^2$596.33 元下降到 477.06 元，节约 119.27 元。

每平方米建筑面积约有墙体 $0.5m^3$，墙面 $2.8m^2$，因此，每平方米建筑面积约降低直接成本：

(17.54＋73.11)×0.05＋119.27×0.028＝7.87 元。

保守估计，按 30%各种取费，则降低综合成本约 10.23 元。

（2）间接经济效益

1）混凝土多孔砖在运输装卸施工过程中，不易损坏，损耗较黏土实心砖约低 5 个百分点以上，则 $10m^3$ 一砖砖墙可节省费用

5.31×0.05×219＝58.14 元，

合每平方米建筑面积约 58.14×0.05＝2.91 元。

2）使用混凝土多孔砖至少可免交新型墙体材料费每平方米 4.6 元。

3）施工工期缩短效益忽略。

综合考虑各方面，混凝土多孔砖砌体建筑的造价相对于黏土实心砖的造价降低了 17.74 元/$m^2$，对于一栋 $8000m^2$ 的建筑，可节约投资 14 余万元。可见，混凝土多孔砖较黏土砖还便宜些，就经济性而言，混凝土多孔砖的价格优势为其推广应用提供了先决条件。

## 2.7 混凝土多孔砖的社会效益分析与市场发展前景

混凝土多孔砖作为黏土实心砖的替代产品，其巨大的社会效益不容置疑。混凝土多孔砖的社会效益具体体现在：

（1）节土

黏土实心砖每万块标砖需土 22m$^3$，按 2m 深土计算，占用土地 11m$^2$，合 0.0165 亩，故混凝土多孔砖每万块标砖可节土 0.0165 亩。

就某市而言，每年还有约 19 亿标砖的黏土制品（不包含混凝土多孔砖和其他非黏土制品），若用混凝土多孔砖替代，每年可节土 3135 亩。

（2）节能

黏土实心砖每万块标砖能耗约 1.45t 标煤，混凝土多孔砖每万块标砖能耗约 0.4t 标煤，故混凝土多孔砖每万块标砖可节能 1.05t 标煤。

就某市而言，每年还有约 19 亿标砖的黏土制品，若用混凝土多孔砖替代，每年可节能 19.95 万 t 标煤。

（3）减排（减少环境污染）

每吨标煤产生二氧化硫约 0.025t，混凝土多孔砖每万块标砖可节约 1.05t 标煤，故混凝土多孔砖每万块标砖可减少二氧化硫排放量约 0.026t，减少环境污染 1.05/1.45=72.4%。

就某市而言，每年还有约 19 亿标砖的黏土制品，若用混凝土多孔砖替代，每年可减少二氧化硫排放量约 4940t。

随着改革开放的深入进行，我国已进入了城市化的高峰期。据有关部门预测未来十年内我国的房地产业将每年保持 7%以上的增长速度，我国将会进入一个大规模建设的时期，进入一个建筑业高速发展的时期。而其中住宅产业又是整个房地产业中未来发展最为迅速、市场需求最大的部分。在城市住宅建设中，中、多层的住宅建筑无疑占了绝大部分，从经济性及使用功能的角度分析，与其他结构体系相比，采用砖混结构体系是比较合理的。长期以来我国的住宅建筑采用的是黏土实心砖墙承重的结构体系，但是由于黏土实心砖的生产对于我国的土地资源、能源、环境造成了严重的危害，我国已加大了对于黏土实心砖的禁用力度，国家三部一局墙改办（墙办发［2000］06 号文）公布了限时淘汰实心黏土砖的 160 个大中城市名单。各地方政府也出台了相应的政策法规，黏土实心砖的使用比例在逐年下降。黏土实心砖的退出及我国住宅建筑产业的迅速发展为混凝土多孔砖提供了巨大的发展空间。

作为混凝土制品，混凝土多孔砖的发展方向不应限制在城市建设中，要向县镇一级推广应用。就混凝土空心砌块来说，虽然在县镇一级打开了局面，但其发展却相对平缓，大面积的建筑所用的墙体材料还是以黏土实心砖为主。混凝土多孔砖不仅价格与黏土砖相差无几，而且施工方法与黏土砖基本相同，可见混凝土多孔砖能最大程度地满足他们的需要，适合乡镇、农村人民的建筑要求。

我国人口众多，衣、食、住、行是人类生活的基本要素，为解决住房问题必须发展建筑业。随着国民经济的快速发展，建筑业也得到了很大的发展，施工和竣工的建筑面积逐年增长。不管是在农村还是在城镇，住宅建设都进入了一个前所未有的高速发展时期。这也为混凝土多孔砖提供了广阔的市场和发展前景。

随着墙改“禁实”工作向农村延伸，在农村推广混凝土多孔砖生产和应用具有很大的市场和社会效益。

1）农村建筑市场大。随着农村经济的不断发展，农民生活日益改善，农民手中有了钱，几乎都投到房子上，农村的建房总量占全社会的80%以上，这么大的建筑量，如果20%采用混凝土多孔砖，可以减少黏土实心砖用量，保护大量土地不受破坏。

2）农村建房除发达地区外，大都为低层建筑，砖的抗压强度在10MPa就够了；砂、石就地取材，买点水泥就能生产，生产成本一般为每块0.2元左右，售价0.3元左右，每立方米价格120元左右，比黏土实心砖价格约低20%，农民使用很有积极性。

3）农村用混凝土多孔砖，成型机主机价格10万元/台左右，加一台350搅拌机3～4万元/台，皮带输送机1～2万元/台，700块模板2万元左右，如租用水泥预制场地，水电均有，可以说投资很少，一般20万元左右就能形成生产规模，一般乡镇有

1～2 条这样规模的生产线就可满足供应。

到 2020 年，我国人均 GDP 比 2000 年翻两番。为实现这一目标，GDP 必须保持年均 7.2％的增长速度。国家统计局数据显示，到 2006 年底，人均 GDP 已经超过 2000 美元。国际经验表明，人均 GDP 跨过 800 美元之后，居民住房面积将持续增长、居住质量快速提高，在人均住房建筑面积达到 35$m^2$、人均 GDP 达到 3000 美元之前的相当长一段时期内，都是住房面积提高和住房质量改善的阶段。因此，今后十几年必然是我国住房需求高增长时期。预计在“十一五”期间，包括新增人口、新增家庭、改善住房条件、农村向城市转移人口、大城市发展等因素，需要增加住宅 100 亿 $m^2$ 左右；2010～2020 年还需新建住宅 120 亿 $m^2$ 左右。除了住宅外，公共建筑、工业用房的建设未来还有很大的发展空间。

可以看出：从现在起到 2020 年的 10 年间，国民经济建设任务将是长期和巨大的，因此我国建材市场需求既是很大的，也将是长期的。

2005 年国务院办公厅［2005 国发办 33 号文］《关于进一步推进墙体材料革新和推广节能建筑》通知明确提出：到 2010 年所有城内禁止使用黏土实心砖，全国实心黏土砖年产量控制在 4000 亿块以下，今后要严格控制和逐步取代普通黏土实心砖的生产和使用，大力推广新型墙体材料。新建建筑严格执行建筑节能设计标准，有条件的城市率先执行节能 65％的地方标准。从 2005 年开始，全国各气候区的居住建筑和公共建筑均严格按照国家建筑节能设计标准进行设计、施工。这对墙体材料工业的发展提出了新要求，因此要大力发展适应建筑功能改善和建筑节能要求的新型墙体材料。

墙体材料工业能源、资源消耗很大，每年墙体材料生产消耗能源 1 亿 t 以上，墙体材料生产仍以黏土为主要原料，每年黏土消耗量约 10 亿 $m^3$，加剧了耕地的锐减，使资源和环境的压力越来越大。如不改变这种状况，长期发展下去土地、能源和环境将不堪重负。因此，加快产业结构调整，促进产业结构优化升级，采用先进适用技术发展新型墙体材料，走节能、利废、节省资源、保护生态环境的节约型道路是我国墙体材料工业发展的必由之路，是发展循环经济、实施可持续发展战略的需要。

随着我国经济的快速发展和大规模的基础设施、重点工程建设及房地产开发，混凝土多孔砖工业迎来了具有新的消费特点的发展时期，在这一时期，不仅消费需求旺盛，而且结构调整力度加大，发展先进、淘汰落后的速度不断加快。在这种形势下，混凝土多孔砖工业应跟上发展的步伐，坚决淘汰落后产品和工艺，采用先进适用技术，优化产品结构，提高产业水平，提倡规模经济，这是混凝土多孔砖工业发展的必然选择。

随着我国城市化趋势加快，土地日益紧张，高层建筑的比例将会增大。在大中城市，承重墙体材料占墙体材料中的比例呈下降趋势，非承重墙体材料占主导地位；而在小城市、城镇，承重墙体材料和非承重墙体材料均衡发展；在乡村，则承重墙体材料占主导地位。

各地房屋建筑墙体多为砌体，以砌块（砖）为主导的墙体材料市场格局在“十二五”甚至更长时间内将不会改变。发展满足建筑节能设计标准要求的混凝土多孔砖，即自保温混凝土多孔砖（这种结构自保温墙体建设投资省，后期建筑维修量少），将具有更大的市场前景。

# 第3章　混凝土多孔砖产品设计

生产混凝土多孔砖首先需要解决的问题是确定块型，以及综合考虑了各种因素的最佳孔型。作为一种新型墙体材料产品，块型及孔型将影响其最终的推广与应用。因此通过系统、全面的分析与研究来确定混凝土多孔砖的基本块型及孔型是十分必要的。

目前，应用较多的多孔砖主要有烧结多孔砖与混凝土多孔砖两类。烧结多孔砖的主要品种有烧结黏土多孔砖、烧结页岩多孔砖、烧结煤矸石多孔砖、烧结粉煤灰多孔砖以及用于清水墙或带有装饰面用于墙体装饰的烧结装饰多孔砖。砖的外形为直角六面体，其长度、宽度、高度的尺寸（mm）一般为：290，240，190，180，175，140，115，90。烧结多孔砖孔洞尺寸为：圆孔直径≤22mm，非圆孔内切圆直径≤15mm；混凝土多孔砖中应用较多的基本块型为240mm×115mm×90mm，多排孔设计，孔型主要是以矩形孔与椭圆孔为主；混凝土小型空心砌块的基本块型为390mm×190mm×190mm，孔型主要为单排矩形孔。国内外对于这些产品块型的确定主要是从满足建筑模数要求的角度出发，而未考虑施工的需要。而对于孔型，国内外虽然开展了一些研究，但主要是针对某一个性能要求进行分析，缺乏综合考虑各种因素的综合分析。各种多孔砖的产品设计在原则上是在满足生产工艺、施工条件的前提下，使其受力性能和保温隔热性能达到最优。

混凝土多孔砖产品设计的目的在于通过产品的外观造型设计，使产品的结构设计、造型和产品性能三者紧密结合起来，制造出有利于建筑直接使用的深度建筑材料。设计是建材产品生产的重要一环，建材产品的形式、性能及市场竞争力等，在很大程度上取决于设计的水平。作为一种墙体材料产品，块型及孔型将影响其最终的推广与应用。

混凝土多孔砖的产品设计主要是考虑砖的力学性能和热工性能。力学性能主要包括抗拉、抗压、抗折等力学指标；热工性能一般用热导率、传热系数来衡量。两者不仅取决于多孔砖本身材料的强度和热工性能，还与其孔洞的大小、形状、排列及孔洞率等有很大的关系。

## 3.1 混凝土多孔砖块型设计

块型设计主要包括主规格块的块型设计和辅助规格块的块型设计，首先它必须满足一些基本的要求。第一，所确定的各种规格的尺寸，应具有良好的排列组合功能，适应建筑设计的各种开间、进深参数、门窗洞口尺寸和层高的要求；第二，必须满足人工砌筑的习惯和要求；第三，建筑技术规程及国家统一模数制的要求。接着考虑其对强度和热工性能的影响，一般块型对强度的影响较大，而对热工性能的影响甚微。

块型对强度的影响方面，经过许多年的研究，取得了可喜的成绩。砖块由于砖孔洞的存在，轴心受压时，砖和砂浆不仅在力的作用下产生压缩变形，而且横向也产生膨胀变形。砌体在砌筑过程中，砂浆嵌入孔洞约 10mm 左右，形成销键，销键的存在，对受压砂浆的横向变形是一种“套箍作用”，减少了砂浆的横向变形，增大了块材内部的拉应力，降低了砌体抗压强度。砖的高度尺寸越大，在相同高度的砌体墙体内，砌体的水平灰缝减少，而砌体的轴向变形主要是水平灰缝压缩变形，从而砌体的压应变减少，砌体抗压强度有所提高。一般情况下，多孔砖的规格尺寸和普通黏土砖比较要大，这个尺寸方面的提高作用，一般可以弥补由于孔洞带来的不利影响。

关于肋厚对混凝土力学性能的影响，作者对 4 种肋厚的混凝土多孔砖砌体基本力学性能进行了试验研究。试验结果表明：随着多孔砖肋厚的减小，砌体的抗压和抗剪强度均降低。通过对试验现象和试验结果的分析表明：混凝土多孔砖的肋厚应大于 12mm[18]。

烧结多孔砖分为 P 型砖和 M 型砖。P 型砖外形尺寸为 240mm×115mm×90mm，M 型砖外形尺寸为 190mm×190mm×90mm。此外还包括配砖，是指砌筑时与主规格砖配合使用的砖，如半砖、七分头砖、M 型砖的系数配砖等。

（1）块型分析

同黏土实心砖一样，混凝土多孔砖必须要有一种基本块型，而这种块型是使用范围最广泛的一种规格，也是最为重要的一种规格。确定墙体材料的基本块型主要考虑以下两个方面的因素：1）符合我国建筑模数的要求；2）施工方便，符合广大施工人员的砌筑习惯。

在进行多孔砖的块型设计时应尽量做到多孔砖的规格与建筑模数的协调一致，从而有利于砌筑劳动生产率的提高，有利于采用先进的工业化施工方法，有利于建筑构、配件的标准化、通用化。根据我国《建筑模数协调统一标准》GBJ 2 的规定，基本模数 M＝100mm；同时根据《住宅建筑模数协调标准》GB/T 5900 的规定，平面网格用 3m，竖向网格用 1m。如砖不符合这一模数会导致砍、找砖工作量的加大。

由于我国在砌砖时一般都采用手工砌筑，因此在进行多孔砖的块型设计时还要考虑手工砌筑的方便和可能性。块体尺寸过小，将会增加砖在生产和施工过程中的劳动量，同时也增加了砂浆的用量，降低了砌体的强度。而尺寸过大，块体重量就会超过手工砌筑的允许范围，同时由于在砌筑时要采用双手拿砖，无形中也降低了施工的速度与效率。

黏土实心砖的尺寸为 240mm×115mm×53mm，自重一般为 2～3kg，砌筑时非常方便，但工效低。混凝土小型空心砌块基本块型为 390mm×190mm×190mm，虽然通过配套使用一定的配块可以符合房间开间、进深以及竖向尺寸的要求，但由于其块型体积过大，自重较重，给施工造成了一定的难度。

（2）混凝土多孔砖的基本块型

通过综合考虑模数及施工两方面的要求，混凝土多孔砖的基本块型尺寸宜为 240mm（长）×115mm（宽）×90mm（高）。基本块型如图 3.1-1。

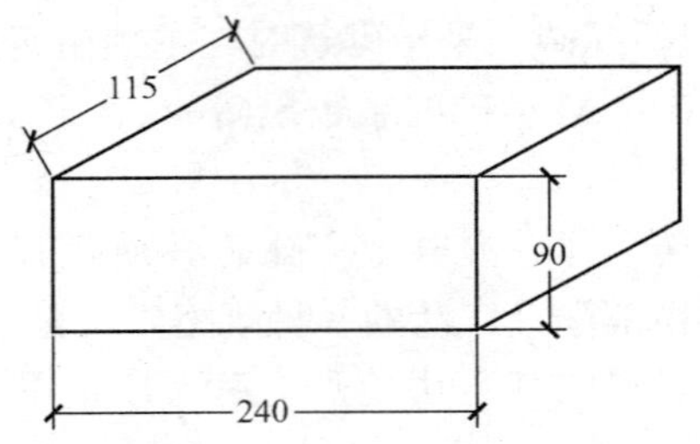


图 3.1-1 混凝土多孔砖的基本块型

也就是说混凝土多孔砖的平面尺寸与黏土实心砖相同。因此其砌筑方法也与黏土实心砖相似，可以采用一顺一丁、二顺一丁的砌筑方法。在墙体端部处（T 形和 L 形转角处）可配合使用 3/4 砖长、1/2 砖长的配块（180mm×115mm×90mm、115mm×115mm×90mm）而不必砍砖。而在竖向尺寸方面，混凝土多孔砖 90mm 的厚度再加上一条灰缝的厚度刚好满足 100mm 建筑模数的要求。在一般民用建筑设计中，建筑物的窗台一般为 900mm 高，建筑物的层高一般为 200mm 的模数或 200mm 模数＋100mm，所以混凝土多孔砖 90mm 的厚度一般能满足建筑物竖向模数的要求，不需要作另外调整。

与黏土实心砖相比，混凝土多孔砖的优势在于通过增大块厚，减少了灰缝数目，也节约了砂浆，同时也更符合建筑模数的要求。与混凝土小型空心砌块相比，混凝土多孔砖的优势更为明显；混凝土多孔砖的自重一般为 3.8～4.4kg，要远远低于混凝土小型空心砌块，泥工在砌筑时可以单手抓砖，砌筑非常方便（一般认为 5kg 范围为单手抓砖砌筑允许范围）。其砌筑方法也与黏土实心砖相似，符合施工人员的砌筑习惯，因此也比较容易为广大施工单位所接受。

## 3.2 混凝土多孔砖孔型设计

孔型是在考虑砖的受力性能和热工性能等基础上设计的，孔型的设计一般包括四个方面：一是孔形状；二是孔洞率；三是孔洞排列；四是孔尺寸和壁肋厚。

### 3.2.1 混凝土多孔砖孔洞形状设计

根据对混凝土多孔砖不同孔型进行受力性能的试验研究，结果表明：圆形、椭圆和矩形孔相比，圆形孔的受力性能最好，椭圆次之，矩形孔较差；直径大的圆形孔和直径小的圆形孔对比，小孔的受力性能要优于大孔；从不同孔壁厚度对受力性能的影响可知，厚孔壁可以使砌块的受力性能大大增加。圆形孔的力学性能最好，但是会导致肋壁的厚度变化较大，不容易控制，考虑到尽量减小壁厚，所以目前采用较多的孔型为圆角矩形孔。

衡量一种墙体材料热工性能最直接的指标就是材料的热导率。导热系数是表示材料导热难易程度的热物理量，它是物质的一个重要热物性参数，导热系数越小，其保温性能越好。

不同孔型的平均热导率是不同的，如表 3.2-1 所示，矩形孔的平均热导率最小、菱形孔次之、方形孔再次之、圆形孔的热导率最大，矩形孔中的空气容易形成长路对流，而菱形、方形、圆形中的空气容易依次形成短路对流。长路对流传热量远低于短路传热量，长路对流有利于提高空心砖或多孔砖的保温隔热性能。

**不同孔型的平均热导率** **表 3.2-1**

| 孔　　型 | 平均热导率［W/（m·K)］ |
|---|---|
| 矩形 | 0.207 |
| 菱形 | 0.360 |
| 方形 | 0.404 |
| 圆形 | 0.425 |

因此，在设计空心砖或多孔砖的孔型时，应最大限度地加大孔洞的长度，尽可能减少孔壁的连接支撑，以便在孔洞中形成长路对流，降低温差传热量。

除了孔型对热导率有影响外，在同样孔洞率的多孔砖中，小型孔洞较大型孔洞的多孔砖的导热系数低，其保温隔热效果好。在孔洞尺寸方面，空气层厚度在 20mm 范围内，气孔的热阻值随空气厚度增加而增加；大于 20mm 时，气孔的热阻值随空气层厚度的增加而缓慢增加；大于 40mm 时，气孔的热阻值随空气层厚度的增加而不再增加。这是微孔多孔砖保温隔热性能优异的主要原因。

根据我国当前装备水平，多孔砖孔洞率可达到 35%，但是考虑到力学性能，孔洞率小于 35%比较好。一般混凝土多孔砖的导热系数与其孔洞率成反比。孔洞率越大，其导热系数越小，保温性能也越好。增大孔洞率，既可以节约原料，又可减轻墙体自重，提高墙体抗震的性能，同时还可以增强保温隔热性能。但是并不是孔洞率越高越好，冯志杰以交错矩形孔和齐排孔为例[19]，分析了多孔砖的导热系数，从图 3.2-1 可以看出，当孔洞率从 15%增加到 40%时，导热系数呈线形降低，热工性能明显增高。当孔洞率在 40%～49%之间时，热工性能最佳，但是当孔洞率从 49%增加到 57%时，其导热系数急剧回升，热工性能变差。这表明，利用增加孔洞率来提高砖体热工性能是有限度

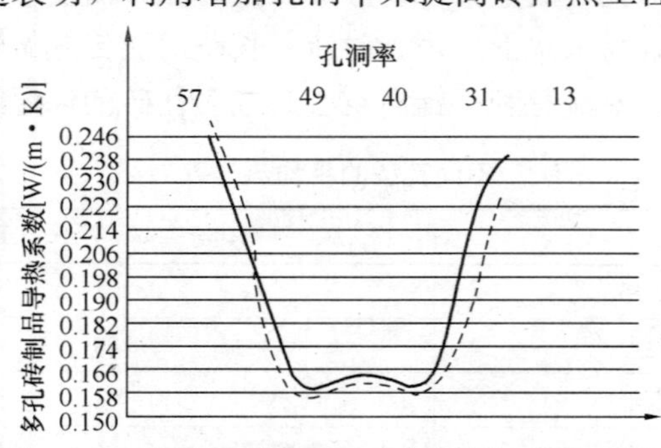


图 3.2-1　多孔砖制品的孔洞率对热导系数的影响

的，并非孔洞率越大越好。因此，在多孔砖设计时应选择最佳孔洞率以增加其保温隔热性能。

### 3.2.2 多排孔设计

混凝土多孔砖的受力性能和热工性能不仅与多孔砖的孔洞形状有关，还与其孔洞的排列数及孔洞的排列方式有关。但是在孔型和孔洞排数上同时保证砖受力性能和热工性能是相互矛盾的，制砖的生产工艺是希望孔型越简单越好，圆孔最容易生产，但在孔洞率相同条件下，虽然圆形孔的力学性能比较好，但是其热工性能较差。一般情况下，密度越轻、外壁与肋越薄，则导热系数越小，制品的热工性能越好，但力学性能有所下降。在一般情况下，混凝土多孔砖应用于自承重墙时，考虑较多的是其热工性能，使其达到建筑节能的目的。增加砖的孔洞率，能提高其保温性能，但孔型与孔洞率相同的多孔砖，必须在传热方向增加孔洞排列数，而不是单纯提高孔洞率，才能在同样的孔型和孔洞下获得较好的保温效果。

采用主规格尺寸为240mm×115mm×90mm的混凝土多孔砖，其所用混凝土材料密度为2200kg/m³，导热系数为$\lambda=1.40$W/(m·K)，5种不同型号的混凝土多孔砖的墙体厚度均为240mm，砌筑砂浆均为水泥砂浆，砌筑的灰缝厚均为10mm，墙体两边各抹20mm厚混合砂浆。砌筑用水泥砂浆的密度1800kg/m³，导热系数$\lambda=0.93$W/(m·K)；混合砂浆的密度1700kg/m³，导热系数$\lambda=0.93$W/(m·K)，墙体按一顺一丁砌法砌筑选取500mm×280mm×1000mm作为计算单元。利用《民用建筑热工设计规范》GB 50176—93规定的方法计算平均热阻，得出表3.2-2。

**不同孔型混凝土多孔砖墙体热工性能对比　　表3.2-2**

| 编号 | 孔型、排列 | 孔洞数量（个） | 孔洞率（%） | 热阻值（m²·K/W） | 传热系数[W/(m²·K)] |
|---|---|---|---|---|---|
| A | 矩形、双排对齐 | 4 | 33.6 | 0.530 | 1.887 |

续表

| 编号 | 孔型、排列 | 孔洞数量（个） | 孔洞率（%） | 热阻值 ($m^2 \cdot K/W$) | 传热系数 [$W/(m^2 \cdot K)$] |
|---|---|---|---|---|---|
| B | 矩形、双排错孔 | 5 | 28.3 | 0.541 | 1.848 |
| C | 矩形、双排对齐 | 8 | 33.6 | 0.560 | 1.786 |
| D | 矩形、三排对齐 | 12 | 33.6 | 0.585 | 1.706 |
| E | 矩形、三排错孔 | 11 | 33.6 | 0.606 | 1.650 |

从表中数据可以得出两个结论：

1）在同样孔洞率的条件下，孔洞排列多的传热系数比孔洞排列少的低。在相同孔洞率的条件下，错排孔洞多孔砖的传热系数要比齐排孔洞的小。

2）对五种相同孔型、不同排列的混凝土多孔砖进行热工性能计算和分析，三排孔比两排孔的热工性能好，多排错孔比多排齐孔热工性能好。

因此在设计时，在块型一定的情况下，应增加孔洞排数，并且按错孔排列，这样有利于提高混凝土多孔砖的热工性能。

综上所述可知，在混凝土多孔砖产品设计时，需要考虑多种因素的影响，各种因素是相互影响的，设计时应该不是主要针对某一个因素要求进行分析，而是综合考虑各种因素的影响。

## 3.3 混凝土多孔砖肋厚设计

### 3.3.1 混凝土多孔砖肋厚与其自重、孔洞率等之间的关系

由于空气层的导热系数很低，混凝土多孔砖壁肋就成为多孔砖的主要热桥通路，大部分的热量都是通过壁肋进行传导的。可见，降低壁肋厚度，也可以有效地改善混凝土多孔砖的保温隔热性能。

这里讨论的混凝土多孔砖肋厚分别为20mm、18mm、15mm和12mm，前三种砖肋与壁同厚，12mm多孔砖壁厚为15mm。

具体尺寸见图 3.3-1。

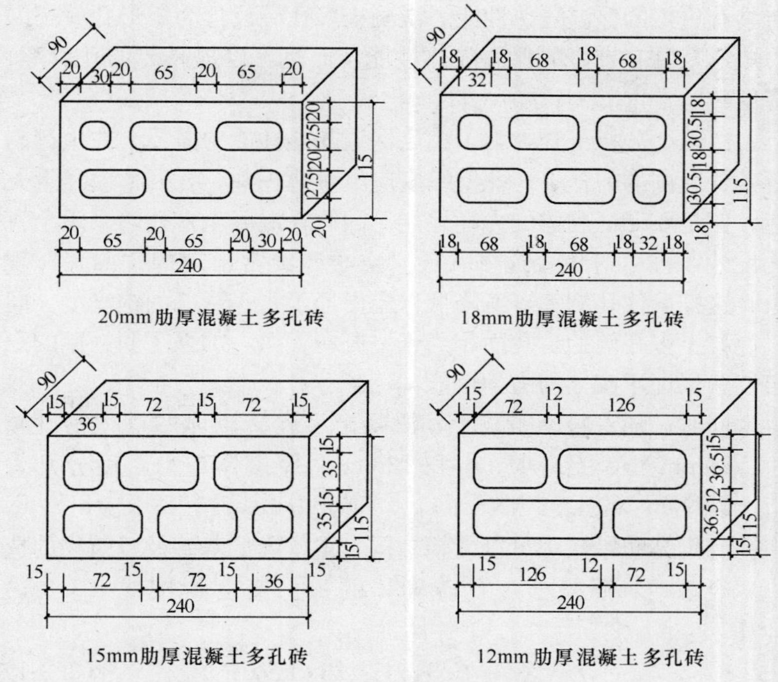


图 3.3-1　4 种肋厚混凝土多孔砖尺寸图

4 种肋厚的混凝土多孔砖的自重大约分别为 4.10kg、3.97kg、3.68kg 和 3.04kg。即随着肋厚及壁厚的减小，多孔砖自重变小。自重的减小使得工人在砌筑时可以更轻松的单手抓砖，易于操作，砌筑变得更为方便。工程技术人员也容易控制进度，同时，自重的减小意味着生产单块砖所需的原材料减少，能够节约大量的资源，更好地保护环境，具有明显的经济效益和社会效益。

随着肋与壁厚度的减小，混凝土多孔砖的自重减小，同时其孔洞率增大，图 3.3-1 中所示的 4 种肋厚的多孔砖的孔洞率分别为 29％，35％，41％和 47％，而一般来讲，多孔砖的导热系数与它的孔洞率成反比，即多孔砖的孔洞率越大，空气层越大，导热系数越小。即减小肋壁厚度，增大多孔砖的孔洞率可以使多孔砖具有更好的保温隔热性能。混凝土多孔砖设计为矩形孔就是因为矩形孔具有较好的保温隔热性能，而且可以提高砖的孔洞率，降低砖的自重。

由以上分析可知，为了满足保温隔热性能的需要，在生产制造条件允许的前提下，孔壁厚度应尽量薄一些，孔洞率应尽量大些，但是要保证砌体的力学性能。因此，混凝土多孔砖采用全盲孔设计，可以避免普通多孔砖、空心砖经常出现的“漏浆”现象，这样虽使孔洞率有所降低，但保证了水平灰缝的饱满度。同时混凝土多孔砖的盲孔面相当于一侧向支撑，加强了肋、壁的稳定性，保证了砌体的力学性能。

同时，随着肋厚的减小，混凝土多孔砖砌体的重力密度减小，20mm、18mm、15mm 和 12mm 肋厚砌体重力密度分别为 17.00kN/m³，16.58 kN/m³，15.61 kN/m³，13.48 kN/m³。即多孔砖砌体肋厚减小可以减轻结构自重，降低基础及建筑物的造价。经总结，混凝土多孔砖砌体的重力密度可按式（3.3-1）计算。

$$\gamma=(1-0.84q)\times 23\ (\mathrm{kN/m^3}) \qquad (3.3\text{-}1)$$

其中 $\gamma$ 为混凝土多孔砖砌体的重力密度，$q$ 为混凝土多孔砖的孔洞率。设计时考虑到安全因素，可取为

$$\gamma=(1-0.8q)\times 23\ (\mathrm{kN/m^3}) \qquad (3.3\text{-}2)$$

由以上的分析可知，随着混凝土多孔砖肋厚的减小，多孔砖自重减小，能够节约大量的资源，也使得混凝土多孔砖墙体具有更好的保温隔热性能，同时使得多孔砖砌体可以减轻结构自重，降低基础及建筑物的造价。因此在生产制造条件允许和保证多孔砖砌体力学性能的前提下，应最大程度地减小肋厚。

### 3.3.2 肋厚对混凝土多孔砖砌体抗压强度的影响

作者试验指出[18]，20mm、18mm、15mm 肋厚试件破坏时没有很大区别，12mm 肋厚试件裂缝出现后马上贯通整个砌体，

很快试件宣告破坏，破坏时试件产生崩溃现象，完整性较差。同时，在单块砖抗压强度试验中，12mm肋厚单块砖受压时，整块砖产生粉碎性破坏。

肋厚对抗压结果的影响可以从表3.3-1中看出。表中数据均为各肋厚试件结果的平均值。其中计算值按 $f=k_1 f_1^{\alpha}(1+0.07f_2)k_2$ 计算，$f_m$ 中取 $k_1=0.78$，$\alpha=0.5$，$f_{m1}$ 中取 $k_1=0.78$，$\alpha=0.57$。由表中数据可以得出以下结论：

**不同肋厚混凝土多孔砖砌体抗压试验结果　　表3.3-1**

| 肋厚 (mm) | 开裂荷载 N (kN) | 极限荷载 N (kN) | 试验值 $\sigma_0$ (MPa) | 计算值 $f_m$ (MPa) | 计算值 $f_{m1}$ (MPa) | $\frac{\sigma_0}{f_m}$ | $\frac{\sigma_0}{f_{m1}}$ |
|---|---|---|---|---|---|---|---|
| 20 | 345 | 508 | 5.77 | 3.55 | 4.19 | 1.63 | 1.38 |
| 18 | 378 | 548 | 6.20 | 4.12 | 4.92 | 1.51 | 1.26 |
| 15 | 392 | 522 | 5.88 | 4.53 | 5.33 | 1.29 | 1.10 |
| 12 | 366 | 436 | 4.90 | 4.60 | 5.42 | 1.07 | 0.90 |

1）随着肋厚减小，抗压试件的开裂荷载与极限荷载的比值增大，20mm肋厚砌体开裂荷载为极限荷载的68%，18mm肋厚砌体开裂荷载为极限荷载的69%，15mm肋厚砌体开裂荷载为极限荷载的75%，12mm肋厚砌体开裂荷载为极限荷载的84%。即随着混凝土多孔砖肋厚的减小，其砌体的脆性增加。

2）随着肋厚的减小，抗压强度试验值与《砌体结构设计规范》GB 50003中相关公式的计算值的比值变小。即混凝土多孔砖和砂浆的强度相同时，混凝土多孔砖砌体的抗压强度随着肋厚的减小而降低。

3）试验数据也表明，12mm肋厚试件抗压强度大部分不满足《砌体结构设计规范》GB 50003中烧结多孔砖的强度要求。即混凝土多孔砖的肋厚应大于12mm。

### 3.3.3 肋厚对多孔砖砌体抗剪强度的影响

试验现象指出，20mm、18mm、15mm试件破坏时没有很大区别，但是12mm肋厚试件破坏时，有部分试件的肋被剪断。

肋厚对抗剪结果的影响可以从表3.3-2中看出。表中数据均为各肋厚试件结果的平均值。计算值按 $f_{vm}=k_5\sqrt{f_2}$ 计算，其中 $f_{vm1}$ 中 $k_5=0.125$ ，$f_{vm2}$ 中 $k_5=0.176$。

由表中数据可以得出：随着肋厚的减小，抗剪强度试验值与《砌体结构设计规范》GB 50003中相关公式计算值的比值变小。即混凝土多孔砖砌体的抗剪强度随着肋厚的减小而降低。

通过对不同肋厚混凝土多孔砖砌体的试验现象和试验结果进行分析可知：随着肋厚的减小，多孔砖砌体的抗压和抗剪强度均降低，这里4种肋厚的混凝土多孔砖砌体中，12mm肋厚部分试件的抗压强度不满足《砌体结构设计规范》GB 50003中烧结多孔砖的抗压强度要求。同时，12mm单块砖及抗压试件破坏时产生崩溃现象，脆性过大，12mm肋厚抗剪试件中有部分试件肋被剪断，故为安全起见，混凝土多孔砖的肋厚应大于12mm。

**不同肋厚混凝土多孔砖砌体抗剪试验结果　　表3.3-2**

| 肋厚（mm） | 试验值 $f_v$（MPa） | 计算值 $f_{vm1}$（MPa） | 计算值 $f_{vm2}$（MPa） | $f_v/f_{vm1}$ | $f_v/f_{vm2}$ |
|---|---|---|---|---|---|
| 20 | 0.74 | 0.29 | 0.41 | 2.57 | 1.80 |
| 18 | 0.72 | 0.32 | 0.45 | 2.25 | 1.60 |
| 15 | 0.84 | 0.41 | 0.58 | 2.05 | 1.45 |
| 12 | 0.72 | 0.41 | 0.58 | 1.76 | 1.24 |

### 3.3.4　利用ANSYS对肋厚的分析研究

通过ANSYS对不同肋厚混凝土多孔砖单块砖和不同肋厚混凝土多孔砖砌体进行有限元分析，以了解肋厚变化对多孔砖块体和多孔砖砌体受力性能的影响。

（1）肋厚变化对单砖受力性能影响的有限元分析

ANSYS单砖有限元分析结果见表3.3-3。

不同肋厚混凝土多孔砖的最大应力、应变值　　表 3.3-3

| 肋厚 (mm) | 最大主应力（MPa） | | | 最大主应变 | | |
|---|---|---|---|---|---|---|
| | $\sigma_1$ | $\sigma_2$ | $\sigma_3$ | $\varepsilon_1$ | $\varepsilon_2$ | $\varepsilon_3$ |
| 20 | 2.0445 | 1.2382 | −9.9829 | $0.47786\times10^{-3}$ | $0.30252\times10^{-3}$ | $-0.88996\times10^{-3}$ |
| 18 | 2.6929 | 1.8823 | −10.012 | $0.55167\times10^{-3}$ | $0.35179\times10^{-3}$ | $-0.91396\times10^{-3}$ |
| 15 | 4.7849 | 2.1251 | −10.843 | $0.67095\times10^{-3}$ | $0.41019\times10^{-3}$ | $-0.94186\times10^{-3}$ |
| 12 | 4.8767 | 2.2977 | −13.212 | $0.75677\times10^{-3}$ | $0.46611\times10^{-3}$ | $-0.11588\times10^{-3}$ |

由表 3.3-3 可知，不同肋厚的多孔砖在受到相同毛面积荷载的情况下，产生的最大主应力及最大主应变随肋厚的减小而增大。其中 18mm 肋厚多孔砖块体比 20mm 肋厚多孔砖块体的值略大，但是 15mm 肋厚多孔砖块体的应力值变化较大，$\sigma_1$ 值为 20mm 的多孔砖的 2.34 倍，$\sigma_2$ 值为 20mm 的多孔砖的 1.72 倍。12mm 肋厚多孔砖块体的 $\sigma_1$ 值比 15mm 肋厚块体的值略高，但是 $\sigma_3$ 值较 15mm 肋厚多孔砖变化较大。

由以上分析可知，多孔砖块体在单块受压时，肋厚由 20mm 变为 15mm 时受力性能下降较快。12mm 肋厚多孔砖块体 $\sigma_1$ 值比 15mm 肋厚多孔砖略大，但是 $\sigma_3$ 值增加较明显。单块砖抗压强度试验时，4 种肋厚多孔砖中，12mm 肋厚多孔砖破坏时产生崩溃现象，破坏时完整性很差。

（2）肋厚变化对多孔砖砌体受压性能影响的有限元分析

4 种肋厚多孔砖砌体受压性能的有限元分析结果见表 3.3-4。

不同肋厚混凝土多孔砖砌体受压的最大应力、应变值　　表 3.3-4

| 砌体类型 | 最大主应力（MPa） | | | 最大主应变 | | |
|---|---|---|---|---|---|---|
| | $\sigma_1$ | $\sigma_2$ | $\sigma_3$ | $\varepsilon_1$ | $\varepsilon_2$ | $\varepsilon_3$ |
| 20mm 肋厚 | 2.5236 | 0.48092 | 0.39402 | $0.79989\times10^{-2}$ | $0.18598\times10^{-2}$ | $0.26630\times10^{-3}$ |
| 18mm 肋厚 | 2.5773 | 0.49304 | 0.40187 | $0.91163\times10^{-2}$ | $0.28549\times10^{-2}$ | $0.46716\times10^{-3}$ |
| 15mm 肋厚 | 2.6060 | 0.51544 | 0.41174 | $0.12224\times10^{-1}$ | $0.30578\times10^{-2}$ | $0.84819\times10^{-3}$ |
| 12mm 肋厚 | 2.8506 | 0.53328 | 0.42027 | $0.17479\times10^{-1}$ | $0.40672\times10^{-2}$ | $0.13478\times10^{-2}$ |

从表 3.3-4 数据可以看出多孔砖砌体受压的最大主应力和最大主应变均随着肋厚的减小而增大，即随着肋厚的减小多孔砖砌体的抗压强度降低。肋厚由 20mm 变为 15mm 时，$\sigma_1$ 、$\sigma_3$ 等各项值都变大；肋厚 12mm 时，$\sigma_1$ 值增大趋势较明显。

（3）肋厚变化对多孔砖砌体受剪性能影响的有限元分析

4 种肋厚多孔砖砌体受剪性能的有限元分析结果见表 3.3-5。

**不同肋厚混凝土多孔砖砌体受剪性能比较　　表 3.3-5**

| | 肋厚(mm) | | 20 | 18 | 15 | 12 |
|---|---|---|---|---|---|---|
| 多孔砖 | 最大剪应力(MPa) | | 0.25560 | 0.37280 | 0.43114 | 0.67422 |
| | 最大剪应变(rad) | | $0.55767\times10^{-4}$ | $0.81337\times10^{-4}$ | $0.94067\times10^{-4}$ | $0.14710\times10^{-3}$ |
| | 最大位移 | $U_X$(mm) | $-0.17280\times10^{-2}$ | $-0.17760\times10^{-2}$ | $-0.20424\times10^{-2}$ | $-0.23687\times10^{-2}$ |
| | | $U_Y$(mm) | $-0.15620\times10^{-1}$ | $-0.17091\times10^{-1}$ | $-0.19179\times10^{-1}$ | $-0.21817\times10^{-1}$ |
| | | $U_Z$(mm) | $0.10459\times10^{-2}$ | $0.12074\times10^{-2}$ | $0.12654\times10^{-2}$ | $0.33032\times10^{-2}$ |
| 砂浆 | 最大剪应力(MPa) | | 0.32027 | 0.34246 | 0.34849 | 0.36110 |
| | 最大剪应变(rad) | | $0.36394\times10^{-3}$ | $0.38916\times10^{-3}$ | $0.39601\times10^{-3}$ | $0.41034\times10^{-3}$ |
| | 最大位移 | $U_X$(mm) | $-0.17280\times10^{-2}$ | $-0.17760\times10^{-2}$ | $-0.20424\times10^{-2}$ | $-0.23687\times10^{-2}$ |
| | | $U_Y$(mm) | $-0.15620\times10^{-1}$ | $-0.17091\times10^{-1}$ | $-0.19179\times10^{-1}$ | $-0.21817\times10^{-1}$ |
| | | $U_Z$(mm) | $0.10459\times10^{-2}$ | $0.12074\times10^{-2}$ | $0.12654\times10^{-2}$ | $0.33032\times10^{-2}$ |

因为在多孔砖砌体抗剪强度试验中，肋厚为 12mm 的试件破坏时有砖的肋被剪断的现象，所以分析时将砖和砂浆的应力分别列出。由表 3.3-5 可以看出，随着肋厚的减小，抗剪试件内的多孔砖和砂浆的最大剪应力、最大剪应变和变形量均增大。其中不同肋厚砌体中砂浆的各项值随着肋厚的减小略微增大。但是砌体中多孔砖块体的值变化要明显得多。

18mm 多孔砖砌体中砖块体的最大剪应力比 20mm 的略大；15mm 多孔砖砌体中砖块体的最大剪应力为 20mm 肋厚的 1.69 倍；12mm 多孔砖砌体中砖块体的最大剪应力为 20mm 肋厚的 2.64 倍，为 15mm 的 1.56 倍，增大趋势很明显。即肋厚减小，抗剪试件中多孔砖块体的受力性能下降较快。

肋厚减小对砖块体中的最大剪应力影响较大，这可以解释基本力学性能试验中 12mm 肋厚砌体中有砖肋被剪断的现象。由此可知肋厚对多孔砖砌体抗剪强度影响较大。

以上分析可以看出，肋厚减小对多孔砖单块砖和多孔砖砌体的受力均不利，肋厚是影响砌体受力性能的一个重要因素。

以上的试验和 ANSYS 分析表明，15mm 以上肋厚混凝土多孔砖能够保证其砌体的力学性能。相比肋厚为 20mm 的多孔砖来讲，15mm 肋厚多孔砖密度较小，其砌体的自重较小，保温隔热性能变好，同时，能够节约大量资源，更好地保护环境，很好地满足了新型墙体材料的要求。

肋厚由 15mm 减小为 12mm 时，混凝土多孔砖块体的受力性能下降较大。混凝土多孔砖的承载力主要靠其肋壁，肋壁的受力性能决定了整个多孔砖块体的力学性能。若肋被剪断，则多孔砖块体承载能力将急剧下降，所以用 12mm 肋厚的多孔砖来代替黏土砖是不可行的。

《砌体结构设计规范》GB 50003—2001 增加的多孔砖砌体，规定 7、8、9 度区保持和实心砖砌体同样的层数和高度，对 6 度区则降低为 7 层。其主要原因是多孔砖砌体的脆性性质表现较为突出，特别是多孔砖由于壁和肋均较薄，在受到较大轴压力时，极易产生“劈裂”现象，即多孔砖的外壁先崩裂脱落，造成在整体模拟试验时的突然倒塌。

烧结多孔砖的肋厚为 10mm 左右，而混凝土多孔砖的肋厚已有建议不小于 15mm，则不会出现烧结多孔砖的由于肋壁较薄而导致在较大轴压力下产生的“劈裂”现象。同时，混凝土多孔砖采用的是盲孔设计，其盲孔面相当于一侧向支撑，加强了肋、壁的稳定性，保证了砌体的力学性能。

## 3.4 混凝土多孔砖产品的建筑节能技术提升研究

混凝土多孔砖的节能技术提升，主要是改善其保温隔热性能，使其满足建筑节能的要求。混凝土多孔砖的导热系数越小，其保温性能就越好。降低其导热系数有三种方法：一是降低块体材料本身的导热系数，选用导热小的骨料以及在块体中掺入保温材料等，改变块体材料的配合比；二是在块体表面涂刷保温砂浆或保温涂料等，也可在块体孔洞内填充导热系数小的保温材料；三是对混凝土多孔砖进行产品改性，包括：孔型、孔排数和孔的排列。以上三种方法均能提高和改善空心砖或多孔砖的保温性能。下面介绍各种方法和途径。

（1）调整混凝土多孔砖的材料组分和配合比

在满足混凝土多孔砖强度的前提下，可尽量掺入导热系数小的材料，如轻质工业废渣和陶粒，用以降低混凝土导热系数，提高混凝土的保温隔热性。

240mm 厚混凝土多孔砖裸墙其导热系数 $\lambda_c=0.74$，蓄热系数 $S_c=7.25$，传热阻 $R=0.32$，热惰性值 $D=2.32$，传热系数 $K=3.13$。经长沙理工大学对混凝土多孔砖墙及陶粒混凝土多孔砖墙进行热工性能实际测试，其检测指标对比见表3.4-1。

在上述制品中掺入 20%陶砂将混凝土多孔砖改成为陶粒混凝土多孔砖墙后，将其热工性能指标与原混凝土多孔砖墙对比分析表明：表征保温性能的砌体墙体平均传热系数 $K$ 值都有不同程度的提升；随着人造轻骨料的加入，墙体热惰性指标 $D$ 值略有下降，但 $D$ 值仍然全部符合国家建筑节能设计标准强制性条文要求($D\geqslant3.0$)。

同时，还要优化混凝土的配合比，特别是骨料的掺加量和级配，确保混凝土多孔砖具有优良的热工性能，当然同时还要保证混凝土多孔砖的强度。

对于拌合物为低水灰比，制备方式为振动压制成型的混凝土多孔砖来讲，配合比设计的主要影响因素并不是传统意义上的水灰比，而是灰集比。灰集比即胶凝材料与粗细骨料质量之比，其对强度的影响见图 3.4-1。

**陶粒混凝土多孔砖墙与混凝土多孔砖墙热工性能指标对比　表 3.4-1**

| 指标分类 / 名称 | 墙体厚度 (mm) | 干密度 ($kg/m^3$) | 外墙总厚度 $d$ (mm) | 导热系数 $\lambda_c$ [W/(m·K)] | 蓄热系数计算值 $S_c$ [W/($m^2$·K)] | 传热阻 $R$ ($m^2$·K/W) | 热惰性指数 $D$ | 传热系数 $K$ |
|---|---|---|---|---|---|---|---|---|
| 混凝土多孔砖墙 | 240 | 1450 | 280 | 0.74 | 7.25 | 0.52 | 3.77 | 1.92 |
| 陶粒混凝土多孔砖墙 | 240 | 1100 | 280 | 0.60 | 6.01 | 0.59 | 3.56 | 1.69 |

注：外墙外侧面粉 20mm 厚水泥砂浆，外墙内侧面粉 20mm 厚石灰水泥砂浆。

合理的砂率能够使混凝土多孔砖的强度得到更好地发展，砂率对混凝土多孔砖抗压强度的影响见图 3.4-2。

炉渣的掺入会降低混凝土多孔砖的密度，提高其热工性能，但炉渣的多孔结构使得其强度较低、吸水率较高，因此炉渣掺量要控制在一定的范围。炉渣掺入量对混凝土多孔砖抗压强度的影响见图 3.4-3。

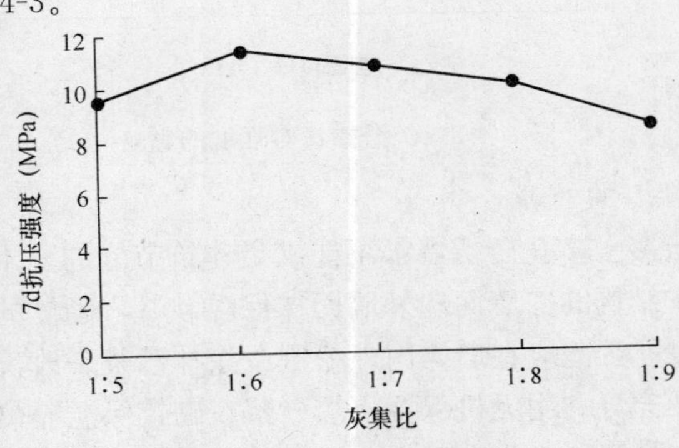


图 3.4-1　灰集比对抗压强度的影响

因此在考虑提供混凝土多孔砖热工性能的同时，还必须考虑各组料配合比对其强度的影响，选择更加适宜的配合比。根据上述研究成果，灰集比应控制在 1∶6 左右，砂率应控制在 45%左右，而炉渣掺量应控制在 30%左右。

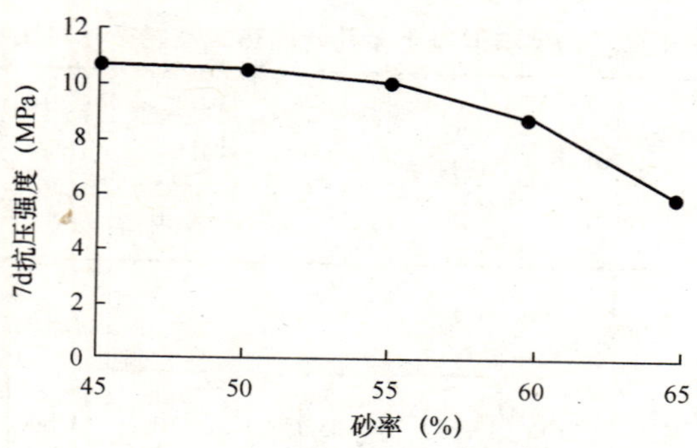


图 3.4-2　砂率对抗压强度的影响

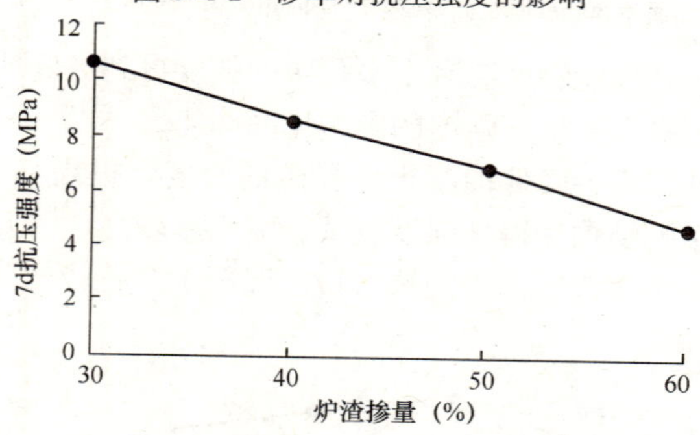


图 3.4-3　炉渣掺量对强度的影响

（2）裸墙的处理

一般混凝土多孔砖裸墙都不能满足建筑节能的要求。研究表明，对围护结构的内墙面和外墙面抹保温砂浆，砌体的传热系数将显著降低。因此应在墙体内外粉刷或涂抹砂浆来改善其热工性能，这就要充分利用无机保温隔热砂浆、砌筑保温隔热砂浆和抹面保温隔热砂浆，以此改善和提高混凝土多孔砖砌体的热工性能。

（3）产品改型

混凝土多孔砖的产品改型主要是针对孔型、孔洞排列和改变孔壁厚度来实现的。

1）改变混凝土多孔砖的孔型增大长路对流

目前常见的多孔砖，孔洞形状绝大多数为圆形、正方形和矩形，在孔洞率相同的单排孔混凝土多孔砖中，比较不同孔型的传热系数可见，矩形孔的传热系数最小，菱形孔次之，方形孔较大，圆形孔的最大。矩形孔中的空气容易形成长路对流，而菱形、方形、圆形孔中的空气容易形成短路对流。由于对流换热是由多孔砖孔洞两个表面的温差产生的，在可能的条件下应尽可能加长这个对流环路，提高空气层间的热阻。但如果在多孔砖中设计很多平行于热流方向的水平孔或空气间层，则孔洞中的对流换热将大大强化，形成短路对流环路，热量借此迅速从热面传至冷面，造成热量散失增大。

因此，长路热对流的传热量远低于短路传热量，有利于提高多孔砖的保温隔热性能。在设计混凝土多孔砖孔型时，应最大限度地加大孔洞的长度，尽可能减小孔壁的连接支撑，以便在孔洞中容易形成空气长路对流环流，降低温差传热量。

2）增加孔洞排列数

混凝土多孔砖的热阻不仅与多孔砖的孔洞形状有关，还与其孔洞的排列数及孔洞的排列方式有关。在混凝土多孔砖中，平均传热系数的大小与垂直热流方向的孔洞行列数有关，即孔洞行列数越多，多孔砖的热阻越大，保温效果越好。因此，在满足多孔砖的壁厚及肋厚要求的前提下，最大限度地增加孔洞排列数，发展多排孔多孔砖，有助于增强混凝土多孔砖的保温性能，提高节能效果。

3）孔洞错开排列，加长热传导在孔壁中的流程

通过多孔砖的热流量大部分是通过孔壁的热传导来实现的，而热传导与传导的断面积和传导的流程长度有关，在断面积一定时，传导的流程越长，热阻越大，传热量就越少。如果在多孔砖中把横向水平连接的孔壁交错排列，以加长多孔砖热传导途径，就相当于增加了多孔砖的厚度，也就提高了多孔砖的热阻。

4）减小混凝土多孔砖的孔洞尺寸及孔壁厚度

由于空气传热有传导、对流和辐射三种方式，所以，用空气作多孔砖的保温隔热层时具有自己的特点：孔洞尺寸越大，辐射

换热和对流传热越强，传递的热流量增大，保温隔热性能降低。因此，在保证一定孔洞率的情况下，多孔砖的孔洞尺寸应尽可能小，即减小多孔砖孔洞的宽度（或直径），以尽可能减少辐射和对流传热量，提高多孔砖的保温隔热性能。另外，由于混凝土多孔砖的热传递主要是借助孔壁的热传导来实现的，而空气的导热系数又比孔壁材料的导热系数低得多，所以，孔壁很容易形成多孔砖的热桥。降低孔壁厚度，最大限度地减小热桥的断面积，减少孔壁的热流量，是改善和提高多孔砖热工性能的重要措施。

设计混凝土多孔砖的孔型结构时，应综合考虑上述各种因素，尽可能使混凝土多孔砖的平均热阻满足规范要求。可选择240mm×240mm×115mm 和 240mm×290mm×115mm 块型，设计 4、5、6 排孔的孔型（图 3.4-4）。

空气层的厚度对热阻的影响见表 3.4-2。

从表 3.4-2 可以看出，垂直空气间层的厚度过大或过小，砖的保温隔热效果都不是很好，宜选用 20～40mm 厚的垂直(与传热的热流方向垂直)空气间层，这样的空气间层占用的空间少，保温效果也好，图 3.4-4 中(*b*)、(*d*)、(*e*)、(*f*)的孔型选择符合要求。

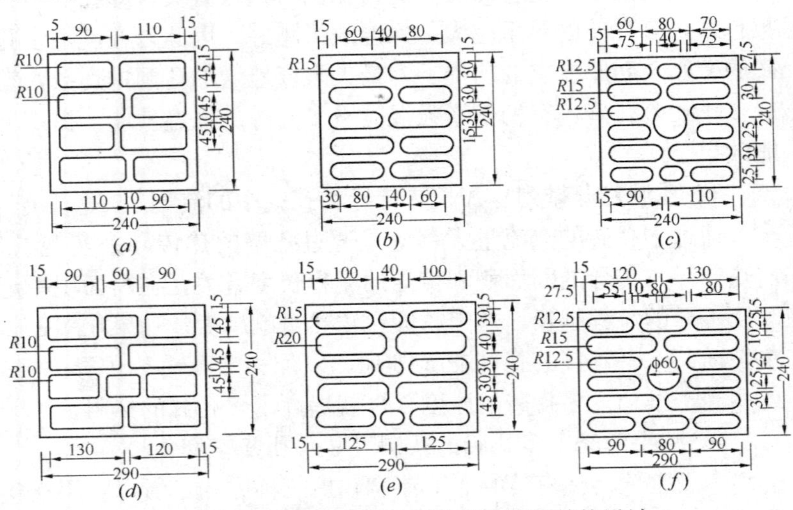


图 3.4-4　混凝土多孔砖的孔型和块型结构设计

由于混凝土多孔砖属于“由两种以上材料组成的、两向非均质”材料，其热工性能的计算比较复杂，现一般按照《民用建筑热工设计规范》GB 50176 附录一规定的方法计算其平均热阻，计算数据见表 3.4-3。

**空气间层的厚度对热阻的影响** **表 3.4-2**

| 空气间层的厚度（mm） | 5 | 10 | 20 | 30 | 40 | >40 |
|---|---|---|---|---|---|---|
| 垂直空气层间的热阻（$m^2 \cdot K/W$） | 0.09 | 0.12 | 0.14 | 0.14 | 0.15 | 0.15 |

**不同孔型结构试件的平均热阻（$m^2 \cdot K/W$）** **表 3.4-3**

| 项目 | λ W/(m·K) | 240mm×115mm×90mm | | | 240mm×290mm×115mm | | |
|---|---|---|---|---|---|---|---|
| | | A | B | C | D | E | F |
| 普通混凝土 | 1.51 | 0.425 | 0.466 | 0.455 | 0.451 | 0.502 | 0.545 |
| 掺 30%煤渣 | 1.24 | 0.466 | 0.516 | 0.512 | 0.490 | 0.548 | 0.601 |
| 掺 50%煤渣 | 1.10 | 0.491 | 0.546 | 0.549 | 0.513 | 0.577 | 0.634 |
| 掺 30%煤渣 | 1.15 | 0.482 | 0.535 | 0.535 | 0.504 | 0.567 | 0.621 |
| 掺 50%煤渣 | 0.86 | 0.543 | 0.613 | 0.627 | 0.561 | 0.637 | 0.705 |
| 掺 100%煤渣 | 0.45 | 0.689 | 0.808 | 0.856 | 0.697 | 0.805 | 0.904 |

如表 3.4-3 所示，随着孔排数增加，混凝土多孔砖的平均热阻增加；加大多孔砖孔的长度，平均热阻也有所增大。计算结果表明，块型厚度为 240mm 的混凝土多孔砖，考虑计算结果与实际的误差，排数为 5 排以上的多孔砖墙体能够满足夏热冬冷地区居住建筑节能 50%对围护结构的要求。此外，掺入煤渣、陶粒等导热系数低的骨料，随着掺入量的增大，混凝土多孔砖的平均热阻增大；同等掺量时，陶粒混凝土多孔砖的平均热阻要高于煤渣混凝土多孔砖。

对混凝土多孔砖孔型结构设计和热工性能的计算分析表明，混凝土多孔砖的孔洞形状、大小及分布对其热工性能有较大影响，可见混凝土多孔砖的产品改型主要是通过合理设计其孔型及孔结构，改善混凝土多孔砖的材质，图 3.4-4 中的（*f*）块型、孔洞排数和排列基本可以满足建筑节能设计标准要求。

## 3.5 节能型多功能混凝土多孔砖产品设计例

混凝土多孔砖材料简单，经济性明显，但单一的普通混凝土多孔砖不管如何设计，其孔洞都不能满足国家节能要求，因此提出了节能型多功能混凝土多孔砖。作为一种新材料，其经济优势突出，适合墙材发展方向，非常值得研究。

### 3.5.1 节能型多功能混凝土多孔砖的块型设计

过去我国普遍使用的黏土实心砖采用的尺寸为240mm×115mm×53mm，墙体厚度一般为240mm，这种长宽比能较好地满足砌筑要求而不必砍砖。但混凝土砌块或多孔砖出现后，由于其强度较高，190mm厚就能满足承重要求。所以在宽度方向上可以不做要求。根据房屋设计的空间参数，最常用的房间开间为300mm模数，如3m、3.3m，窗宽也是，如1.2m、1.5m、1.8m，但也有200mm模数的，如房间开间为3.2m。根据300mm模数设计，多孔砖的长度最好为290mm，加上10mm灰缝为300mm；按200mm模数设计，多孔砖最好是190mm，加10mm灰缝为200mm。根据模数理论，多孔砖的宽长比以1∶2较好，可以免去半砖的使用。如不能避免时，可在设计时使孔洞的排列便于瓦工砍砖，以代配砖。多孔砖的高度与长、宽不一定成比例，一般可采用10进公制，例如90mm或190mm，便于凑合标准门窗或楼层高度。实践证明，砖型尺寸协调以长∶宽∶高＝4∶2∶1最为理想，以模数考虑即4M∶2M∶1M，按砌筑灰缝10mm计。

设计思路：按模数理论，宽度为190mm，其长度应为390mm，即为小型混凝土砌块；假如其长度为290mm，宽度为140mm，单砖砌筑的话势必达不到承重要求，用两块砖砌筑墙厚为290mm，则墙厚太大，减小了使用面积；假如其长度为190mm，宽度为90mm，用两块砖砌筑墙厚为190mm，这种墙体虽然能达到承重要求，但其保温性能达不到，而且其砖长度

190mm，会使施工速度降低。

本设计的砖拟采用的尺寸为 240mm×240mm×90mm。

该设计在长度上符合模数的要求，跟传统的黏土砖一样，故也很容易满足我国房屋设计施工的要求。在宽度上取 240mm，是基于承重和保温两方面的要求来决定的，若取 190mm 厚的混凝土小型空心砌块则达不到节能要求。本例设计的是节能型多功能混凝土多孔砖，取 240mm 的目的是能更好地设计孔洞以及填充保温材料的位置，即达到保温节能的最佳效果。在高度方向上，很多文献提到：多孔砖的厚度为 90mm，是普通黏土砖高（53mm）的 1.7 倍，增加了块材截面的抵抗矩，对提高砌体抗压强度相当有利。此外，在同一高度的砌体中，砌体的水平灰缝减少，而砌体的轴向变形主要是水平灰缝压缩变形，从而砌体的压应变减少，砌体的弹性模量有所提高，抗压强度也有所增加。而且高度为 90mm 既符合建筑高度方向的模数要求，这样的混凝土多孔砖也不是很重。

### 3.5.2 节能型多功能混凝土多孔砖的孔型设计

混凝土多孔砖的孔型、孔洞排列和孔洞率不仅影响到混凝土多孔砖的受力性能和重量，还在很大程度上影响着多孔砖砌体的保温隔热性能。

进行孔型设计的原则是在满足生产工艺、施工条件的前提下，使受力性能和保温隔热性能达到最优，同时孔型设计还应有利于孔洞率的提高，单砖重量的减少。

多孔砖的导热系数与它的孔洞率成反比，但是，在相同的孔洞率条件下，多孔砖的导热系数也有差别，这是因为孔洞的形状、数量、排列方式不同所致。空气间层热阻在 4cm 以前是随着空气间层的厚度的增长而增长的；0.5～1cm 厚度时空气间层热阻增长率较大；1～4cm 厚度变化时，空气层热阻增长率较小；超过 4cm 厚度时空气层热阻基本不发生变化。为了既达到提高孔洞率和保温性能，同时又酌量减少孔洞内对流换热作用，普通混凝土多孔砖一般可用10～40mm宽的矩形孔。孔洞大小对砖的强度、保温性能、施工均有影响，可减少空气的对流和辐射传热。在孔宽一定的情况下，应尽量增加长宽比。混凝土多孔砖国家行业标准规定：矩形条孔孔长与孔宽之比不小于3。对于多功能混凝土多孔砖来说，在中间插入或填塞高效保温材料可达到保温隔热的目的，要是孔的宽度过小，则在砖宽度方向上势必要增加肋的条数，又由于混凝土的导热系数较大，这样会直接使砖在传热方向上的热阻减少。故在设计多功能混凝土多孔砖时，可以考虑适当地将孔洞宽度取大些。结合国内外经验，大部分孔型设计为矩形条孔、矩形孔、棱形孔等。不同孔型的综合性能比较见表3.5-1。

**不同孔形的综合性能比较** **表3.5-1**

| | 圆形 | 椭圆形 | 方形 | 矩形 | 棱形 |
|---|---|---|---|---|---|
| 保温性能 | 较差 | 较好 | 较好 | 好 | 较差 |
| 孔洞率 | 小 | 中等 | 较大 | 大 | 中等 |
| 密度 | 较大 | 中等 | 较小 | 较小 | 较小 |
| 砌筑漏浆 | 较少 | 较小 | 多 | 少 | 多 |

多孔砖的孔型以矩形为好，它比其他孔型具有较多的优点，尤其是具有较好的保温性能且漏浆较少。根据湖南、浙江与上海等地混凝土多孔砖的砌体和墙片试验数据，为了防止混凝土多孔砖在墙体抗震中产生应力集中点，以及考虑混凝土的材料特性，规定矩形孔或矩形条形孔4个角应为半径大于8mm的圆角。

根据传热原理，孔壁愈薄愈好，但孔壁砖的孔壁厚度对砌体内的抗压强度也有影响。如果孔壁设计得太薄，砖的制作难度加大，孔壁四周的微裂缝增多，砖的强度较低，砌体的强度也随之降低。在受压状态下，砖孔壁太薄难以承受更大的压力。同时，砌体内的砖处于复杂受力状态，孔壁要受到砂浆销键侧压力的作用，如孔壁太薄，就不足以承受此作用，从而导致抗压强度降低。特别是在受偏压作用时，较薄的孔壁将在砌体主裂缝产生之前产生次裂缝，造成砌体抗压强度急剧降低。故砖型的外壁厚度不宜小于 16mm，肋厚不小于 14mm。多孔砖孔型排列均设计为交错排列，以增加热流路线。

综上所述，提出节能型多功能混凝土多孔砖如图 3.5-1 所示。

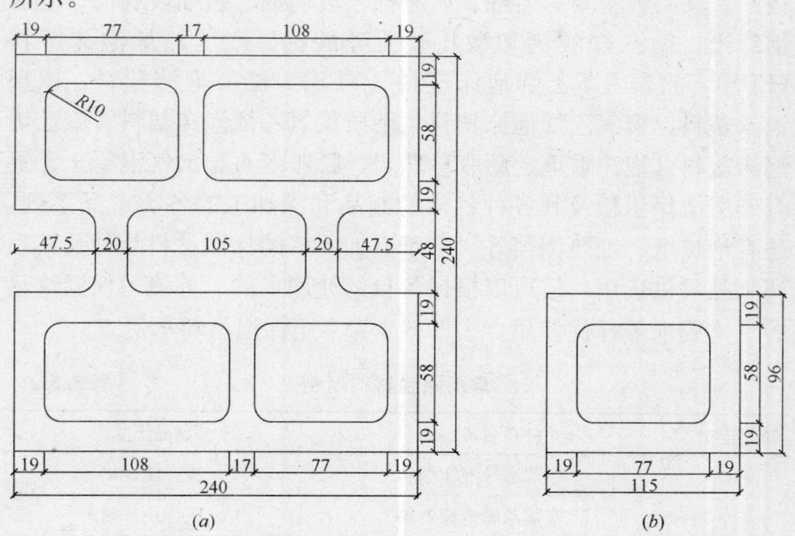


图 3.5-1　节能型多功能混凝土多孔砖初步设计图

（a）节能型多功能混凝土多孔砖大面图；（b）副块图

此种错排反对称布孔且中排孔将砖外壁热桥断开的多孔砖能有效地提高热阻，再在孔洞内填插高效保温材料，能满足节能要求。

此类多孔砖将保温材料置于砖内，使其受外界自然条件直接影响减少，基本上能达到与建筑主体使用寿命一致。而且它不必像外墙外保温那样因考虑粘结、风荷载、日照、雨淋等情况而需要特殊处理。它还可以做成劈裂块或彩色混凝土面，砌成清水墙，省去外墙装修，减少工程造价。

### 3.5.3 复合保温材料的选择

(1) 保温材料的种类

我国的保温材料不仅品种多，而且产量也很大，应用范围也很广。其品种主要有岩棉、矿渣棉、玻璃棉、超细玻璃棉、硅酸铝纤维、微孔硅酸钙和微孔硬质硅酸钙、聚苯乙烯泡沫塑料(EPS)、挤塑聚苯乙烯泡沫塑料（XPS)、酚醛泡沫塑料、橡塑泡沫塑料、聚氯乙烯泡沫塑料、硬质聚氯乙烯泡沫塑料、聚乙烯泡沫塑料、泡沫玻璃、膨胀珍珠岩、膨胀蛭石、加气混凝土、复合硅酸盐保温粉及其各种各样的制品和深加工的各类产品系列，还有绝热纸、绝热铝箔等。鉴于有如此多的保温材料品种及其系列制品可供选用，故可以根据各自的使用目的、环境、保温绝热的具体要求等择优使用。表 3.5-2 为常用保温材料示例。

**常用保温材料示例** **表 3.5-2**

| 按形态分类 | 材料名称示例 | 制品形状 |
|---|---|---|
| 多孔状 | 聚苯乙烯泡沫塑料 | 板、块、筒 |
| | 聚氯乙烯泡沫塑料 | 板、块、筒 |
| | 泡沫玻璃、聚氨酯泡沫塑料 | 板、块、筒 |
| | 改性菱镁泡沫制品、加气混凝土 | 板、块 |
| | 微孔硅酸钙、珍珠岩制品 | 板、块、筒 |
| 纤维状 | 岩棉、矿渣棉 | 毡、筒、带、板 |
| | 玻璃棉、超细玻璃棉 | 毡、筒、带、板 |
| | 陶瓷纤维、硅酸铝纤维棉 | 毡、筒、带、板 |
| | 稻草板 | 板 |
| | 软木、木丝板、木屑板 | 板 |
| 粉末状 | 膨胀珍珠岩 | 粉 |
| | 硅藻土、复合硅酸盐保温粉 | 粉 |
| | 膨胀蛭石 | 粉 |
| 膏状 | 复合硅酸盐保温涂料 | 膏、浆 |

续表

| 按形态分类 | 材料名称示例 | 制品形状 |
| --- | --- | --- |
| 层状 | 金属箔、纸玻纤筋铝箔、铝箔 | 夹层、蜂窝状、单层 |
| | 金属镀膜 | 多层状、单层 |
| | 绝热纸 | 层状、单层、多层 |
| | 绝热塑料反射膜 | 层状、单层、多层 |

(2) 保温材料的选用原则和方法

在设计节能建筑和建造节能建筑中都要选用保温材料。选用保温材料中应该考虑下列因素和原则：

1) 保温材料的使用温度范围。一定要使所选用的保温材料在设计的使用工况条件下不会产生较大的变形，不仅要保证保温材料不受损伤，还要达到设计的保温效果和设计使用寿命。对于建筑墙体保温节能，选用能在常温下发挥作用的保温材料即可。

2) 保温材料要求具有较小的导热系数。在相同保温效果的前提下，导热系数小的材料其保温层厚度就可以小些，保温结构所占的空间就会小些。如果在较高的温度下使用保温材料，不要选用密度太小的保温材料，因为在高温条件下密度太小的保温材料其导热系数可能会很大。

3) 保温材料要有良好的化学稳定性。有强腐蚀性介质的环境，要求保温材料不会与这些腐蚀性介质起化学反应（如聚苯乙烯泡沫塑料就易与涂料或油漆中的有机溶剂起化学反应），以保证保温工程质量和保温节能效果。

4) 保温材料的机械强度要与使用环境相匹配。

5) 保温材料的使用年限要与被保温工程主体的正常维修期基本相适应，以免造成不必要的浪费。

6) 保温材料的单位体积价格要与其使用功能相称。要以功能价格即单位热阻价格来评价其贵贱。

7) 保温材料应首选无机不燃的保温材料或选难燃的保温材料；在防火要求高或有良好的防护隔离层时也可以选用阻燃性好

的保温材料。不应选用易燃、不阻燃或燃烧产物有毒的保温材料。

8）保温材料应选用吸水率小的保温材料。

9）保温材料应有良好的施工性。要使保温施工安装方便易行，既操作简便，又易于保证保温工程质量。

（3）保温材料的技术经济选择方法

用保温材料的导热系数乘以该保温材料的单位体积价格，即式（3.5-1），其乘积越小，该保温材料的技术经济效果就越好。

$$A = S\lambda \tag{3.5-1}$$

式中 $S$——保温材料的单位体积价格，元/$m^3$；

$\lambda$——保温材料的导热系数，W/(m·K)；

$A$——保温材料的技术经济特征量，也可以称为每平方米面积上的单位热阻价格，元/[$m^2$·K/(W·$m^2$)]。

可以从量纲分析得出 $A$ 的热物理经济意义。(元/$m^3$)·[W/(m·K)]=元/[$m^2$·K/(W·$m^2$)]，这就是单位面积上的单位热阻价格。

这里的量纲分析结果说明了一个重要的实质问题，即揭示了购买保温材料的实质就是花钱买热阻，用买来的热阻去阻碍热的传递，以达到减少热损失、节约能源的效果。单位热阻价格越低，达到相同节能效果的投资就越小。从这个方面出发，空气的导热系数只有 0.023W/（m·K），而且不用花钱，是最值得合理开发利用的保温材料。

1）几种建筑工程常见保温材料的综合性质比较

从表 3.5-3 可以看出，酚醛泡沫和聚氨酯的热阻值相差不大，而且优于其他保温材料。但从其他方面，如耐热、耐冷、抗老化、吸水性等方面的综合优势比较下，酚醛泡沫的性能还是很突出的。而且酚醛泡沫的成本一般比聚氨酯要低 30%～50%。玻璃棉的吸水性较大，吸水后材料的保温性能会降低，因此不适于节能型多功能混凝土多孔砖保温材料的填埋。橡塑燃烧时有浓烟且熔滴，说明其防火性能差，也不适于作为建筑围护结构的保温材料。然而保温材料的选择不能只限于材料的保温性能最好，也要兼顾经济方面的要求。

经调查，目前聚苯板导热系数0.033W/(m·K)，市场价格为220元/$m^3$；硬质聚氨酯泡沫导热系数0.02～0.036W/(m·K)，市场价格约为1400元/$m^3$；酚醛泡沫导热系数0.025W/(m·K)，市场价格约为1000元/$m^3$。将上述数值代入式(3.5-1)可得：

$$A_{聚苯}=0.033\times220=7.26[元/(m^2\cdot K/W)]/m^2$$

$$A_{聚氨酯}=(0.02\sim0.036)\times1400=28\sim50.4[元/(m^2\cdot K/W)]/m^2$$

$$A_{酚醛}=(0.022\sim0.04)\times1000=25\sim40[元/(m^2\cdot K/W)]/m^2$$

聚苯板的优势，很大程度上来源于其低廉的价格，受其自身吸水率的影响，聚苯板在绝干状态下测得的导热系数为0.034W/（m·K)，而实际工程计算时规范规定使用0.04W/(m·K)。酚醛泡沫也存在一定的缺点，即与其他泡沫塑料相比，酚醛泡沫质地较脆，这也带来了酚醛泡沫使用上的局限性。

**建筑工程常见保温材料的综合性质比较　　表3.5-3**

| 项目 | 酚醛 | 聚乙烯 | 橡塑 | 聚氨酯 | 聚苯乙烯 | 玻璃棉 |
|---|---|---|---|---|---|---|
| 密度（kg/$m^3$） | 41～100 | 22～30 | 80～150 | 25～40 | 30 | 24～48 |
| 耐热（℃） | 190 | 60～70 | 106 | 90～120 | 70 | 300 |
| 耐冷（℃） | －180 | －180 | －40 | －110 | －80 | －60 |
| 导热系数（W/m·K） | 0.022～0.04 | 0.029～0.035 | 0.031～0.036 | 0.022～0.036 | 0.033～0.041 | 0.03～0.042 |
| 熔融状态 | 不熔 | 有熔滴 | 熔滴 | 带火熔滴 | 带火熔滴 | 不熔 |
| 烟密度$D_m$（有焰） | 2 | 68 | 浓烟（有焰） | 51 | 66 | 0 |
| 抗老化性（耐候性） | 很好 | 好 | 良 | 一般 | 一般 | 好 |
| 吸水体（kg/$m^3$） | 0.02 | 0.02 | 0.3 | 0.03 | 0.2 | ＜2吸水 |
| 抗压强度（kPa） | 150～200 | 33 | 30 | 127 | 107 | 107 |

2）利用反射材料与其他材料组成的保温结构

在空气间层中，长波辐射耗热量占总传热耗热量的 70%，如果在空气间层高温一侧贴高反射材料铝箔，可以大幅度降低辐射换热量（表 3.5-4）。

但铝箔不仅极易被碱性物质腐蚀，长期处于潮湿状态也会变质，因而应采取涂塑处理等保护措施。

**有、无铝箔的空气间层的热阻值比较　　表 3.5-4**

| 空气层构造 | 热阻值（$m^2 \cdot K/W$） |
|---|---|
| 普通材料空气层 | 0.172 |
| 一个表面是铝箔的空气层 | 0.429 |
| 两个表面都是铝箔的空气层 | 0.576 |

### 3.5.4 饰面设计

装饰混凝土多孔砖系指在砖表面经过专门装饰加工的多孔砖。装饰混凝土多孔砖可直接砌于建筑，成为建造物的主体结构，如墙体、门柱等，其表面预加工好的饰面可使砌筑的同时建筑物就已做好装饰，无须进行专门的装饰施工。装饰混凝土多孔砖集墙体的承重、装饰性于一体，具有省工省料、减轻墙体自重、减少现场装修作业、缩短建筑施工周期、降低建筑造价等优点。

（1）装饰混凝土砖种类

劈裂砖：把已成型并经一段时间养护的砖，用劈裂机沿特制面劈开，劈离的断面因组成材料的内聚力不同，而成为凹凸不平的外貌。使砌筑的墙体具有天然石材粗犷、古朴的装饰效果。除整面劈裂砖外，还有表面呈沟条状的劈裂砖。劈裂砖有一面劈裂、两面劈裂和四面劈裂的。一面劈裂，主要装饰外墙面；两面劈裂的主要用于围墙，使墙的内外两面同时装饰，也有相邻两面劈裂的，用于墙的转角处；四面劈裂砖，主要用作门柱。

切削砖：把成型养护好的砖，用专门的机械在砖表面切削出竖的、横的、斜的、交叉的细纹，切削深度约 1.5mm，细纹可一条条紧靠，也可是一段段的密集细纹。砖面切削的细纹可以是单面的、两面的和四面的。这种装饰砌块类似剁斧石，但加工精细，石材的质感强。

磨面砖：用研磨机将砖外壁的一面或两面进行连续研磨，磨去混凝土面层，使之呈光滑的表面，露出各种颜色的骨料颗粒。骨料的尺寸、类型和颜色的变化使砖表现出纹理和色彩以增添美观。此种砖的装饰面类似水磨石和表面光滑的花岗石。

塌陷砖：或称鼓型砖，所用的混凝土拌合料要比普通砖细，含水量也较高。刚成型好的这种砖，在输送过程中经适当的垂直压力稍挤压成鼓胀的形状。塌陷砖成型时就做成陶制品的颜色，如橙色、白色等，经养护后，表面再喷上一层防水涂料，具有类似烧结的陶制品的风格。

琢毛砖：用高速喷出的砂粒或者用机械的方法冲击砖的表面，使外壁的水泥浆或砂浆脱浇，露出新的骨料表面，并密布一个个小坑，类似天然石火焰拉毛的装饰效果。

釉面砖：将低温的陶瓷釉料或其他矿物釉料，或涂或喷在已经硬结的砖表面，然后加热养护，使釉料固结在砖上。釉料的颜色千变万化，因此，国外釉面砖的花色很多。

雕塑砖：将金属模箱加工成带沟槽、肋、块、弧形和角形等。成型后便可制得各种雕塑砖。这些砖及其组合将构成各种不同的花纹与外形，在墙面上产生明暗浓淡的光线效果，它们对建筑的装饰有着无限的灵活性。

穿孔的花格砖：这类砖虽然通常主要是为了美观，但它既能作为分隔墙保持幽静的环境，又能加大室内外的视野；既能遮阳挡雨，又能通风。主要用于装饰房屋的立面、分室隔断、花园转墙、庭院花格墙等。

(2) 劈裂生产工艺

其中关键工艺：搅拌、成型、养护及劈裂。

1) 搅拌

由于其特殊的装饰效果，从劈裂面上可以清楚地看到拌合物的状态，如果搅拌不匀，劈裂面上会出现砂子或石子成团的现象，影响美观。对混凝土拌合物的均匀度、干湿度要求更严格，最佳搅拌时间为干搅 4min，加水搅 3min，要严格控制加水量，保证产品质量可靠和色彩一致。

2）成型

混凝土拌合料注入模箱完成成型和密实，成型与密实是同时进行的。由于水泥浆和粗细骨料间的摩擦作用具有一定的黏性，所以当混凝土拌合物被送入模箱后靠自重产生的流动性较小，利用振动成型工艺，对模箱内的混凝土施以强烈的振动，物料获得相当的流动性，易于充满模箱空腔成型，在其上方施加一定的压力，以提高砖的密实度，缩短成型周期。

3）养护

养护质量对强度影响很大，养护的目的是为了保证混凝土的硬化，使砖能获得所需的物理力学性能和耐久性。养护的三个基本要素为湿度、温度和持续时间。

4）劈裂

劈裂是决定劈裂多孔砖外观质量关键的工序，也是最后一道工序。劈裂多孔砖就是利用劈裂面体现装饰功能的，因而劈裂面的质量直接影响装饰效果。

劈裂的时机直接影响砖的强度与劈裂成品率。劈得过早，强度不够；劈得晚了，强度增长过高且增加劈裂难度，导致废品率升高。文献［21］研究了养护时间与劈裂成品率的关系，指出养护 3d 为劈裂最佳时机。

(3）劈裂混凝土多孔砖

1）劈裂混凝土多孔砖的表面纹理

劈裂多孔砖的纹理分粗、中、细三种，纹理区分的界限并不严格，因而产生一定程度的交错。纹理的粗细主要取决于骨料的粒径大小和粗、细骨料的级配，这是由劈裂多孔砖是将劈开的断面暴露作为装饰决定的，当然也包括暴露其中的粗、细骨料。因此，生产劈裂多孔砖的骨料不宜过粗；其次，粗、细骨料的级配要合理，否则若骨料之间的孔隙较大，不仅影响美观，而且会为以后的泛碱现象埋下隐患；但骨料也不宜过细，过细的骨料会导致多孔砖的强度过低，使劈裂面显得很“酥脆”。

劈裂多孔砖的纹理还与水分的多少有关。同样数量的骨料、水泥，若水分过少，水泥并没有完全水化，在成型初期没能起到应有的胶结作用，整块多孔砖犹如用机械将粗细骨料强迫性地压在一起，细骨料在表面显得很分明，却没能有机地结合在一起。尽管装饰多孔砖对混凝土的强度要求不高，但强度过低的混凝土多孔砖在劈裂时破损率较高，断面也参差不齐。因此，必须有足够的强度，才能保证劈裂多孔砖有较好的纹理。鉴别混凝土的强度是否足够的方法，是在劈裂机正常工作的条件下，检查多孔砖的劈裂面上粗骨料是否被劈开。

2）劈裂混凝土多孔砖的色彩控制

劈裂多孔砖与其他材料不同，用于劈裂多孔砖的颜料应具有下列特点：

①高着色力。选择颜料时，应尽量选择粒子尺寸在 0.1～0.3μm 之间的颜料，保证颜料具有较高的着色力，只需少量颜料粉末就可达到染色的目的，减少了细料过多对混凝土强度的负面影响。

② 耐久性。颜料耐久性应与混凝土耐久性相配。在颜料的选择上，切忌选择有机颜料，而应当采用矿物质氧化颜料，因为有机颜料的稳定性极差，暴露在阳光和空气中会失去色彩。

③不溶于水和稀酸。

④耐碱性。

氧化铁颜料是用于混凝土中的最便宜的颜料，氧化铬绿及铝酸盐钴蓝的价格较高，只作为特殊需要而用。颜料掺加量不宜超过 5%，否则将影响混凝土强度。

3）水泥对颜色的影响

普通的灰色水泥会使颜色变暗加深，而白色水泥则使颜色显得浅而亮。此外，还有红色、绿色等彩色水泥，但强度一般较低。

在同等量的颜料及搅拌物中，加入不同的水会产生不同的颜色反映。水量过多会造成颜料流失，水分过少又不能使水泥充分地发挥作用，因此搅拌物的干湿程度不仅要适当，而且要求稳定。

### 3.5.5 节能型多功能混凝土多孔砖砌体热工性能

（1）建筑热工设计常用计算方法

1）传热系数计算

围护结构传热系数 $K$ 按下式计算：

$$K=\frac{1}{R_0} \tag{3.5-2}$$

式中 $R_0$——围护结构传热阻（$m^2\cdot K/W$）。

2）传热阻的计算

围护结构传热阻 $R_0$ 按下式计算：

$$R_0=R_i+R+R_e=\frac{1}{\alpha_i}+\mathrm{R}+\frac{1}{\alpha_e} \tag{3.5-3}$$

式中 $R_i$，$\alpha_i$——内表面换热阻（$m^2\cdot K/W$）和内表面换热系数［$W/(m^2\cdot K)$］；

$R_e$，$\alpha_e$——外表面换热阻（$m^2\cdot K/W$）和外表面换热系数［$W/(m^2\cdot K)$］；

$\Sigma R$——各材料层热阻之和（$m^2\cdot K/W$），单层材料层热阻 $R=d/\lambda$，$d$ 为材料层厚度（m）；$\lambda$ 为材料的导热系数［$W/(m\cdot K)$］。

3）多种材料组成墙体的热工性能计算方法

现在一般按《民用建筑热工设计规范》GB 50176 附录二规定的方法，计算其平均热阻。附录二中“由两种以上材料组成的、两向非均质”材料的平均热阻按下式计算：

$$\overline{R}=\left[\frac{F_0}{F_1/R_{01}+F_2/R_{02}+\cdots\cdots+F_n/R_{0n}}-(R_i+R_e)\right]\varphi \tag{3.5-4}$$

式中 $\overline{R}$——平均热阻（$m^2 \cdot K/W$）；

$F_0$——与热流方向垂直的总传热面积（$m^2$）（图 3.5-2）；

$F_n$——按平行于热流方向划分的各个传热面积（$m^2$）；

$R_{0n}$——各个传热面部位的传热阻（$m^2 \cdot K/W$）；

$R_i$、$R_e$——内、外表面换热阻，可分别取 $0.11m^2 \cdot K/W$ 和 $0.04m^2 \cdot K/W$；

$\varphi$——修正系数，按表 3.5-5 采用。

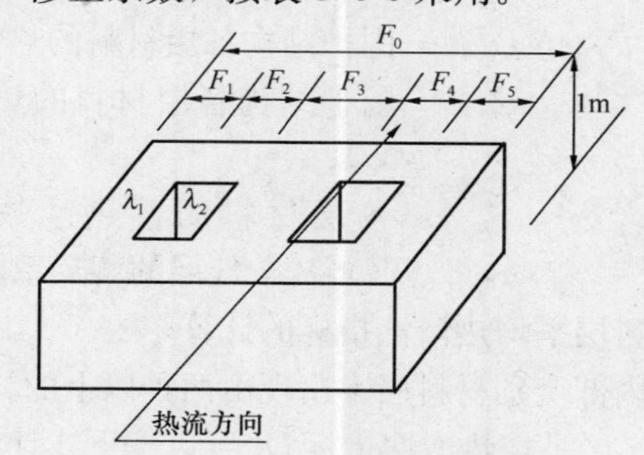


图 3.5-2 计算用示意图

**修正系数 φ 值** **表 3.5-5**

| $\lambda_2/\lambda_1$ 或 $(\lambda_2+\lambda_3)/2\lambda_1$ | 0.09～0.19 | 0.20～0.39 | 0.40～0.69 | 0.70～0.99 |
|---|---|---|---|---|
| $\varphi$ | 0.86 | 0.93 | 0.96 | 0.98 |

注：1. λ 为多孔砖材料和空气间层的导热系数，$\lambda_1$ 取较大值；

2. 空气间层的 λ 值应由空气间层的厚度及热阻求得。

一般空气间层的热阻值按表 3.5-6 采用。

**空气间层的热阻值** **表 3.5-6**

| 项　目 | 夏　季 | | | | | | |
|---|---|---|---|---|---|---|---|
| | 间层厚度（mm） | | | | | | |
| | 5 | 10 | 20 | 30 | 40 | 50 | >60 |
| 一般垂直空气间层 | 0.09 | 0.12 | 0.14 | 0.14 | 0.15 | 0.15 | 0.15 |
| 单面铝箔垂直空气间层 | 0.15 | 0.22 | 0.31 | 0.34 | 0.36 | 0.37 | 0.37 |
| 双面铝箔垂直空气间层 | 0.16 | 0.27 | 0.39 | 0.46 | 0.49 | 0.50 | 0.50 |

4）热惰性指标的计算

①单层围护结构或单一材料层的 $D$ 值按下式计算：

$$D=RS \tag{3.5-5}$$

式中 $R$——材料的热阻（$m^2 \cdot K/W$）；

$S$——材料的蓄热系数［$W/(m^2 \cdot K)$］。

②多层围护结构的 $D$ 值按下式计算：

$$D=D_1+D_2+\cdots+D_n=R_1S_1+R_2S_2+\cdots+R_nS_n \tag{3.5-6}$$

式中 $D_1$，$D_2$，…，$D_n$——围护结构各层材料的热惰性指标；

$R_1$，$R_2$，…，$R_n$——围护结构各层材料的热阻（$m^2 \cdot K/W$）；

$S_1$，$S_2$，…，$S_n$——各层材料的蓄热系数［$W/(m^2 \cdot K)$］，空气层的蓄热系数取为 0。

③组合材料层平均热惰性指标的计算

维护结构内部个别材料层常出现由两种以上的材料组成的组合材料层，第 $i$ 层平均热惰性指标 $\overline{D_i}$ 可以按下式计算。

$$\overline{D_i}=\overline{R_iS_i} \tag{3.5-7}$$

$\overline{R_i}$ 为第 $i$ 层平均热阻值，当某层由两种以上的材料组成时

$$\overline{\lambda_i}=\frac{\lambda_{i1}F_1+\lambda_{i2}F_2+\cdots+\lambda_{in}F_n}{F_1+F_2+\cdots+F_n} \tag{3.5-8}$$

$$\overline{R_i}=d/\overline{\lambda_i} \tag{3.5-9}$$

$\overline{S_i}$ 为第 $i$ 层平均蓄热系数，按下式计算

$$\overline{S_i}=\frac{S_{i1}F_1+S_{i2}F_2+\cdots+S_{in}F_n}{F_1+F_2+\cdots+F_n} \tag{3.5-10}$$

式中 $F_1, F_2, \cdots, F_n$——垂直于热流方向第 $i$ 层各组成材料的表面积；

$S_{i1}, S_{i2}, \cdots, S_{in}$——各组成材料的蓄热系数［$W/(m^2 \cdot K)$］，空气层的蓄热系数取为 0。

（2）节能型多功能混凝土多孔砖砌体热工计算

1）节能型多功能混凝土多孔砖砌体传热阻简化计算模型

节能型多孔砖砌体墙可以看作由 $n$ 皮砖加 $n$ 条水平灰缝组

成，而第 $n$ 皮砖内又可以看作是由 $m$ 块砖和 $m$ 条竖向灰缝组成。所以可以取一块砖及上下、左右各一半的砂浆厚度作为墙体传热阻计算的基本单元模型。在这里我们暂且假设每块砖及相同厚度灰缝的热阻是相同的。则每两皮砖的水平灰缝砂浆中间形成一个热流对称面，在对称面两侧无热流交换，即可以把对称面看作是绝热边界条件。同样，在一皮砖的两块砖之间的竖向灰缝也可以看作是一个对称面。因此墙体传热模型可以简化为一个六面体，其中间为节能型混凝土多孔砖，在墙体里的四个面为 5mm（水平、竖向灰缝均以 10mm 计）厚的砂浆层，其他两个面视内外有无抹灰而定。简化模型如图 3.5-3、图 3.5-4 所示。

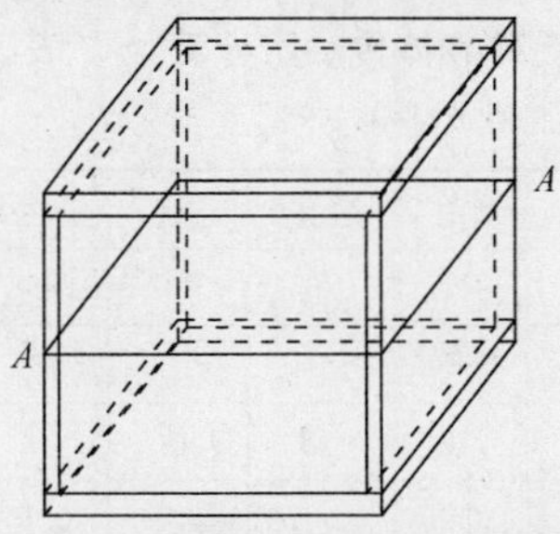


图 3.5-3 墙体传热简化模型

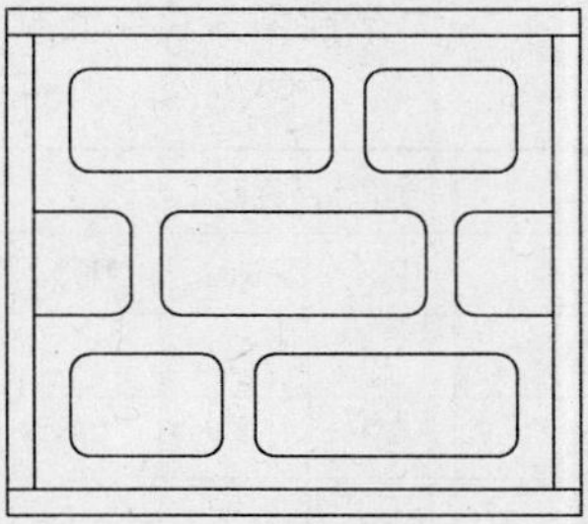

图 3.5-4 *A-A* 截面（内外均有10mm 抹灰情况）

2）节能型多功能混凝土多孔砖砌体热流通道划分及传热阻计算

砖体 240mm×240mm×90mm 的孔洞具体尺寸见图 3.5-1。

热流通道划分平面如图 3.5-5 所示。

按照简化模型，在墙高的方向上还有两个 5mm 厚的砂浆层，即砖的上下面还应各有一热流通道 14、15。

内表面换热阻 $R_i=0.11m^2 \cdot K/W$；外表面换热阻 $R_e=0.05m^2 \cdot K/W$；混凝土导热系数 1.4W/(m·K)；混合砂浆的导热系数为 0.87W/(m·K)，目前市场上常用的保温材料为聚苯板，其导热系数为 0.04W/(m·K)。空气间层热阻值按表 3.5-6 取得。按公式(3.5-4)计算可得多孔砖砌体的传热阻(表 3.5-7)。

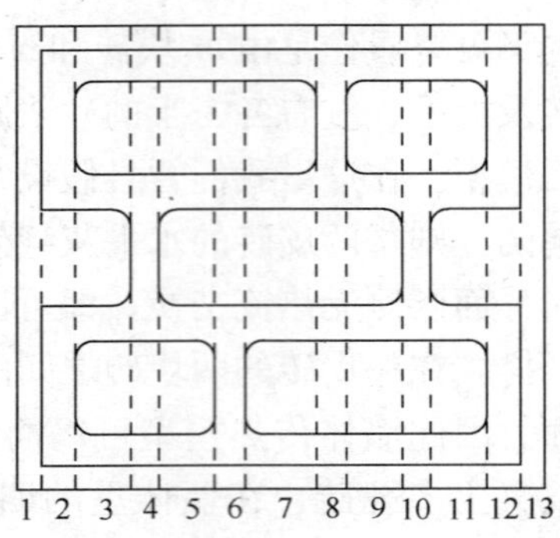


图 3.5-5　热流通道划分

**节能型多功能混凝土多孔砖砌体传热阻计算　　表 3.5-7**

[240mm×240mm（三排孔）中排 EPS]

| 通道 | 通道 1 | 通道 2 | 通道 3 | 通道 4 | 通道 5 | 通道 6 | 通道 7 | 通道 8 | |
|---|---|---|---|---|---|---|---|---|---|
| 热阻编号 | R01 | R02 | R03 | R04 | R05 | R06 | R07 | R08 | |
| 混凝土层厚度 | 0 | 192 | 76 | 124 | 76 | 134 | 76 | 134 | |
| EPS 厚度 | 48 | 48 | 48 | 0 | 48 | 48 | 48 | 48 | 平均传热阻 1.019 |
| 空气热阻 | 0 | 0 | 0.3 | 0.3 | 0.3 | 0.15 | 0.3 | 0.15 | |
| 普通砂浆厚度 | 212 | 20 | 20 | 20 | 20 | 20 | 20 | 20 | |
| 热阻值 | 1.6036 | 1.5201 | 1.7373 | 0.5716 | 1.7373 | 1.6287 | 1.7373 | 1.6287 | |
| 传热面积 | 5×90 | 19×90 | 28.5×90 | 20×90 | 28.5×90 | 17×90 | 14×90 | 17×90 | |
| 通道 | 通道 9 | 通道 10 | 通道 11 | 通道 12 | 通道 13 | 通道 14 | 通道 15 | | |
| 热阻编号 | R09 | R10 | R11 | R12 | R13 | R14 | R15 | | |
| 混凝土层厚度 | 76 | 124 | 76 | 192 | 0 | 0 | 0 | | |
| EPS 厚度 | 48 | 0 | 48 | 48 | 48 | 0 | 0 | | |
| 空气热阻 | 0.3 | 0.3 | 0.3 | 0 | 0 | 0 | 0 | | |
| 普通砂浆厚度 | 20 | 20 | 20 | 20 | 210 | 260 | 260 | | |
| 热阻值 | 1.7373 | 0.5716 | 1.7373 | 1.5201 | 1.6037 | 0.4589 | 0.4589 | | |
| 传热面积 | 28.5×90 | 20×90 | 28.5×90 | 19×90 | 5×90 | 5×260 | 5×260 | | |

240mm×240mm×90mm 多孔砖砌体，无内外抹灰情况，夏

季墙体传热阻为1.019m²·K/W，传热系数为0.981W/(m²·K)，满足节能要求。

3）节能型多功能混凝土多孔砖墙体热惰性指标计算

混凝土导热系数1.4W/（m·K）；混合砂浆的导热系数为0.87W/（m·K），目前市场上常用的保温材料为聚苯板，其导热系数为0.04W/（m·K）。空气间层导热系数由空气层厚度除以表中相应厚度空气层的热阻值得到；混凝土的蓄热系数为15.36W/（m²·K），砂浆蓄热系数为10.75W/（m²·K）；空气的蓄热系数为0。

按式（3.5-4）~式（3.5-9）计算可得多孔砖砌体的热惰性指标$D$值。

《夏热冬冷居住建筑节能设计标准》JGJ 134规定，当外墙的传热系数$K$满足要求，但热惰性指标$D$值不满足要求时，应按照《民用建筑热工设计规范》GB 50176进行隔热验算。节能型混凝土多功能多孔砖墙体进行隔热验算过程如下：

节能型混凝土多功能多孔砖墙体可以看作是多层围护结构，其分层见图3.5-6，热惰性指标$D$值见计算表3.5-8。各层材料外表面蓄热系数$Y_i$应按规定由内到外逐层进行计算。

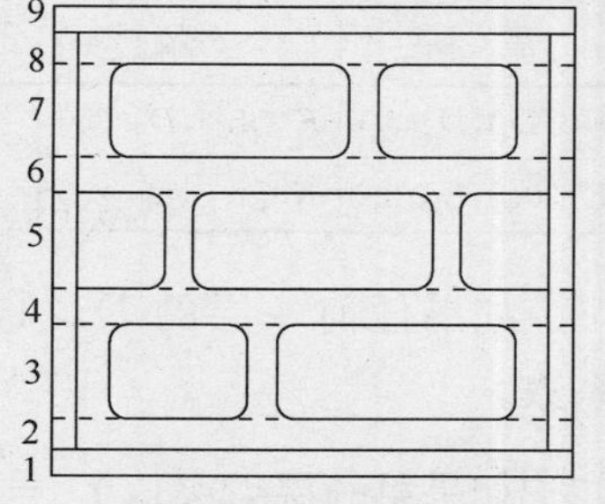

图3.5-6　热惰性指标$D$值计算分层图

**节能型多功能混凝土多孔砖砌体热惰性指标$D$值计算　　表3.5-8**

（240mm×240mmEPS中排）

|  | 材料类型 | 厚度 | 导热系数 | 蓄热系数 | $D_i$ |
|---|---|---|---|---|---|
| 第一层 | 砂浆 | 10 | 0.87 | 10.75 | 0.123563 |
| 第二层 | 混凝土 | 19 | 1.3788 | 15.1756 | 0.209121 |
| 第三层 | 混凝土＋空气 | 58 | 0.62918 | 3.7936 | 0.358954 |

续表

| | 材料类型 | 厚度 | 导热系数 | 蓄热系数 | $D_i$ |
|---|---|---|---|---|---|
| 第四层 | 混凝土 | 19 | 1.3788 | 15.1756 | 0.209121 |
| 第五层 | 混凝土+EPS | 48 | 0.2576 | 2.76 | 0.514286 |
| 第六层 | 混凝土 | 19 | 1.3788 | 15.1756 | 0.209121 |
| 第七层 | 混凝土+空气 | 58 | 0.62918 | 3.7936 | 0.349707 |
| 第八层 | 混凝土 | 19 | 1.3788 | 15.1756 | 0.209121 |
| 第九层 | 砂浆 | 10 | 0.87 | 10.75 | 0.123563 |
| 热惰性指标 $D$ | | 2.297311687 | | | |

**围护结构各部分的传热系数 $K$ [W/(m² · K)] 和热惰性指标 $D$ 要求**

**表 3.5-9**

| 屋 顶 | 外墙 | 分户墙和楼板 | 底部自然通风的架空楼板 | 户门 |
|---|---|---|---|---|
| $K\leqslant1.0, D\geqslant3.0$ | $K\leqslant1.5, D\geqslant3.0$ | $K\leqslant2.0$ | $K\leqslant1.5$ | $K\leqslant3.0$ |
| $K\leqslant0.8, D\geqslant2.5$ | $K\leqslant1.0, D\geqslant2.5$ | | | |

如果任何一层的 $D>1$，则 $Y=S$，即取该层材料的蓄热系数。

如果第一层 $D<1$, $Y_1=\dfrac{R_1S_1^2+\alpha_i}{1+R_1\alpha_i}$ (3.5-11)

如果第二层 $D<1$, $Y_2=\dfrac{R_2S_2^2+Y_1}{1+R_2Y_1}$ (3.5-12)

其余类推，直到最后一层, $Y_n=\dfrac{R_nS_n^2+Y_{n-1}}{1+R_nY_{n-1}}$ (3.5-13)

式中 $R_1$, $R_2$, …, $R_n$——各层材料的热阻(m² · K/W)；

$S_1$, $S_2$, …, $S_n$——各层材料的蓄热系数[W/(m² · K)]；

$Y_1$, $Y_2$, …, $Y_n$——各层材料的外表面蓄热系数[W/(m² · K)]；

$\alpha_i$——内表面换热系数[W/(m² · K)]。

$$\upsilon_0 = 0.9e^{\frac{\Sigma D}{\sqrt{2}}} \times \frac{S_1+\alpha_i}{S_1+Y_1} \times \frac{S_2+Y_1}{S_2+Y_2} \times \cdots \times \frac{S_n+Y_{n-1}}{S_n+Y_n} \times \frac{Y_n+\alpha_e}{\alpha_e} \quad (3.5\text{-}14)$$

总延迟时间 $\xi=$

$$\frac{1}{15}\left(40.5\Sigma D - \arctan\frac{\alpha_i}{\alpha_i+\sqrt{2}Y_i} + \arctan\frac{Y_e}{Y_e+\sqrt{2}\alpha_e}\right) \quad (3.5\text{-}15)$$

内表面衰减 $\upsilon_i = \frac{0.95\times(\alpha_i+Y_i)}{\alpha_i}$ (3.5-16)

内表面延迟时间 $\xi_i = \frac{1}{15}\arctan\frac{Y_i}{Y_i+\sqrt{2}\alpha_i}$ (3.5-17)

某地区夏季平均气温 $t_e$=32.7℃

极端最高气温 $t_{e,max}$=37.9℃

室外温度得昼夜波幅 $A_{te}$=5.2℃

西向的平均太阳辐射强度 $I_w=153.6W/m^2$；$I_{w,max}=651W/m^2$（16 时）

所以西向综合温度

$$t_{sa} = t_e + \frac{\rho_s I}{\alpha_e} = 32.7 + \frac{0.7\times 153.6}{19} = 38.36℃ \quad (3.5\text{-}18)$$

太阳辐射等效温度振幅 $A_{ts} = \frac{\rho_s(I_{w,max}-I_w)}{\alpha_e}=18.33℃$ (3.5-19)

因为 $A_{ts}/A_{te}$=18.33/5.2=3.53，而且时差为 1h，所以时差修正系数 $\beta$=0.99。

综合温度振幅 $A_{tsa}=(A_{ts}+A_{te})\beta$=23.29℃ (3.5-20)

内表面平均温度：

$$\theta_i = t_i + \frac{(t_{sa}-t_i)}{R_0\alpha_i} \quad (3.5\text{-}21)$$

$$\theta_{i,max} = \theta_i + \left(\frac{A_{tsa}}{\nu_0} + \frac{A_{ti}}{\nu_i}\right)\beta \quad (3.5\text{-}22)$$

根据式（3.5-11）～式（3.5-22）以及查相关附表进行计

算，结果如表 3.5-10 所示。

**隔 热 验 算** **表 3.5-10**

(240×240EPS 中排)

| | 材料类型 | 厚度(mm) | 导热系数 | 蓄热系数 | $D_i$ | $Y_i$ |
|---|---|---|---|---|---|---|
| 第一层 | 砂浆 | 10 | 0.87 | 10.75 | 0.123563 | 9.116641 |
| 第二层 | 混凝土 | 19 | 1.3788 | 15.1756 | 0.209121 | 10.91851 |
| 第三层 | 混凝土+空气 | 58 | 0.62918 | 3.7936 | 0.349707 | 4.948789 |
| 第四层 | 混凝土 | 19 | 1.3788 | 15.1756 | 0.209121 | 8.505681 |
| 第五层 | 混凝土+EPS | 48 | 0.2576 | 2.76 | 0.514286 | 3.839635 |
| 第六层 | 混凝土 | 19 | 1.3788 | 15.1756 | 0.209121 | 6.660752 |
| 第七层 | 混凝土+空气 | 58 | 0.62918 | 3.7936 | 0.349707 | 4.948789 |
| 第八层 | 混凝土 | 19 | 1.3788 | 15.1756 | 0.209121 | 7.603791 |
| 第九层 | 砂浆 | 10 | 0.87 | 10.75 | 0.123563 | 8.214177 |
| 热惰性指标 $D$ | | 2.297311687 | | | | |
| $\nu$ | 12.1301813 | | | | | |
| 延迟时间 $t$ | 6.195017614 | | $R_0$ | 1.019 | | |
| $\nu_i$ | 9.260495232 | | $\beta$ | 0.99 | | |
| 延迟时间 $t_i$ | 0.026827759 | | | | | |
| 计算内表面最高温度 | | 36.9656 | | | | |

《民用建筑热工设计规范》GB 50176 规定，在房间自然通风的情况下，房屋的屋顶和东、西外墙的内表面最高温度，应满足下式要求：

$$\theta_{i,max} \leqslant t_{e,max} \quad (3.5\text{-}23)$$

式中 $\theta_{i,max}$——围护结构内表面最高温度（℃），按《民用建筑热工设计规范》GB 50176 规定的方法计算；

$t_{e,max}$——夏季室外计算温度最高值（℃），按《民用建筑热工设计规范》GB 50176 规定取值。某地的夏季室外计算温度最高值为 37.9℃。

最终得出围护结构内表面的最高温度为 36.97℃，小于某地夏季室外极端最高气温 37.9℃，即满足隔热要求。

通过以上的计算分析可知，在夏热冬冷的某地采用节能型多功能混凝土多孔砖可以满足保温隔热要求。

查《夏热冬冷居住建筑节能设计标准》JGJ 134 可得墙体属Ⅲ类型，$t_e=-5℃$，$t_i=18℃$，$n$ 取 1.0，$R_i=0.11$，允许温差=6℃，外墙最小传热阻：

$$R_{0,\min}=\frac{(t_i-t_e)n}{[\Delta t]}R_i=\frac{(18+5)\times 1}{6}\times 0.11$$

$$=0.422(m^2\cdot K/W) \tag{3.5-24}$$

有 $R_0>R_{0,\min}$，满足热工设计要求。

综上所述，中排孔洞插 50mm 厚 EPS 的节能型多功能混凝土多孔砖能满足节能 50%要求。

(3) 应用各种保温材料的比较

以上计算例子采用的是中排孔洞填塞 50mm 厚 EPS（仅作为例，按最新消防要求，宜选用难燃甚至不燃保温材料）。对于应用其他复合保温材料不再作详细计算，只将计算结果列于表 3.5-11 中。

计算参数如下：混凝土导热系数 1.4W/(m·K)，蓄热系数为 15.36W/(m$^2$·K)；混合砂浆的导热系数为 0.87W/(m·K)，蓄热系数为 10.75W/(m$^2$·K)；目前市场上常用的保温材料为聚苯板，其导热系数为 0.04W/(m·K)，蓄热系数为 0.36W/(m$^2$·K)。(铝箔)空气间层热导热系数由(铝箔)空气层厚度除以表中相应厚度(铝箔)空气层的热阻值得到，蓄热系数为 0；酚醛导热系数 0.04W/(m·K)，蓄热系数为 0.36W/(m$^2$·K)；聚氨酯泡沫导热系数 0.033W/(m·K)，蓄热系数为 0.36W/(m$^2$·K)；松散玻璃棉导热系数 0.05W/(m·K)，蓄热系数为 0.46W/(m$^2$·K)；聚乙烯导热系数 0.047W/(m·K)，蓄热系数为 0.7W/(m$^2$·K)。

各种保温材料在墙体中的热工性能比较　　表 3.5-11

| 保温材料名称 | | EPS/酚醛 | | | | |
|---|---|---|---|---|---|---|
| 保温材料位置 | 无保温材料 | 中排孔 | 边排孔 | 边+中排孔 | 边两排孔 | 三排孔 |
| 平均热阻 | 0.556 | 1.019 | 0.922 | 1.517 | 1.139 | 1.787 |
| 传热系数 | 1.799 | 0.981 | 1.085 | 0.659 | 0.878 | 0.560 |
| 热惰性指标 *D* | 2.02 | 2.30 | 2.31 | 2.58 | 2.59 | 2.86 |
| 计算内表面最高温度 | 37.92 | 36.97 | 37.06 | 36.43 | 36.58 | 36.09 |
| 保温材料名称 | | 聚氨酯 | | | | |
| 保温材料位置 | | 中排孔 | 边排孔 | 边+中排孔 | 边两排孔 | 三排孔 |
| 平均热阻 | | 1.089 | 0.965 | 1.676 | 1.194 | 1.965 |
| 传热系数 | | 0.918 | 1.036 | 0.597 | 0.837 | 0.509 |
| 热惰性指标 *D* | | 2.31 | 2.31 | 2.60 | 2.61 | 2.89 |
| 计算内表面最高温度 | | 36.91 | 37.03 | 36.37 | 36.54 | 36.03 |
| 保温材料名称 | | 聚乙烯 | | | | |
| 保温材料位置 | | 中排孔 | 边排孔 | 边+中排孔 | 边两排孔 | 三排孔 |
| 平均热阻 | | 0.963 | 0.886 | 1.393 | 1.091 | 1.644 |
| 传热系数 | | 1.039 | 1.129 | 0.718 | 0.917 | 0.608 |
| 热惰性指标 *D* | | 2.34 | 2.33 | 2.65 | 2.65 | 2.96 |
| 计算内表面最高温度 | | 36.99 | 37.08 | 36.45 | 36.58 | 36.10 |
| 保温材料名称 | | 玻璃棉 | | | | |
| 保温材料位置 | | 中排孔 | 边排孔 | 边+中排孔 | 边两排孔 | 三排孔 |
| 平均热阻 | | 0.942 | 0.872 | 1.348 | 1.072 | 1.591 |
| 传热系数 | | 1.061 | 1.147 | 0.742 | 0.933 | 0.629 |
| 热惰性指标 *D* | | 2.30 | 2.30 | 2.58 | 2.59 | 2.86 |
| 计算内表面最高温度 | | 37.03 | 37.11 | 36.50 | 36.63 | 36.15 |

续表

| 保温材料名称 | 铝箔 | | | | |
|---|---|---|---|---|---|
| 保温材料位置 | 中排双面 | 边排双面 | 边+中排双面 | 边两排双面 | 三排双面 |
| 平均热阻 | 0.754 | 0.702 | 0.917 | 0.819 | 1.046 |
| 传热系数 | 1.327 | 1.424 | 1.091 | 1.221 | 0.956 |
| 热惰性指标 $D$ | 2.17 | 2.19 | 2.33 | 2.35 | 2.50 |
| 计算内表面最高温度 | 37.30 | 37.39 | 36.91 | 37.01 | 36.61 |
| 保温材料名称 | 铝　箔 | | | | |
| 保温材料位置 | 中排单面 | 边排单面 | 边两排单面 | 边两排单面+中排双面 | |
| 平均热阻 | 0.687 | 0.654 | 0.739 | 0.955 | |
| 传热系数 | 1.455 | 1.528 | 1.354 | 1.047 | |
| 热惰性指标 $D$ | 2.14 | 2.15 | 2.28 | 2.43 | |
| 计算内表面最高温度 | 37.44 | 37.51 | 37.19 | 36.75 | |

### 3.5.6 产品设计方案

(1) 竖向孔承重

节能型多功能混凝土多孔砖是集承重、保温、装饰等功能于一体的新型建筑材料。多孔砖整体通过三或五排的盲孔（或半盲孔）、孔洞错排来实现砌体垂直传力、保温。保温效果是通过在砖的盲孔（或半盲孔）内插保温材料或贴绝热反射材料铝箔，以及将砌块上的盲孔（半盲孔）交错排列来实现的；盲孔（半盲孔）部分错开的短肋，截断了热桥的同时，还能够保证在错缝砌筑时，与上下砖的边肋搭接；不同骨料和配比可制成不同强度的承重或非承重多孔砖；装饰面为光面或劈裂面混凝土。

按照前面计算结果、施工方面因素及经济性指标建议采用以下各方案，见表 3.5-12。图 3.5-7 为一种节能型多功能混凝土多孔砖设计尺寸图。考虑到各地方保温材料价格不一，也可采用在经济上最优而且能达到节能要求的方案。

图 3.5-8 为部分产品照片，图 3.5-9、图 3.5-10 为节能型多功能混凝土多孔砖墙体示意图，如这些图所示，保温材料有效地截断了竖向灰缝产生的热桥。

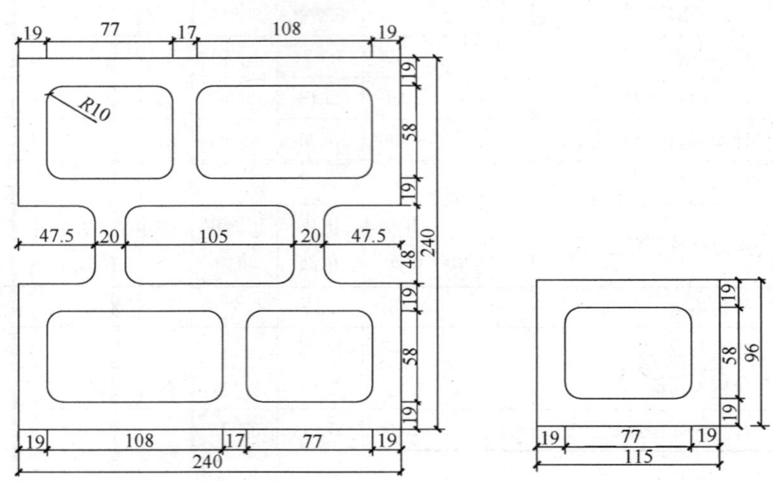


图 3.5-7　节能型多功能混凝土多孔砖尺寸（高 90）（单位：mm）

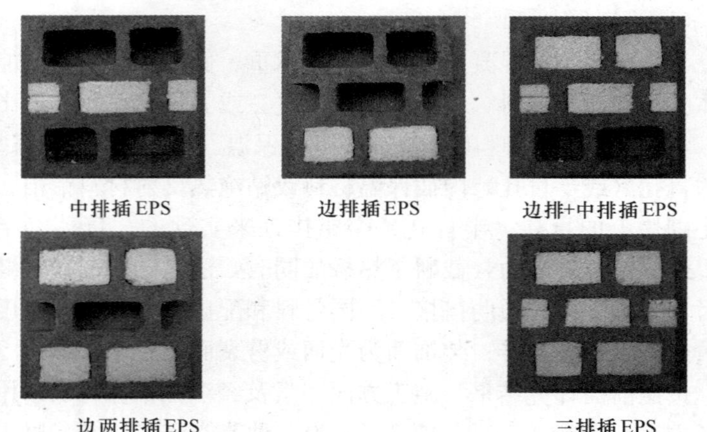


图 3.5-8　部分产品照片

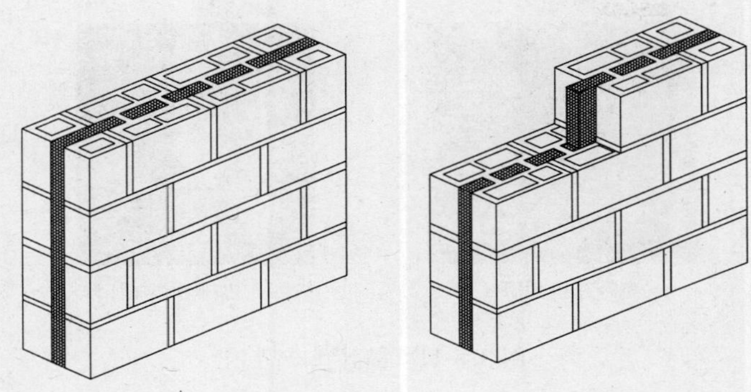

图 3.5-9　节能型多功能混凝土多孔砖墙体示意图

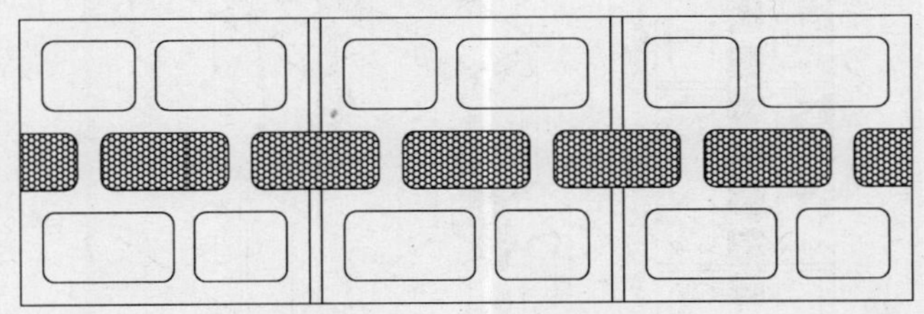

图 3.5-10　节能型多功能混凝土多孔砖墙体俯视图

**节能型多功能混凝土多孔砖推荐方案　　　表 3.5-12**

| 保温材料名称 | EPS | | | | |
|---|---|---|---|---|---|
| 保温材料位置 | 中排孔 | 边排孔 | 边＋中排孔 | 边两排孔 | 三排孔 |

(2) 横卧孔非承重

节能型多功能混凝土多孔砖也可以砌筑成水平孔。在砌筑完相邻两皮砖后，再在中排孔内插入 EPS，这样可以使上下左右联系加强。另外，一般只要保温材料填插两排孔就可以达到保温节能的要求，这样一来砌筑成的水平孔为预埋管线提供了极大的方便。图 3.5-11 为部分产品横卧孔情况照片。

图 3.5-12 为节能型多功能混凝土多孔砖横卧孔砌筑墙体示意图。如图所示，保温材料有效地截断了竖向灰缝产生的热桥。

横卧孔全插EPS

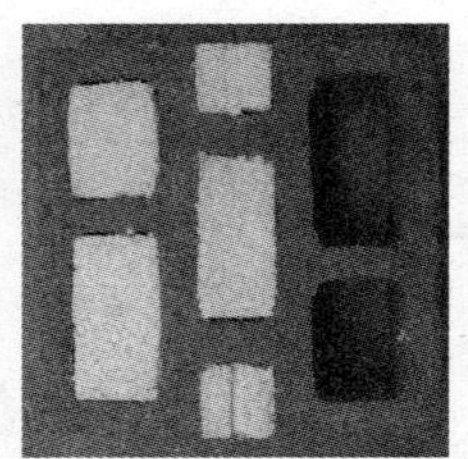

横卧孔边排中排插EPS

图 3.5-11　横卧孔产品

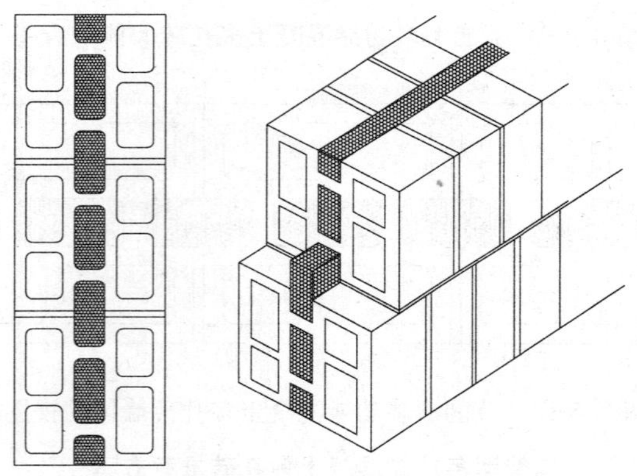

图 3.5-12　节能型多功能混凝土多孔砖横卧孔砌筑墙体示意图

# 第 4 章　混凝土多孔砖性能、原材料及其资源分析

## 4.1　混凝土多孔砖的规格与强度等级

### 4.1.1　规格

混凝土多孔砖各部位名称见图 4.1-1。

规格尺寸：混凝土多孔砖的外形为直角六面体，其长度、宽度分别为 290mm、240mm、190mm、180mm；240mm、190mm、115mm、90mm，最小外壁厚不应小于 18mm，最小肋厚不应小于 14mm。按其尺寸偏差、外观质量分为：一等品（B）及合格品（C）。混凝土多孔砖的尺寸偏差和外观质量均应符合表 4.1-1 和表 4.1-2 的相应指标。

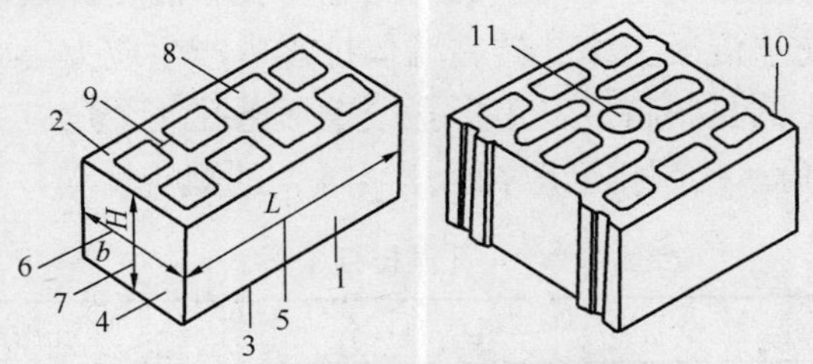


图 4.1-1　混凝土多孔砖各部位名称

1—条面；2—坐浆面（外壁、肋的厚度较小的面）；3—铺浆面（外壁、肋的厚度较大的面）；4—顶面；5—长度（$L$）；6—宽度（$b$）；7—高度（$H$）；8—外壁；9—肋；10—凹槽；11—手抓孔

**尺寸偏差**（mm）　**表 4.1-1**

| 项目名称 | 一等品（B） | 合格品（C） |
|---|---|---|
| 长度 | ±1 | ±2 |
| 宽度 | ±1 | ±2 |
| 高度 | ±1.5 | ±2.5 |

**外观质量（mm）** **表 4.1-2**

| 项 目 名 称 | | 一等品（B） | 合格品（C） |
|---|---|---|---|
| 弯曲，不大于 | | 2 | 2 |
| 掉角、缺棱 | 个数，不大于 | 0 | 2 |
| | 三个方向投影尺寸的最小值，不大于 | 0 | 20 |
| 裂纹延伸投影尺寸累计，不大于 | | 0 | 20 |

### 4.1.2 孔洞排列

孔长（$L$）与孔宽（$b$）之比 $L/b \geqslant 3$ 为矩形条孔。矩形孔或矩形条孔的 4 个角应为半径（$r$）大于 8mm 的圆角，铺浆面应为半盲孔。为减轻墙体自重及保温隔热功能的需要，混凝土多孔砖孔洞率不宜小于 30%。考虑到矩形条孔对建筑节能的作用，《混凝土多孔砖》JC 943 规定：一类为矩形孔或矩形条孔，多排、有序交错排列；另一类为矩形孔或其他孔形，条面方向至少 2 排以上。部分省市规定了铺浆面应为半盲孔，满足砌筑砂浆满铺的要求。为防止混凝土多孔砖在墙体抗震中产生应力集中点，以及考虑混凝土的材料特性，矩形孔或矩形条孔 4 个角应为半径大于 8mm 的圆角。孔洞排列应符合表 4.1-3 的规定。

**孔洞排列** **表 4.1-3**

| 孔 型 | 孔 洞 率 | 孔洞排列 |
|---|---|---|
| 矩形或矩形条形孔 | ≥30% | 多排、有序交错排列 |
| 矩形或其他孔型 | | 条面方向至少 2 排以上 |

### 4.1.3 强度等级

根据当前实际生产使用情况，并考虑今后的发展，将混凝土多孔砖的强度等级分为 MU10、MU15、MU20、MU25 与 M30 共 5 级。强度等级应符合表 4.1-4 的规定。

**混凝土多孔砖的抗压强度（MPa）** **表 4.1-4**

| 强度等级 | 块体的抗压强度 | |
|---|---|---|
| | 平均值，不小于 | 单块最小值，不小于 |
| MU10 | 10 | 8.0 |
| MU15 | 15 | 12.0 |
| MU20 | 20 | 16.0 |
| MU25 | 25 | 20.0 |
| MU30 | 30 | 24.0 |

为了满足建筑节能的要求，各种节能效果好、但孔型怪异的砖产品被设计出来。中国建筑东北设计研究院、长沙理工大学和沈阳建筑大学的试验研究表明，在孔洞率相同的条件下，孔型和孔布置的不同，其抗折强度差异较大，该指标直接影响砌体的受力性能，因此有必要规定混凝土多孔砖折压比限值，目的在于限制砖的盲目开孔。90mm 高混凝土多孔砖的折压比应不小于表 4.1-5 的限值。

**混凝土多孔砖折压比的最低限值** **表 4.1-5**

| 砖强度等级 | MU15 | MU20 | MU25 |
|---|---|---|---|
| 折压比限值 | 0.27 | 0.24 | 0.23 |

注：抗折强度试验方法按照《砌墙砖试验方法》GB/T 2542—2003 的规定执行。

## 4.2 混凝土多孔砖的性能

### 4.2.1 干燥收缩率和相对含水率

干燥收缩率是反映混凝土多孔砖在温、湿度即环境条件变化下其体积收缩变形的一个重要指标。产品密实度差，吸水率大，则其干燥收缩肯定大。混凝土多孔砖上墙后，由于其收缩变形就可能导致墙体开裂，使墙体失去围护或承重的功能。因此规定多孔砖的干燥收缩率不应大于 0.045%。

相对含水率是指混凝土多孔砖出厂时的含水率与其吸水率的

比值。这一指标是为控制砌筑墙体干燥收缩引起墙体裂缝而制定的。美国在20世纪30年代就已控制砌块上墙时的相对含水率，日本标准也作了规定。美国ASTMC55《混凝土砖》与ASTMC90《混凝土砌块》分为2个型号：I型控制水分；Ⅱ型不控制水分，控制干燥收缩率。日本在JISA 5406—93《混凝土空心砌块》中规定相对含水率应小于40%。

对墙体开裂，一般人们均会从房屋受力状态与构造措施等因素去分析，而美国的研究认为砌块的相对含水率是墙体开裂的主要内因。因此，为了保证砌块出厂含水率与上墙时含水率基本一致，国外砌块生产厂在产品出厂时一般采用塑料袋包装。我国混凝土多孔砖出厂一般不包装，混凝土多孔砖上墙时的含水率随出厂时间、环境温湿度条件而发生变化，混凝土多孔砖上墙时的含水率未得到应有的控制，这是造成混凝土多孔砖砌体开裂的主要成因。因此必须严格控制混凝土多孔砖的相对含水率这一指标，执行表4.2-1的要求。

生产企业严格按照标准控制干燥收缩率与相对含水率指标，可减少由于混凝土多孔砖收缩而引起的墙体开裂，保证砌体的质量。

为了便于从产品源头防止墙体开裂，混凝土砖的最大吸水率应不大于10%。

**混凝土多孔砖的相对含水率（%）** **表4.2-1**

| 干燥收缩率 | 相对含水率 | | |
|---|---|---|---|
| | 潮湿 | 中等 | 干燥 |
| <0.03 | 45 | 40 | 35 |
| 0.03～0.045 | 40 | 35 | 30 |

注：1. 相对含水率即混凝土多孔砖含水率与吸水率之比：

$W=(w_1/w_2)\times 100\%$。

式中：$W$ 为混凝土多孔砖的相对含水率（%）；$w_1$ 为混凝土多孔砖的含水率（%）；$w_2$ 为混凝土多孔砖的吸水率（%）。

2. 潮湿系指年平均相对湿度大于75%的地区；中等系指年平均相对湿度50%～75%的地区；干燥系指年平均相对湿度小于50%的地区。

### 4.2.2 抗冻性和抗渗性

抗冻性是混凝土多孔砖的耐久性指标。目前我国生产的混凝土多孔砖采用普通硅酸盐水泥、矿渣硅酸盐水泥或粉煤灰硅酸盐水泥，矿渣、粉煤灰等混合材的掺入会影响混凝土的抗冻性。同时一些小型生产企业采用的制砖机成型质量较差，早期养护不好，强度不够，都可能导致混凝土抗冻性下降。

试验研究和工程实践表明，混凝土多孔砖的冻害是导致墙体劣化的主要原因之一，因此对混凝土多孔砖规定了较严格的抗冻性能要求，以确保砌体结构的耐久性。抗冻性应符合表 4.2-2 的规定。

**混凝土多孔砖抗冻性能要求** **表 4.2-2**

| 使用条件 | 抗冻标号 | 质量损失(%) | 强度损失(%) |
|---|---|---|---|
| 非采暖地区 | F15 | ≤5 | ≤20 |
| 采暖地区<br>相对湿度≤60%<br>相对湿度>60% | F25<br>F35 | | |
| 水位变化、干湿循环或粉煤灰取代水泥量≥50%时 | ≥F50 | | |

注：非采暖地区指最冷月份平均气温高于－5℃的地区；采暖地区指最冷月份平均气温低于或等于－5℃的地区；F 指冻融循环次数。

混凝土多孔砖使用于外墙，不论清水墙或外加粉刷的墙均需要进行抗渗性试验，合格才能使用，这比普通混凝土小型空心砌块要求更严格。用于外墙的混凝土多孔砖，其抗渗性应满足表 4.2-3 规定。

**普通混凝土多孔砖的抗渗性（mm）** **表 4.2-3**

| 项目名称 | 指　　标 |
|---|---|
| 水面下降高度 | 3 块中任一块不大于 10 |

### 4.2.3 重力密度、放射性与其他

混凝土多孔砖砌体的重力密度可按下式计算：

$$\gamma = (1 - 0.75\rho) \times 23 \tag{4.2-1}$$

式中 $\gamma$——混凝土多孔砖砌体的重力密度（$kN/m^3$）；

$\rho$——混凝土多孔砖的孔洞率，当 $\rho=0$ 时为实心砖。

当有可靠的试验数据时，重力密度也可按试验统计值确定。

混凝土多孔砖采用的原材料及其产品放射性应符合《建筑材料放射性核素限量》GB 6566—2001 的规定，否则不能投入使用与生产。产品投产与原材料发生重大变化时应对其是否存在放射性物质、是否超标进行测定，如不符合 GB 6566—2001 规定，则应停止生产与销售。

掺有粉煤灰的混凝土多孔砖的碳化系数不应大于 0.85。掺有工业废渣的混凝土多孔砖中工业废渣的质量和掺量应符合国家标准的相关规定。

## 4.3 混凝土多孔砖原材料

### 4.3.1 胶凝材料

混凝土多孔砖的胶凝材料主要是水泥，其他还有石膏、石灰等。水泥品种有：普通硅酸盐水泥、硅酸盐水泥、矿渣硅酸盐水泥、火山灰质硅酸盐水泥和粉煤灰硅酸盐水泥。

水泥是一种无机粉状水硬性胶凝材料。水泥加水搅拌后成塑性浆体，能在空气和水中硬化，并能把砂石等骨料牢固地胶结在一起，使之具有一定的强度。

（1）硅酸盐水泥

又称波特兰水泥，可分两种类型：Ⅰ类是不掺加混合材料的硅酸盐水泥（代号 P·Ⅰ）；Ⅱ类是在硅酸盐水泥粉磨时，掺加不超过水泥质量 5%的石灰石或粒化高炉矿渣混合材料的硅酸盐

水泥（代号 P·Ⅱ）。

硅酸盐水泥熟料中不掺活性或非活性混合材料时，其特点是早期及后期强度都较高、凝结硬化比较快、水化热高、抗冻性和耐磨性好，但耐热性较差，适用于早期强度要求高、凝结快及气温较低条件下的多孔砖的生产和配制高强混凝土，不适用于有化学侵入和压力水作用的构件制品。其密度为 3.00～3.15g/cm$^3$，质量密度 1000～1600kg/m$^3$，强度等级可分为 42.5、42.5R、52.5、52.5R、62.5 和 62.5R 六个等级。按标准规定，初凝时间不得早于 45min，终凝时间不得迟于 6.5h。

硅酸盐水泥在一般储存条件下，经三个月后，其强度约降低 10%～20%；经六个月后，约降低 15%～30%；经一年后，约降低 25%～40%。

(2) 普通硅酸盐水泥

简称普通水泥（代号 P·O），它是在硅酸盐水泥熟料中，允许掺入不超过 15%的活性混合材料如矿渣、火山灰、粉煤灰、陶粒等，允许掺入不超过 10%的非活性混合材料如石英砂、石灰石等。这种水泥早期强度和水化热较高、耐冻性较好、耐热性和耐腐性较差，密度 3.00～3.15g/cm$^3$，质量密度 1000～1600kg/m$^3$，在低温 5～10℃情况下，强度增长较矿渣水泥快。它适用于地上、地下及水中的混凝土，也适用于受冻融循环的构件制品及早期强度要求较高的构件制品。普通水泥砂浆与硅酸盐水泥砂浆相同，在标准养护条件下，试件 3d 的强度可达到 28d 强度的 40%左右。其强度等级分为 32.5 和 32.5R、42.5 和 42.5R、52.5 和 52.5R 六个等级。按标准规定，其初凝时间不得早于 45min，终凝时间不得迟于 10h。

(3) 矿渣硅酸盐水泥

简称矿渣水泥（代号 P·S），它是在硅酸盐水泥熟料中掺入 20%～70%的粒化高炉矿渣。允许用石灰石、窑灰、粉煤灰和火山灰质混合材料中的一种材料代替矿渣，代替数量不得超过水泥质量的 8%，替代后水泥中粒化高炉矿渣不得少于 20%。矿渣水泥早期强度增长较普通水泥慢，但硬化后期强度增长较硅酸盐水泥快，水化热较低，抗硫酸盐类腐蚀、抗水性和耐热性较好，但抗冻性较差，干缩性较大。适用于混凝土多孔砖的生产。若采用蒸汽养护等湿热处理方法，可以加快水泥硬化速度，而不影响其后期强度的增长。其密度为 2.90～3.10g/cm$^3$，质量密度为 1000～1200kg/m$^3$。矿渣水泥强度等级可分为 32.5 和 32.5R、42.5 和 42.5R、52.5 和 52.5R 六个等级。按标准规定，其初凝时间不得超过 45min，终凝时间不得迟于 10h。用矿渣水泥生产混凝土多孔砖时，必须对多孔砖加强洒水养护，以利于多孔砖强度的增长。

(4) 火山灰质硅酸盐水泥

简称火山灰水泥（代号 P·P），它是在硅酸盐水泥熟料中，掺入 20%～50%的火山灰质混合材料，如天然火山灰、烧页岩、硅藻土、粉煤灰等。火山灰水泥早期强度较低，后期强度增长迅速，蒸汽养护可大大加速强度增长，有较好的耐热性、耐久性和抗渗性，水化热低，其他与矿渣水泥相同。适用于有抗渗要求的及蒸汽养护的混凝土制品。不适用于有耐磨性要求的混凝土制品。其密度为 2.80～3.00g/cm$^3$，质量密度为 1000～1200kg/m$^3$。火山灰水泥强度等级可分为 32.5 和 32.5R、42.5 和 42.5R、52.5 和 52.5R 六个等级。按标准规定，其凝结时间与矿渣水泥相同。在干燥环境中或低温下，由于水化产生胶体的反应终止，其强度增长较慢或停止增长，容易产生干缩裂缝，所以在生产混凝土多孔砖时要注意多孔砖的养护。

(5) 粉煤灰硅酸盐水泥

简称粉煤灰水泥（代号 P·F），它是在硅酸盐水泥熟料中掺入 20%～40%的粉煤灰。粉煤灰水泥早期强度增长比矿渣水泥和火山灰水泥更慢，而后期强度可以赶上。其干缩性较小，抗碳化能力较差，水化热低，保水性差，泌水较快，其他与矿渣水泥相同。适用于蒸汽养护的构件。不适用于有抗碳化要求的混凝土制品。其密度为 2.80～3.00g/cm$^3$，质量密度为 1000～1200kg/

$m^3$。粉煤灰水泥强度等级分为 32.5 和 32.5R、42.5 和 42.5R、52.5 和 52.5R 六个等级。按标准规定，其凝结时间要求与矿渣水泥相同。用它生产混凝土多孔砖时，要注意多孔砖的养护，避免产生失水破裂和强度不高的碎块。

### 4.3.2 骨料

骨料在混凝土多孔砖中起骨架作用和增加强度，同时使混凝土具有良好的体积稳定性和耐久性。骨料占混凝土总体积的80%以上，因此混凝土中粗、细骨料的级配是非常重要的。混凝土所用的骨料，按其粒径不同可分为粗骨料和细骨料。按其密度不同，可分为重骨料和轻骨料。

(1) 粗骨料

用来生产混凝土多孔砖的粗骨料一般为碎石和卵石。碎石是指岩体爆破后，经人工破碎或卵石经人工破碎筛分而成的、粒径大于 5mm 且小于 80mm 的岩石碎块颗粒。卵石也称砾石，是指岩石风化破碎后，在湖、海、河等天然水域或特定地域中经长期形成的粒径大于 5mm 且小于 80mm 的岩石碎块颗粒，外形呈浑圆少棱角。

碎石和卵石统称为石子。卵石与碎石比较，其优点是：不需加工，表面光滑，制成的混凝土和易性好，易捣固密实。缺点是：卵石与水泥浆的粘结力较差，且卵石颗粒的坚硬程度不一，针状、片状颗粒和杂质较多，故配制高强度等级混凝土宜选用碎石。

(2) 细骨料

生产混凝土多孔砖的细骨料与普通混凝土相同，一般采用天然砂。砂子是指粒径小于 5mm，在湖、海、河等天然水域中形成和堆积的岩石碎屑，也可以是岩体风化后在山间适当地形中堆积下来的岩石碎屑。细骨料中质量较好的是河砂。根据其产地不同，可分为河砂、海砂和山砂；按细度模数 ($M_X$) 不同，可分为粗砂、中砂、细砂和特细砂。

粗砂的细度模数为 3.7～3.1；中砂的细度模数为 3.0～2.3；细砂的细度模数为 2.2～1.6；特细砂的细度模数为 1.5～0.7。

（3）轻骨料

1）按粒径分类

混凝土多孔砖所用混凝土中的轻骨料，可分为轻粗骨料和轻细骨料。轻粗骨料是指粒径大于 5mm，堆积密度不大于 1100kg/m$^3$ 的轻质骨料，称为轻粗骨料。轻细骨料是指粒径小于 5mm，堆积密度不大于 1200kg/m$^3$ 的轻质骨料，称为轻细骨料，也称为轻砂。

2）按材料来源分类

轻骨料按原材料来源，可分为三大类：工业废渣轻骨料、天然轻骨料和人造轻骨料。

工业废渣轻骨料是以工业废渣为原料，经加工而成的轻骨料，如粉煤灰陶粒、煤渣、自燃煤矸石、膨胀矿渣球及其轻砂等；天然轻骨料是以天然形成的多孔岩石经加工而成的轻骨料，如火山渣、浮石及其轻砂等；人造轻骨料是以地方材料为原料，经加工而成的轻骨料，如页岩陶粒、黏土陶粒、膨胀珍珠岩及其轻砂等。

3）按粒形分类

轻骨料中的轻粗骨料按其粒形，可分为圆球形的轻骨料、普通形的轻骨料和碎石形的轻骨料。

圆球形的轻骨料系原材料经造粒工艺加工而成的、呈圆球状的轻骨料，如粉煤灰陶粒、磨细成球的页岩陶粒等；普通形的轻骨料系原材料经过破碎，并加工而成的、呈非圆球状的轻骨料，如页岩陶粒、膨胀珍珠岩等；碎石形的轻骨料系由天然轻骨料或多孔烧结块，经破碎加工而成的、呈碎石状的轻骨料，如浮石、自燃煤矸石和煤渣等。

（4）其他轻骨料

1）粉煤灰陶粒系以工业废料粉煤灰为主要原料，加入一定量胶结料和水，经加工成球、烧结而成的，其粒径 5mm 以上的轻粗骨料称为烧结粉煤灰陶粒，简称粉煤灰陶粒。粒径小于5mm的轻细骨料称为粉煤灰陶砂。

2）黏土陶粒系以黏土、粉质黏土等为主要原料，经加工制粒、烧结而成的。是粒径在5mm以上的一种人造轻骨料。粒径小于5mm的轻细骨料称为黏土陶砂。陶粒可分为三个粒级：5～10mm、10～20mm、20～30mm。

3）页岩陶粒系由黏土质页岩、板岩等为主要原料，经破碎、筛分，或粉磨制粒（球）、烧结而成的。粒径在5mm以上的一种人造轻粗骨料称为页岩陶粒；粒径小于5mm的轻细骨料称为页岩陶砂。按其生产工艺方法分为：经破碎、筛分、烧结而成者称为普通型页岩陶粒；经粉磨、成球、烧结而成者称为圆球形页岩陶粒。其页岩陶粒粒级为5～10mm、10～20mm、20～30mm。

4）超轻陶粒系堆积密度不大于500kg/$m^3$的陶粒，堆积密度不大于700kg/$m^3$的烧制陶砂或破碎陶砂称为超轻陶砂，其粒级为混合粒级即5～10mm和5～20mm。

5）自燃煤矸石轻骨料系采煤、选煤过程中排出的煤矸石，经堆积、自燃、破碎、筛分而成的一种工业废料。粒径大于5mm、堆积密度不大于1100kg/$m^3$的自燃煤矸石称为自燃煤矸石轻粗骨料；粒径小于5mm、堆积密度不大于1200kg/$m^3$的自燃煤矸石称为自燃煤矸石轻细骨料。其轻粗骨料按其自然级配分为5～10mm、5～20mm、5～30mm、5～40mm。轻细骨料按细度模数为：粗砂细度模数为4.0～3.1，中砂细度模数为3.0～2.3，细砂细度模数为2.2～1.5。

### 4.3.3 外加剂

在混凝土中掺入少量有机或无机化合物，从而改善或赋予混凝土某些性能，这些外掺物称为混凝土外加剂。外加剂的掺量，一般在水泥质量的5%以下。混凝土外加剂按其主要功能分为四类：1）改善混凝土拌合物流动性能的外加剂，如减水剂和引气剂等；2）调节混凝土凝结时间、硬化性能的外加剂，如早强剂和速凝剂等；3）改善混凝土耐久性的外加剂，如引气剂和防水剂等；4）改善混凝土其他性能的外加剂，如防冻剂、着色剂和加气剂等。

（1）减水剂

减水剂是一种表面活性材料，可分为普通减水剂和高效减水剂。普通减水剂是指在混凝土坍落度或维勃稠度保持不变的条件下，具有一般减水增强作用的外加剂。高效减水剂是指在混凝土坍落度或维勃稠度保持不变的条件下，具有大幅度减少拌合用水量功能的外加剂。减水剂掺入水泥混凝土中能对水泥颗粒起扩散作用，从而把水泥凝聚体中所包含的水释放出来，使水泥达到充分水化，可减少混凝土拌合用水，降低水灰比，改善混凝土的和易性，节约水泥用量，对抗渗、抗冻、强度等性能均有所改善。减水剂按化学成分可分为：

1）木质素磺酸盐类：如木质素磺酸钙、木质素磺酸钠。

2）多环芳香族磺酸盐类；如萘和萘的同系磺化物与甲醛缩合的盐类。

3）水溶性树脂磺酸盐类：如磺化三聚氰胺树脂、磺化古玛隆树脂。

4）其他：如腐殖酸。

（2）早强剂

早强剂是指加速混凝土早期强度的发展，并对后期强度无显著不利影响的外加剂。兼有早强和减水功能的外加剂称为早强减水剂。早强剂通过对水泥水化过程所产生的综合的物理和化学作用，能显著地提高混凝土的早期强度，改善混凝土拌合物的工艺性能和硬化混凝土的物理力学性能，对混凝土工程的冬期施工很有利。其按化学成分可分为：

1）氯盐类：如氯化钙、氯化钠等。

2）硫酸盐类：如硫酸钠、硫代硫酸钠。

3）有机胺类：如三乙醇胺、三异丙醇胺。

4）其他：如甲酸盐等。

（3）加气剂

加气剂包括引气剂和发气剂。在搅拌混凝土的过程中，能引入（产生）大量分布均匀、稳定而封闭的微小气泡，可阻塞有害的毛细孔通道，以减少混凝土拌合物泌水离析、改善和易性，并能显著提高硬化混凝土抗冻融性、抗渗性、耐久性的外加剂。发气剂加入混凝土料浆后，与水泥中的碱反应产生气体，使之体积膨胀而成为多孔结构的物质。引气剂按化学成分可分为：

1）松香树脂类：如松香热聚物、松香皂等。

2）烷基苯磺酸盐类：如烷基苯磺酸盐、烷基苯酚聚氧乙烯醚等。

3）脂肪醇磺酸盐类：如脂肪酸聚氧乙烯醚、脂肪酸聚氧乙烯磺酸钠等。

4）其他：如蛋白质盐、石油磺酸盐等。

发气剂有金属粉末铝粉、过氧化物、碳酸钙和漂白粉等。

（4）消泡剂

又称去沫剂，对引气性较大的减水剂，在使用时须同时加入消泡剂，以消减微沫。

（5）速凝剂

能使混凝土的凝结时间缩短至几秒到几分钟，主要用于冬季滑模施工及喷射混凝土等，需要速凝的混凝土工程，也可用于抢修堵漏工程。国产速凝剂大多是粉状产品，如各种无机酸盐类速凝剂，主要成分是铝酸钠（钙）、硅酸钠、碳酸钠等。

（6）防水剂

防水剂能减少混凝土孔隙和堵塞毛细通道，使之在静水压下透水性大大降低。防水剂可按照材料的组成种类来分类，也可按照给予混凝土的性能影响来分类。一般分为无机质防水剂和有机质防水剂。无机质防水剂有二氯化铁、硅酸钠等；有机质防水剂通常是一些表面活性剂，如石蜡、硬脂酸盐等。

## 4.4 原材料的技术要求

影响多孔砖质量的因素很多，但原材料是决定多孔砖产品质量的主导因素。因此，在生产混凝土多孔砖时，必须对入厂的原材料进行严格检查和验收，特别是工业废渣骨料。

### 4.4.1 胶凝材料的技术要求

（1）水泥的主要性质

水泥的强度及强度等级，是按规定龄期的抗压强度和抗折强度来划分的。水泥产品质量划分为优等品、一等品和合格品三个等级。通用水泥的实物质量水平根据3d抗压强度和28d抗压强度以及终凝时间进行分等，其实物质量应符合表4.4-1要求。水泥的强度等级是根据国家标准强度检验方法按规定龄期的抗压强度测定的，即把水泥、标准砂和水按一定的比例进行搅拌混合（其水灰比为0.5），用水泥胶砂强度检验方法（ISO法）制成的40mm×40mm×160mm棱柱体的水泥砂浆试件，按要求养护3d和28d后，分别做抗压、抗折强度试验，根据试件破坏时，每$1mm^2$截面积上所受压力及抗折力的数值，确定水泥的强度。

水泥细度是指水泥颗粒的粗细程度。颗粒越细的水泥硬化越快，早期强度越高。水泥细度采用筛分法测定，国家标准规定：用80$\mu$m方孔筛，筛余不得超过10%。

水泥密度：普通硅酸盐水泥为3.00～3.15$g/cm^3$，通常采用3.10$g/cm^3$；矿渣硅酸盐水泥、火山灰质硅酸盐水泥和粉煤灰硅酸盐水泥的密度为2.80～3.00$g/cm^3$。其堆积（表观）密度为1000～1600$kg/m^3$，通常采用1300$kg/m^3$。

水泥与水的作用产生放热反应，随着硬化过程的进行，不断放出热量，这种热量称为水化热。水泥水化热的大小和放热的快慢，除了决定于水泥的成分外，还与水泥的细度有关：细度大的水泥，早期放热量较多。对于小断面、小体积的混凝土构件的低温施工，水化热可加快其硬化速度。

**通用水泥的实物质量** **表 4.4-1**

| 等级 | 优等品 | | 一等品 | | 合格品 |
|---|---|---|---|---|---|
| 品种<br>项目 | 硅酸盐水泥，普通硅酸盐水泥，复合硅酸盐水泥 | 矿渣硅酸盐水泥，火山灰质硅酸盐水泥，粉煤灰硅酸盐水泥 | 硅酸盐水泥，普通硅酸盐水泥，复合硅酸盐水泥 | 矿渣硅酸盐水泥，火山灰质硅酸盐水泥，粉煤灰硅酸盐水泥 | 通用水泥各品种 |
| 抗压强度（MPa）3d不小于 | 32.0 | 28.0 | 26.0 | 22.0 | 符合通用水泥各品种技术要求 |
| 28d不小于<br>28d不大于 | 56.0<br>1.1$R$ | 56.0<br>1.1$R$ | 46.0<br>1.1$R$ | 46.0<br>1.1$R$ | 符合通用水泥各品种技术要求 |
| 终凝时间（h）不大于 | 6.5 | 6.5 | 6.5 | 8.0 | |

注：$R$为同品种同强度等级水泥28d抗压强度上月平均值。至少以20个编号平均，不足20个编号时，可2个月或3个月合并计算。对于62.5包括其值以上水泥，28d抗压强度不大于1.1$R$的要求不作规定。

体积安定性是指水泥在硬化过程中，体积变化的均匀性。水泥中如果含有较多的游离石灰、氧化镁或三氧化硫，就能使水泥结构产生不均匀变形，甚至崩溃。

水泥从加水调成标准稠度到开始凝结所需的时间称为初凝时间。已经初凝的水泥，塑性大为降低。水泥从加水到凝结完了所需的时间称为终凝时间。已经终凝的水泥才初步具有强度。

水泥化学成分含量指标很多，国家标准规定的指标为不溶物、氧化镁、三氧化硫和碱。硅酸盐水泥中不溶物不得超过：Ⅰ类为0.75%，Ⅱ类为1.50%。普通硅酸盐水泥和硅酸盐水泥中的氧化镁的含量不宜超过5%，如果水泥经压蒸安定性试验合格，则水泥中氧化镁的含量允许放宽到6%。其三氧化硫的含量不得超过3.5%。水泥中碱含量按$Na_2O+0.658K_2O$的计算值来表示。若使用活性骨料，用户要求提供低碱水泥时，水泥中碱含量不得大于0.6%或由供需双方商定。矿渣水泥、火山灰水泥和粉煤灰水泥的熟料中氧化镁的含量不宜超过5%，如果水泥经压蒸安定性试验合格，则熟料中氧化镁的含量允许放宽到6%。若熟料中氧化镁的含量为5%～6%时，矿渣水泥中混合材料总掺量大于40%或火山灰水泥和粉煤灰水泥中混合材料掺加量大于30%，制成的水泥可不做压蒸试验。矿渣水泥中三氧化硫的含量不得超过4%，火山灰水泥和粉煤灰水泥中三氧化硫的含量不得超过3.5%，其水泥中的碱含量按 $Na_2O+0.658K_2O$ 计算值来表示。若使用活性骨料要限制水泥中的碱含量时，由供需双方商定。

一般常用水泥的技术要求见表4.4-2。

**常用水泥的质量指标** **表4.4-2**

| | | 硅酸盐水泥 | | 普通硅酸盐水泥 | | 矿渣、火山灰、粉煤灰水泥 | |
|---|---|---|---|---|---|---|---|
| | | 3d | 28d | 3d | 28d | 3d | 28d |
| 细度 | | 80μm方孔筛，筛余不得超过10% | | | | | |
| 安定性 | | 用沸煮法检验必须合格 | | | | | |
| 凝结时间 | 初凝时间 | 不得早于45min | | | | | |
| | 终凝时间 | 不得迟于6.5h | | 不得迟于10h | | | |
| 抗压强度（MPa） | 32.5 | | | 11.0 | 32.5 | 10.0 | 32.5 |
| | 32.5R | | | 16.0 | 32.5 | 15.0 | 32.5 |
| | 42.5 | 17.0 | 42.5 | 16.0 | 42.5 | 15.0 | 42.5 |
| | 42.5R | 22.0 | 42.5 | 21.0 | 42.5 | 19.0 | 42.5 |
| | 52.5 | 23.0 | 52.5 | 22.0 | 52.5 | 21.0 | 52.5 |
| | 52.5R | 27.0 | 52.5 | 26.0 | 52.5 | 23.0 | 52.5 |
| | 62.5 | 28.0 | 62.5 | | | | |
| | 62.5R | 32.0 | 62.5 | | | | |
| 抗折强度（MPa） | 32.5 | | | 2.5 | 5.5 | 2.5 | 5.5 |
| | 32.5R | | | 3.5 | 5.5 | 3.5 | 5.5 |
| | 42.5 | 3.5 | 6.5 | 3.5 | 6.5 | 3.5 | 6.5 |
| | 42.5R | 4.0 | 6.5 | 4.0 | 6.5 | 4.0 | 6.5 |
| | 52.5 | 4.0 | 7.0 | 4.0 | 7.0 | 4.0 | 7.0 |
| | 52.5R | 5.0 | 7.0 | 5.0 | 7.0 | 4.5 | 7.0 |
| | 62.5 | 5.0 | 8.0 | | | | |
| | 62.5R | 5.5 | 8.0 | | | | |

(2) 水泥的保管与使用

水泥应按不同生产单位、品种、强度等级、出厂日期，定量储存，分别保管，专库专存。水泥的储存应按水泥到货先后依序排列，以便做到先进先用。

一般水泥存放时间从出厂之日起为3个月以内，其中高铝水泥为2个月，高级水泥为1个半月，快硬水泥为1个月。

水泥不能与石灰、石膏、黏土、农药、化肥等物料混存在同一仓库内。

散装水泥罐必须封闭严密，内表面要光滑，罐底最好用钢板做成50°锥形放料口。一般罐装水泥储存时间可以半年以上不变质。

在多孔砖生产中，常会发现不同生产厂家、不同品种、不同强度等级的水泥，甚至有受潮结块的水泥或质量不稳定的小水泥厂生产的水泥，上述水泥如果混合使用，会导致多孔砖强度下降甚至严重后果。一般常用水泥的选择见表4.4-3。

**常用水泥的选择** **表4.4-3**

| 混凝土多孔砖工程特点和所处工作环境条件 | 优先选用 | 可以使用 | 不得使用 |
|---|---|---|---|
| 一般气候环境 | 普通水泥 | 矿渣、火山灰、粉煤灰水泥 | |
| 干燥环境 | 普通水泥 | 矿渣水泥 | 火山灰水泥、粉煤灰水泥 |
| 高温环境或处水中 | 矿渣水泥 | 普通、火山灰、粉煤灰水泥 | |
| 严寒地区的露天 | 普通水泥 | 矿渣水泥 | 火山灰水泥、粉煤灰水泥 |
| 严寒地区水位升降范围内 | 普通水泥（≥42.5） | | 火山灰、粉煤灰、矿渣水泥 |
| 受侵蚀性介质（水或气体等） | 根据侵蚀介质的种类、浓度等具体条件按专门或设计规定选用 | | |

续表

| 混凝土多孔砖工程特点和所处工作环境条件 | 优先选用 | 可以使用 | 不得使用 |
|---|---|---|---|
| 要求快硬的多孔砖 | （快硬）硅酸盐水泥 | 普通水泥 | 矿渣、火山灰、粉煤灰水泥 |
| 高强（＞MU20）多孔砖 | 硅酸盐水泥 | 普通水泥、矿渣水泥 | 火山灰水泥、粉煤灰水泥 |
| 有抗渗性要求的多孔砖 | 普通水泥、火山灰水泥 | | 矿渣水泥 |
| 有耐磨性要求的多孔砖 | 硅酸盐水泥、普通水泥 | 矿渣水泥 | 火山灰水泥、粉煤灰水泥 |

注：水泥厂应在水泥发出之日起 7d 内，寄发水泥质量试验报告。试验报告中应包括 28d 强度以外的各项试验结果。28d 强度数值，应在水泥发出之日起 32d 内补报。

### 4.4.2 粗骨料的质量技术要求

（1）粗骨料的颗粒级配

粗骨料（石子）的颗粒级配有连续级配和间断级配（单粒级配）两种。连续级配是从最大颗粒开始，由大到小各级相连，每一级石子都有一定数。间断（单粒）级配是指大颗粒和小颗粒之间有相当的“空档”，大颗粒的空隙直接由比它小得多的小颗粒填充，能使空隙率达到最小。

粗骨料的颗粒级配，一般应符合表 4.4-4 的要求。公称粒径的上限为该粒级的最大粒径；根据多孔砖对混凝土粗骨料的粒度要求，连续粒级亦可与其相邻的间断粒级（单粒粒级）配成大粒度的连续粒级；根据混凝土多孔砖和资源的具体情况，允许直接采用间断粒级（单粒粒级）。

**碎石或卵石颗粒级配范围** **表 4.4-4**

| 级配情况 | 公称粒级(mm) | 累计筛余，按质量计（%） | | | | | | | | | | | |
|---|---|---|---|---|---|---|---|---|---|---|---|---|---|
| | | 筛孔尺寸（圆孔筛，mm） | | | | | | | | | | | |
| | | 2.50 | 5.00 | 10.0 | 16.0 | 20.0 | 25.0 | 31.5 | 40.0 | 50.0 | 63.0 | 80.0 | 100 |
| 连续粒级 | 5～10 | 95～100 | 80～100 | 0～15 | 0 | — | — | — | — | — | — | — | — |
| | 5～16 | 95～100 | 90～100 | 30～60 | 0～10 | 0 | — | — | — | — | — | — | — |
| | 5～20 | 95～100 | 90～100 | 40～70 | — | 0～10 | 0 | — | — | — | — | — | — |
| | 5～25 | 95～100 | 90～100 | — | 30～70 | — | 0～5 | 0 | — | — | — | — | — |
| | 5～31.5 | 95～100 | 90～100 | 70～90 | — | 15～45 | — | 0～5 | 0 | — | — | — | — |
| | 5～40 | — | 90～100 | 75～90 | — | 30～65 | — | — | 0～5 | 0 | — | — | — |
| 间断（单粒）粒级 | 10～20 | — | 90～100 | 85～100 | — | 0～15 | 0 | — | — | — | — | — | — |
| | 16～31.5 | — | 90～100 | — | 85～100 | — | — | 0～10 | 0 | — | — | — | — |
| | 20～40 | — | — | 95～100 | — | 80～100 | — | — | 0～10 | 0 | — | — | — |
| | 31.5～63 | — | — | — | 95～100 | — | — | 75～100 | 45～75 | — | 0～10 | 0 | — |
| | 40～80 | — | — | — | — | 95～100 | — | — | 70～100 | — | 30～60 | 0～10 | 0 |

石子的颗粒级配采用筛分法测定，用一套标准筛加以筛分。试验前，用四分法将样品缩分至略重于表 4.4-5 所规定的试样所需量，烘干或风干后称重。筛子按孔径从大到小组合，附上筛

底，将一份试样倒入最上层筛里，然后进行筛分。

**筛分试验所要试样的最小用量　　表 4.4-5**

| 最大公称粒径（mm） | 10.0 | 16.0 | 20.0 | 25.0 | 31.5 | 40.0 | 63.0 | 80.0 |
|---|---|---|---|---|---|---|---|---|
| 试样用量（不少于，kg） | 2.0 | 4.0 | 4.0 | 10.0 | 10.0 | 15.0 | 20.0 | 30.0 |

一般石子的最大粒径是指累计筛余百分率为 0%～5%时的筛孔尺寸。在颗粒级配合理的条件下，石子的颗粒粒径应力求大些，以使其空隙率较小。

（2）粗骨料的针、片状颗粒含量

粗骨料的碎石或卵石中针、片状颗粒的定义是：凡颗粒的长度大于该颗粒所属粒级的平均粒径的 2.4 倍者称为针状颗粒；凡颗粒的厚度小于该颗粒所属粒级的平均粒径的 0.4 倍者称为片状颗粒。平均粒径是指该粒级上限与下限粒径的平均值。碎石或卵石中针、片状颗粒含量，应符合表 4.4-6 的规定。

**碎石或卵石针、片状颗粒含量　　表 4.4-6**

| 混凝土强度等级 | 针、片状颗粒含量（按质量计，%） |
|---|---|
| ≥C30 | ≤15 |
| C15～C25 | ≤25 |
| ≤C10 | <40 |

（3）粗骨料的含泥量

碎石或卵石粗骨料中的含泥量，即颗粒粒径小于 0.08mm 的岩屑、淤泥与黏土的总含量。泥块含量是指骨料中颗粒粒径大于 5mm，经水洗、手捏（压）后可破碎成小于 2.5mm 的颗粒的含量。

对有抗冻、抗渗或其他特殊要求的混凝土，其所用碎石或卵石的总含泥量不应大于 1.0%，其中泥块含量应不大于 0.5%。如含泥基本上是非黏土质的石粉时，其总含泥量可由 1.0%和

2.0%，分别提高到1.5%和3.0%。对C10和低于C10级的混凝土用碎石或卵石，其含泥量和泥块含量，可分别酌情放宽到2.5%和1.0%。碎石或卵石中的含泥量及其泥块含量应符合表4.4-7的规定。

碎石或卵石中的含泥量及泥块含量　　表4.4-7

| 混凝土强度等级 | 总含泥量 | 其中泥块含量 |
|---|---|---|
| | 按质量计（%），≤ | 按质量计（%），≤ |
| ≥C30 | 1.0 | 0.5 |
| C15～C25 | 2.0 | 0.7 |
| ≤C10 | 2.5 | 1.0 |

（4）粗骨料的坚固性

粗骨料的坚固性是检验碎石或卵石在气候、环境变化或其他物理因素作用下，抵抗碎裂的能力。采用硫酸钠溶液法进行坚固性检验，试样在其饱和溶液中经5次循环浸渍后，其质量损失应符合表4.4-8的规定。

碎石或卵石的坚固性指标　　表4.4-8

| 混凝土多孔砖所处的环境条件 | 循环后的质量损失（%） |
|---|---|
| 在严寒及寒冷地区室外使用，并经常处于潮湿或干湿交替状态下 | ≤8 |
| 在其他条件下 | ≤12 |

注：1. 严寒及寒冷地区月平均气温处在－5～－15℃范围内。
2. 在月平均气温低于－15℃地区时，并经常处于潮湿或干湿交替状态下不宜大于3%。

在干燥条件下使用，有抗疲劳、耐磨、抗冲击等要求，或有腐蚀性介质作用或经常处于水位变化区，或混凝土强度等级大于C40时，其碎石或卵石的坚固性要求，质量损失应不大于8%。若粗骨料碎石或卵石处于风化状态或软弱颗粒过多时，应进行坚固性检验。对同一产源的碎石或卵石，如在类似的气候条件下使用后已有可靠的经验时，可不做坚固性检验。对坚固性不符合要求的粗骨料，应做混凝土抗冻性试验，合格后方可使用。

（5）粗骨料的强度与压碎值

粗骨料的强度可用岩石的抗压强度和压碎指标值两种方法表示。对经常性的生产质量控制，采用压碎指标检验较为简便；在选择采石场或对粗骨料强度有严格要求，或对质量有争议时，宜采用岩石的抗压强度做检验。在压碎指标值中，较低者适用于强度等级较高的混凝土；较高者适用于强度等级较低的混凝土。

用岩石的抗压强度检验时，碎石或卵石可制成直径与高均为50mm的圆柱体或50mm×50mm×50mm立方体试件。在水饱和状态下，岩石的抗压强度与所采用的混凝土强度等级之比不应小于1.5。一般情况下，火成岩试件强度不宜低于80MPa，变质岩不宜低于60MPa，水成岩不宜低于30MPa。

岩石的抗压强度及压碎指标值应符合表4.4-9的规定。卵石的强度用压碎指标值表示，其压碎指标值宜按表4.4-10的规定采用。

（6）有害物质含量

碎石或卵石粗骨料中的硫化物和硫酸盐含量，以及卵石中的有机物质或杂质等有害物质含量，应符合表4.4-11的规定。

碎石或卵石中如含有颗粒状硫酸盐或硫化物的杂质，则要求进行耐久性试验，满足要求时方能采用。同时，石子中不得混有草根、树叶、树枝、塑料品、煤块、炉渣等杂质。

**岩石抗压强度及碎石压碎指标值　　表4.4-9**

| 岩石品种 | 混凝土强度等级 | 岩石抗压强度（≥MPa） | 碎石压碎指标值（≤%） |
|---|---|---|---|
| 水成岩 | C60～C40<br>≤C35 | 80<br>30 | 10<br>16 |
| 变质岩或深层的火成岩 | C60～C40<br>≤C35 | 100<br>60 | 12<br>20 |
| 火成岩 | C60～C40<br>≤C35 | 120<br>80 | 13<br>30 |

**卵石的压碎指标值** 表 4.4-10

| 混凝土强度等级 | C60～C40 | ≤C35 |
| --- | --- | --- |
| 压碎指标值（%） | ≤12 | ≤16 |

**碎石或卵石中有害物质含量** 表 4.4-11

| 项　目 | 质 量 要 求 |
| --- | --- |
| 硫化物及硫酸盐含量（折算成 $SO_3$，按质量计，%） | ≤1.0 |
| 卵石中有机物质含量（用比色法试验） | 颜色应不深于标准色；如深于标准色，则应配制成混凝土进行强度对比试验，抗压强度比应不低于 95% |

（7）粗骨料的密度、体积密度及空隙率

石子的密度大多在 2.5～2.7g/cm$^3$ 范围之间，干燥堆积体积密度为 1400～1700kg/m$^3$。

石子的空隙率与颗粒级配、颗粒形状、密度、体积密度有关。堆积碎石的空隙率为 45%～50%；堆积卵石的空隙率为 35%～45%。空隙率越大，需要水泥浆越多。

### 4.4.3 细骨料的质量技术要求

粗骨料形成混凝土体的骨架，细骨料填充粗骨料之间的空隙，同时又把粗骨料隔开，而水泥又填充细骨料颗粒之间的空隙，同时水泥把粗、细骨料胶凝成一个整体。细骨料也是非常重要的，一般采用普通砂子（天然砂）作为细骨料。

（1）细骨料（砂子）的颗粒级配

细骨料的颗粒级配和粗细程度通常用筛分曲线和细度模数来表示。筛分析的方法是用一套孔径（净孔尺寸）为 5.00mm、2.50mm、1.25mm、0.63mm、0.315mm、0.15mm 的标准筛，将 500g 干砂试样由粗到细依次过筛，然后称量余留在各个筛上的砂子质量，并计算出各筛上的分计筛余百分率（$a_n$）及累计筛余百分率（$A_n$）。分计筛余和累计筛余的关系如表 4.4-12 所示。

**细骨料累计筛余和分计筛余关系　　　　表 4.4-12**

| 筛孔尺寸（mm） | 分计筛余（%） | 累计筛余（%） |
|---|---|---|
| 5.00 | $a_1$ | $A_1=a_1$ |
| 2.50 | $a_2$ | $A_2=a_1+a_2$ |
| 1.25 | $a_3$ | $A_3=a_1+a_2+a_3$ |
| 0.63 | $a_4$ | $A_4=a_1+a_2+a_3+a_4$ |
| 0.315 | $a_5$ | $A_5=a_1+a_2+a_3+a_4+a_5$ |
| 0.15 | $a_6$ | $A_6=a_1+a_2+a_3+a_4+a_5+a_6$ |

细度模数 $M_X$ 可由下式进行计算：

$$M_X=\frac{A_2+A_3+A_4+A_5+A_6-5A_1}{100-A_1} \tag{4.4-1}$$

细度模数 $M_X$ 越大，表示砂子越粗。普通混凝土用砂的细度模数范围一般为 3.7～0.7，按 0.63mm 筛孔的累计筛余量（以质量百分比计），分成三个级配区。混凝土用砂的颗粒级配应处于表 4.4-12 中的任何一个级配区内。

为了得到质量好、水泥用量少的混凝土，砂子的颗粒级配必须良好。一般要求砂子颗粒级配空隙率和总表面积要小。砂子的实际颗粒级配与表中所列的累计筛余百分率相比，除 5mm 和 0.63mm 筛孔尺寸的外，允许稍有超出分界线，但其总超出量不应大于 5%。以累计筛余百分率为纵坐标，以筛孔尺寸为横坐标，根据表 4.4-13 规定画出砂子 1 区、2 区和 3 区的级配区的筛分曲线，如图 4.4-1 所示。

配制混凝土多孔砖的混凝土时宜优先选用 2 级配区砂子；当采用 1 级配区砂子时，应提高砂率，并保持足够的水泥用量，以满足混凝土的和易性；当采用 3 级配区砂子时，宜适当降低砂率，以保证混凝土的强度。如果砂子自然级配不符合要求，就要采用人工级配的方法来改善，最简单的措施是将粗、细砂子按适当比例掺和使用。没有其他办法时，也可将砂子过筛，筛除较粗或较细的颗粒。或经过试验验证能确保质量，方可允许使用。

**砂子颗粒级配区的规定** **表 4.4-13**

| 筛孔尺寸（mm） | 级配区 | | |
|---|---|---|---|
| | 累计筛余（按质量计，%） | | |
| | 1 区 | 2 区 | 3 区 |
| 10.0 | 0 | 0 | 0 |
| 5.00 | 10～0 | 10～0 | 10～0 |
| 2.50 | 35～5 | 25～0 | 15～0 |
| 1.25 | 65～35 | 50～10 | 25～0 |
| 0.63 | 85～71 | 70～41 | 40～16 |
| 0.315 | 95～80 | 92～70 | 85～55 |
| 0.16 | 100～90 | 100～90 | 100～90 |

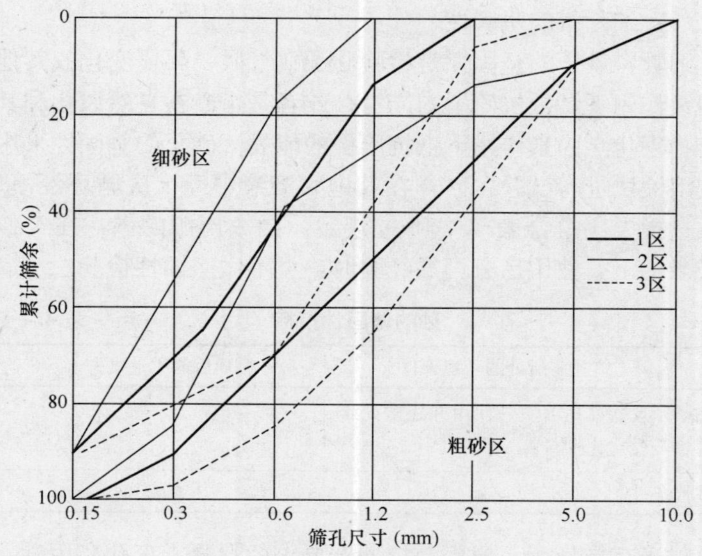


图 4.4-1 砂子 1、2、3 级配区曲线

对细度模数为 1.5～0.7 的特细砂的质量要求，应按国家的有关规定执行。

（2）细骨料砂的含泥量与泥块含量

砂子的含泥量是指砂中粒径小于 0.08mm 的岩屑、淤泥和黏土的颗粒的总含量。泥块含量是指砂中颗粒粒径大于 1.25mm，经水洗、手压后可破碎成小于 0.63mm 的颗粒的含量。其砂中的含泥量与泥块含量应符合表 4.4-14 的规定。

**砂中含泥量与泥块含量的限值　　表 4.4-14**

| 混凝土强度等级 | 大于或等于 C30 | 小于 C30 |
|---|---|---|
| 含泥量（按质量计，%）≤ | 3.0 | 5.0 |
| 泥块含量（按质量计，%）≤ | 1.0 | 2.0 |

对有抗冻、抗渗或其他特殊要求的混凝土多孔砖用砂，其含泥量和泥块含量应分别不大于 3.0%和 1.0%。

（3）细骨料的坚固性

细骨料砂子的坚固性是检验砂子在气候、环境变化或其他物理因素作用下，抵抗碎裂的能力；或者是指砂在自然风化和其他外界物理化学因素作用下抵抗碎裂的能力。砂子的坚固性采用硫酸钠溶液法进行试验，砂样在其饱和溶液中经 5 次循环浸渍后，其质量损失应符合表 4.4-15 的规定。同一产源的砂，在类似的气候条件下，使用已有可靠经验时，可不做坚固性检验。

**砂的坚固性指标　　表 4.4-15**

| 混凝土多孔砖所处的环境条件 | 循环后的质量损失（%） |
|---|---|
| 在严寒及寒冷地区室外使用并经常处于潮湿或干湿交替状态 | ≤8 |
| 其他条件 | ≤10 |

对于有抗疲劳、耐磨、抗冲击要求的混凝土多孔砖用砂，或有腐蚀介质作用混凝土多孔砖用砂，其坚固性质量损失率应小于 8%。

（4）细骨料中的有害物质含量

细骨料砂中如含有云母、密度小于 2.0g/cm$^3$ 的煤和褐煤等轻物质、有机物、硫化物及硫酸盐等有害物质，其含量应符合表

4.4-16 的规定。

对于有抗冻、抗渗要求的混凝土，砂中云母含量不应大于 1.0%。砂中如有颗粒状的硫酸盐或硫化物杂质时，则要求经专门检验，确认能满足混凝土耐久性要求时，方能采用。

**砂中的有害物质含量** **表 4.4-16**

| 项　目 | 质量指标（按质量计，%） |
|---|---|
| 云母含量 | 不宜大于 2.0 |
| 轻物质含量 | 不宜大于 1.0 |
| 硫化物及硫酸盐含量（折算成 $SO_3$） | 不宜大于 1.0 |
| 有机物质含量（用比色法试验） | 颜色不应深于标准色。若深于标准色，则应按水泥胶砂强度试验方法，进行强度对比试验。抗压强度比不应低于 0.95 |

（5）细骨料砂子的密度、体积密度及空隙率

砂子的密度，一般均大于 2.5g/cm$^3$，干燥堆积（松散）体积密度，应大于 1400kg/m$^3$。砂子的空隙率与颗粒级配、颗粒形状、密度和体积密度有关，砂子空隙率一般均小于 45%。

### 4.4.4 混凝土掺合料和混凝土拌合水的质量技术要求

为改善拌合物的和易性，降低水泥用量，降低成本，可以在混凝土（多孔砖）中掺入少量的活性掺合料。常用的掺和料有火山渣、炉渣、粉煤灰、煤矸石等，其要求是：

1）烧失量不得大于 8%。

2）三氧化硫含量不得大于 3%。

3）抗压强度（3 个月）不得低于 15%。

4）体积安定性必须合格。

除此以外，掺入量不应超过胶凝材料量的 40%，并应由试验确定，尤其考虑对耐久性的影响。

用于混凝土中的粉煤灰的质量，应符合现行国家标准《粉煤灰混凝土应用技术规范》GBJ 146、《粉煤灰在混凝土和砂浆中

应用技术规程》JGJ 28和有关规定；用于混凝土中的矿渣微粉，应符合现行国家标准《用于水泥和混凝土中的粒化高炉矿渣粉》GB/T 18046。

当采用其他品种的掺合料时，其烧失量、有害物质含量及可能对混凝土性能产生影响的指标应通过试验，确认符合混凝土质量要求时，方可使用。

当采用新开发、新品种掺合料时，必须经过省级以上的产品鉴定。

选用的掺合料，应改善混凝土预定性能或在满足混凝土设计性能要求的前提下取代水泥。其掺量或取代水泥量应通过试验确定，最大取代水泥量应符合有关标准的规定。

掺合料进站时，必须具有质量证明书，按不同品种、等级分别存储在专用的仓罐内，并做好明显标记，防止受潮和环境污染。

凡符合国家现行标准《混凝土拌合用水标准》JGJ 63规定的水，可用于拌制混凝土。洗刷搅拌机和成型机的用水，可以经沉淀后重复使用。

检验水样应具有代表性，检验次数应按水质变化情况确定，且每年不得少于一次。水样在试验前不得做任何处理，应保存在清洁容器内，容器率先用同样的水进行清洗。

## 4.5 资源分析

普通混凝土多孔砖系以碎石、卵石、石屑、山砂、河砂等为骨料配制的普通混凝土加工而成；轻骨料混凝土多孔砖是以粉煤灰、自燃煤矸石、各种陶粒、浮石、膨胀珍珠岩、煤渣、水淬矿渣为原料配制的轻骨料混凝土加工而成的。

混凝土多孔砖生产所用的原料主要有水泥、砂、石、粉煤灰、炉渣等。

(1) 水泥

普通混凝土多孔砖是由水泥、砂和最大粒径为10mm的石子或石屑配制的塑性混凝土，在金属模箱内振动成型，脱模养护而成的墙用承重空心块材。可见混凝土多孔砖的原料主要是水泥和砂石。这两种原料的资源都较丰富，都是地方性资源。就水泥而言，近30年来我国水泥年产量的统计结果显示，1997年我国水泥产量突破5亿t，占世界水泥产量的1/3以上；2005年我国水泥产量突破10亿t，达世界产量的1/2；2010年国内水泥消耗量占世界水泥总消耗量的70%左右。而生产混凝土多孔砖一般对水泥强度等级要求不高，32.5级水泥、42.5级水泥均可，所有合格的地方水泥都是适用的。地方资源为发展大量生产混凝土多孔砖提供了物质条件，为混凝土多孔砖成为最具竞争力的建筑材料之一奠定了基础。

(2) 砂石与再生骨料

砂、石是天然资源。我国为多山、多河流的国家，全国大部分地区砂石资源丰富，现有的混凝土生产企业就可满足要求。

废弃混凝土和墙材经过清洗、破碎、分级后按一定比例相互混合得到的骨料称为“再生骨料”(Recycled Aggregate)，利用再生骨料作为部分或全部骨料配制的混凝土被称为“再生骨料混凝土”(Recycled Aggregate Concrete)，也叫再生混凝土(Regenerated Concrete)。利用再生骨料混凝土制作的多孔砖称为再生混凝土多孔砖。利用废弃的建筑垃圾做多孔砖，有利于保护环境，节约土地，具有十分明显的社会意义。

利用建筑垃圾生产墙体产品是可行的，是节约资源、保护环境、实现绿色墙材的有效途径。目前我国建筑垃圾的数量已占城市垃圾总量的30%～40%。我国建筑垃圾应用于墙体材料的研究生产尚处在起步阶段，已开发成功的产品有轻质多孔砖。其生产工艺是将废砖和废混凝土块破碎，作为原料与水泥、砂子和辅助材料混合，经振动压制成型和养护制成轻质多孔砖。

城市垃圾处理费用的增加反映出再生骨料混凝土的经济效果。城市规划中规定了建筑垃圾堆放场的具体位置和数量，直接影响到建筑垃圾的清运和处理成本。2005 年 6 月 1 日起，我国开始实行建设部颁布的《城市建筑垃圾处理规定》，此法规规定对于单位和个人不按相关规定处置建筑垃圾的行为，在经济上给予严厉处罚，国内很多城市据此给出了具体的处罚细则，这为再生骨料的应用提供了一个很好的政策支持。据潇湘晨报 2005 年报道，长沙垃圾处理费用高达 124.35 元/t，若能将该笔费用适当补贴给再生骨料多孔砖生产企业，将大大降低生产成本。

全国各大城市地铁开挖出的建筑垃圾将堆积如山，若利用部分作再生骨料，将极大地降低修地铁成本。

（3）粉煤灰

粉煤灰混凝土多孔砖是将粉煤灰、水泥、砂石等主要原材料按比掺配，均匀混合，用加有适量减水剂的水适度湿化，经坯料制备，挤出成型，养护而成。中国是世界上最大的生产和消耗煤炭的国家，特别是改革开放以来，电力工业迅猛发展，导致粉煤灰排放量逐年锐增。根据统计，1992 年全世界粉煤灰及炉底灰排放量为 4.5 亿 t，我国 1995 年粉煤灰排放量为 1.15 亿 t，2000 年粉煤灰的排放量达到 1.6 亿 t，目前的粉煤灰的排放量已接近 2 亿 t。粉煤灰是一种黏土类火山灰质材料，具有潜在的水硬活性。以粉煤灰为一种活性混合材料作为主要原料的粉煤灰混凝土多孔砖可取代大量砂石和部分水泥，具有利废、质轻、保温、节能、成本低廉，可享受国家粉煤灰综合利用优惠政策等一系列优点，更有利于发展混凝土多孔砖。

（4）煤矸石

煤矸石是堆积量最大的工业废弃物之一，随着采煤业的发展，其堆存数量还在不断上升。截止到 2004 年底，全国有煤矸石山 1500 多座，占地约 22 万多公顷，煤矸石的产地分布和原煤产量有直接关系。目前，我国年排放量超过 400 万 t 的有东北、内蒙古、山东、河北、陕西、山西、安徽、河南、新疆，另外四川和其他省、自治区也排放有大量的煤矸石。煤矸石来源及生产情况见表 4.5-1。煤矸石混凝土多孔砖，在建筑上主要用于一般工业与民用建筑的墙体，可作承重墙、非承重墙及内隔墙。

**煤矸石来源及产生情况** 表 4.5-1

| 煤矸石的来源及产生情况 | 露天开采剥离及采煤巷道掘进排出的自矸 | 采煤过程选出的普矸 | 选煤厂产生的选矸 |
|---|---|---|---|
| 所占比例（%） | 45 | 35 | 20 |

自燃煤矸石分布面广，易加工，故其骨料价格较天然骨料每立方米可低 10～15 元，经济效益十分可观。辽宁省利用自燃煤矸石作为粗、细骨料，研制出外墙主多孔砖。其干密度为 1800kg/m$^3$，强度达到 20MPa。与黏土砖相比降低售价 33%，砌筑工效提高 75%，墙体自重降低 40%，每平方米建筑造价降低 4%，使用面积提高 4%，由于其具有良好的保温性能，甚至适用于我国严寒和寒冷地区，特别适用于节能建筑。

（5）其他资源

陶粒是一种新型的、有发展潜力的建筑材料，它分为页岩陶粒、黏土陶粒、粉煤灰陶粒、煤矸石陶粒及其他陶粒五大类。具有轻质、高强、低吸水率等优点，用其配制的轻骨料混凝土多孔砖具有质轻、抗震性能较好等特点。我国幅员辽阔，轻骨料资源非常丰富。陶粒在我国北方地区如北京、天津、辽宁、新疆、河北等省市以及南方的广东、云南等省生产和应用较普遍，目前全国陶粒的总生产能力约为 350 万 m$^3$，分布在全国 23 个省市。目前超轻陶粒的产量约占陶粒总产量的 60%左右，而高强陶粒的产量约占 20%左右，普通型陶粒占 20%左右。全国大致有 100 余家陶粒生产企业，生产规模大致可分为 10～20 万 m$^3$/年，5～10 万 m$^3$/年和 5 万 m$^3$/年以下三个规模。在 10～20 万 m$^3$/年规模的企业中，大多引进了国外的设备及技术，主要是丹麦史密斯和莱太克技术。生产陶粒的原材料来源广泛，而且可以利废。

各大中城市每年都排放一定量的炉渣，2005 年湖南省炉渣产生量为 429 万 t。火山渣是火山喷发的产物，质轻多孔，是优质的天然轻骨料。据不完全统计，2000年吉林省38家多孔砖企业中有7家使用火山渣，掺量范围在12%～39%。其他资源如浮石、膨胀珍珠岩等在我国都有可观的储量，这里不一一介绍。

综上所述，混凝土多孔砖所用的材料分布广泛，资源丰富，各地可以利用本地的资源优势大力发展混凝土多孔砖。

# 第 5 章　混凝土多孔砖生产技术

混凝土多孔砖的生产工艺是以水泥、粗细骨料、水为主要原料，必要时还加入外加剂，按一定配合比进行配料和搅拌，然后振动加压成型，并经过养护制成。其生产工艺与普通混凝土小型空心砌块相似，其工艺流程如图 5.0-1 所示。

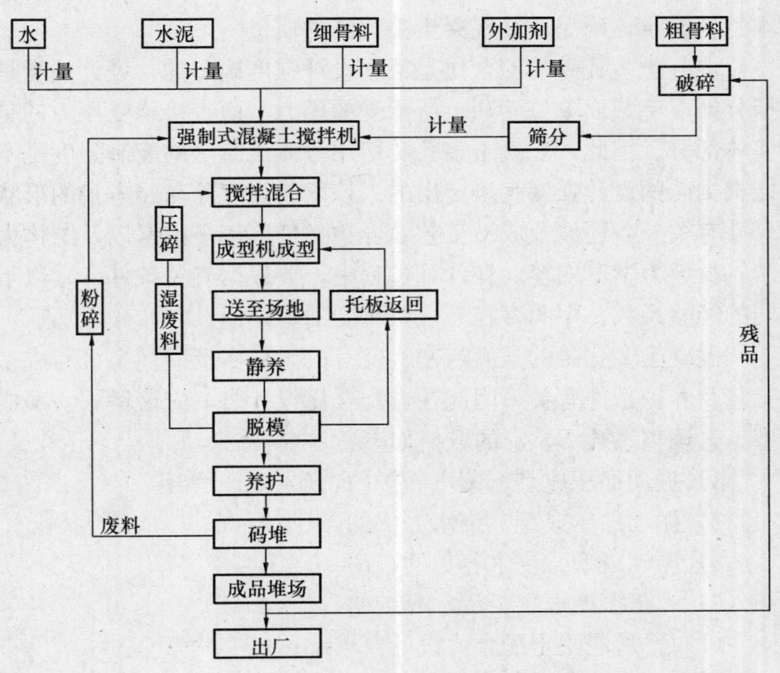


图 5.0-1　混凝土多孔砖生产工艺流程

## 5.1 混凝土多孔砖的混凝土配合比设计

合理的混凝土配合比是由实验室通过试验确定，除满足强度、耐久性要求和节约原材料外，还应满足制作混凝土多孔砖时干硬性、和易性的要求。实验室配合比是在骨料洁净干燥状态下取得的，与实际存留的骨料在含水率和含泥量方面存在差异。例如，被雨淋的骨料含水率加大，且骨料上层含泥量减少而下层含泥量加大。在这种情况下就必须及时调整搅拌混凝土时的用水量，以防止水灰比增大和含泥量超标而使水泥数量相对不足的现象发生。因此，控制好混凝土原材料的配合比，可以确保混凝土本身的质量，确保最终混凝土多孔砖的质量。

混凝土多孔砖的配合比是根据设计强度确定的，设计强度是指分摊在毛截面单位面积上所承受的压力，而直接承受压力的是实体部分。因此，混凝土多孔砖所用母体混凝土的配制强度是不能根据砖的设计强度直接定出的。该配制强度除与砖本身的形状尺寸有关外，还涉及成型工艺、养护条件等诸多因素以及结构力学、材料力学等内容。在计算过程中，要根据有关条件，乘以不同的经验系数，中间存在着一些可变的不定值。

混凝土多孔砖的强度与密实度有关，密实度的优劣又与成型工艺及养护条件有关，因此在作配合比设计时，应该增添一项成型工艺调整系数 $B$，它的取值如下：

1）振动加压成型、蒸汽养护的，$B=1$；

2）振动加压成型、浇水养护的，$B=1.05$；

3）振动成型、浇水养护的，$B=1.15$；

4）人工振捣成型、浇水养护的，$B=1.36$。

（1）普通混凝土配合比设计要求

混凝土多孔砖的各项性能与混凝土的质量有着密切关系，而混凝土的质量与它的组成材料的配合比直接相关，因此，为了保证混凝土多孔砖产品的质量，使之符合工程设计的要求，必须选择经济合理的混凝土配合比。

混凝土配合比设计时，应按原材料性能及对混凝土的技术要求进行计算，并经试配及调整，然后定出满足设计和生产要求并比较经济合理的混凝土配合比。在设计配合比时，应着重考虑下列几点：

1）满足混凝土强度的要求。一般常用的混凝土强度等级有10MPa、15MPa、20MPa、25MPa、30MPa 等。目前生产混凝土多孔砖的常用的混凝土强度有 10MPa、15MPa 和 20MPa 三种。

2）满足和易性的要求。混凝土的和易性是便于多孔砖生产操作和保证混凝土质量的重要因素。因混凝土多孔砖采用的是机械振动成型、快速脱模的生产工艺，故混凝土的拌合物必须是干硬性的，如果拌合物具有流动性（即有一定的坍落度），则多孔砖不易成型；若拌合物太干（工作度-维勃稠度过大），则易使多孔砖的坯体产生蜂窝麻面或掉角现象。

混凝土的和易性一般用混凝土的坍落度表示，而生产混凝土多孔砖，则用混凝土的工作度（维勃稠度）表示。

3）经济合理。一种好的混凝土配合比，不仅要确保混凝土多孔砖的质量，而且应尽量合理地利用地方材料或工业废渣，并节约水泥用量。

（2）普通混凝土配合比设计

普通混凝土可按照我国《普通混凝土配合比设计规程》JGJ 55—2000 的有关规定进行配合比设计，其步骤如下：

1）混凝土的试配强度

普通混凝土的试配强度应按下式计算：

$$f_{cu0} \geqslant f_{cuk} + 1.645\sigma \tag{5.1-1}$$

式中 $f_{cu0}$——混凝土的试配强度（MPa）

$f_{cuk}$——混凝土立方体抗压强度标准值（MPa）；

$\sigma$——混凝土强度标准差（MPa）。

标准差应由生产企业提供的生产混凝土强度的统计值，确定该值的强度试件组数应不少于25组。当混凝土强度等级为C20、C25级，其强度标准差计算值低于2.5MPa时，计算试配强度用的标准差应取用2.5MPa；当强度等级等于或大于C30级，其强度标准差计算值低于3.0MPa时，计算试配强度用的标准差应取用3.0MPa。

当无标准差的试验资料时，可按《混凝土结构工程施工及验收规范》GB 50204规定采用。当混凝土强度等级≤C15时，$\sigma=$4MPa；混凝土强度等级为C20～C35时，$\sigma=5$MPa；混凝土强度等级≥C40时，$\sigma=6$MPa。

2）水灰比

根据混凝土试配强度$f_{cu0}$、所用水泥实际强度$f_{ce}$，由混凝土强度的经验公式求得水灰比：

$$\frac{W}{C}=\frac{Af_{ce}}{f_{cu0}+ABf_{ce}} \tag{5.1-2}$$

式中 $W/C$——混凝土的水灰比；

$A$、$B$——回归系数。回归系数$A$、$B$应根据所使用的水泥、骨料，通过试验建立水灰比与混凝土强度关系式确定，当不具备上述试验统计资料时，对碎石混凝土，$A$取0.48、$B$取0.52，对卵石混凝土，$A$取0.50、$B$取0.61；

$f_{ce}$——水泥28d抗压强度实测值（MPa），在无实际资料时，可按下式确定：

$$f_{ce}=\gamma_c f_{ceg} \tag{5.1-3}$$

式中 $f_{ceg}$——水泥强度的等级值；

$\gamma_c$——水泥强度等级值的富余系数，应按实际统计资料确定。

3）选取每立方米混凝土的用水量

通常普通混凝土的用水量根据混凝土拌合物的稠度、粗骨料的种类和最大粒径查表选取用水量。而混凝土多孔砖是在压力和高强振动条件下成型的，砖成型后快速脱模，成型后砖的壁、肋基本上无变形，保证砖长、宽、高三个方向的尺寸偏差很小。因此，混凝土拌合物应为干硬性，且粗骨料最大粒径为10mm。所以每一个多孔砖生产厂应根据本厂采用的骨料品种、规格、级配、成型机的性能等条件积累的资料来选用。如缺乏这方面资料时，可参照表5.1-1的数据加以选用。

**生产混凝土多孔砖的每立方米混凝土用水量参考数据** **表 5.1-1**

| 混凝土种类 | 粗骨料粒径（mm） | 混凝土用水量（$kg/m^3$） |
|---|---|---|
| 卵石普通混凝土 | 5～10 | 130～150 |
| 碎石普通混凝土 | 5～10 | 140～160 |

注：表中数据系以中砂为基准，如采用细砂或粗砂时，可相应增加或减少5～10kg。

4）选取合理的砂率

砂率是指细骨料（砂）在骨料（砂加石子）总量中所占用量的百分率。影响砂率的因素有：

①粗骨料粒径大则砂率小；

②细砂的砂率应小，粗砂的砂率应大；

③粗骨料为碎石则砂率大，粗骨料为卵石则砂率小；

④水灰比大则砂率大，水灰比小则砂率小；

⑤水泥用量大则砂率小，水泥用量小则砂率大。

如无生产实际资料可供选用时，可参照表5.1-2的数据加以选用。

**生产混凝土多孔砖的混凝土砂率参考数据** **表 5.1-2**

| 混凝土种类 | 粗骨料粒径（mm） | 砂率（%） |
|---|---|---|
| 卵石普通混凝土 | 5～10 | 36～41 |
| 碎石普通混凝土 | 5～10 | 38～44 |

注：表中数据系以中砂为基准，如采用细砂或粗砂时，可相应地减少或增加砂率。

5）计算粗、细骨料（石子和砂）用量

粗、细骨料用量可按重量法或体积法计算。

①重量法

当采用重量法（假定表观密度法）时，可按下式进行计算：

$$m_{c0}+m_{g0}+m_{s0}+m_{w0}=m_{cp} \tag{5.1-4}$$

$$\beta_s=\frac{m_{s0}}{m_{s0}+m_{g0}}\times 100\% \tag{5.1-5}$$

式中 $m_{c0}$——每立方米混凝土的水泥用量（kg）；

$m_{g0}$——每立方米混凝土的粗骨料用量（kg）；

$m_{s0}$——每立方米混凝土的细骨料用量（t）；

$m_{w0}$——每立方米混凝土的用水量（kg）；

$\beta_s$——砂率（%）；

$m_{cp}$——每立方米混凝土拌合物的假定重量（kg），混凝土强度等级为 C15～C35，$m_{cp}=2400\text{kg/m}^3$；混凝土强度等级≥C40，取 $m_{cp}=2450\text{kg/m}^3$。

②体积法

当采用体积法（绝对体积法）时，可按下式进行计算：

$$\frac{m_{c0}}{\rho_c}+\frac{m_{g0}}{\rho_g}+\frac{m_{s0}}{\rho_s}+\frac{m_{w0}}{\rho_w}+0.01\alpha=1 \tag{5.1-6}$$

$$\beta_s=\frac{m_{s0}}{m_{s0}+m_{g0}}\times 100\% \tag{5.1-7}$$

式中 $\rho_c$——水泥密度（$\text{kg/m}^3$），可取 2900～3100$\text{kg/m}^3$；

$\rho_g$——粗骨料的表观密度（$\text{kg/m}^3$）；

$\rho_s$——细骨料的表观密度（$\text{kg/m}^3$）；

$\rho_w$——水的密度（$\text{kg/m}^3$），可取 1000$\text{kg/m}^3$；

$\alpha$——混凝土含气量百分数，在不使用引气型外加剂时，可取为 1。

6）配合比的试配、调整和确定

①试配

按计算的配合比进行试配，每次拌合量不小于搅拌机容量的

1/4，如用人工搅拌，拌合量不少于15L。拌合后的混凝土用维勃稠度仪测量混凝土的工作度。如不能满足工作度要求，应保证水灰比不变的条件下调整用水量或砂率，直到满足要求，然后提供检验混凝土强度用的基准配合比。

检验混凝土强度用的配合比应有三个，一个是上述的基准配合比，再将水灰比增减0.05，绝对用量不变、砂率增减1%得出另外两个配合比。每个配合比至少制作一组（3个）试块，试块的尺寸为100mm×100mm×100mm，经标准养护28d时试压，得到每个配合比的混凝土强度。

②调整、确定

得到各组试配的混凝土强度以后，把与该组强度对应的水灰比的倒数（灰水比）与强度用作图法或计算法求出混凝土配制强度相对应的水灰比。

混凝土配合比虽已确定，但混凝土成型后的表现密度实测值与计算值出现差异时，用校正系数$\delta$进行调整，$\delta$值为：

$\delta=$（混凝土表观密度实测值）/（混凝土表观密度计算值） (5.1-8)

当$\delta$的绝对值<2%时，可不进行调整；当$\delta>2\%$时，将已确定混凝土配合比中各项材料用量均乘以$\delta$，为调整后的混凝土配合比。

（3）配合比设计实例

已知条件：采用42.5普通硅酸盐水泥，表观密度为3100kg/m$^3$；碎石，表观密度为2700 kg/m$^3$；中砂，表观密度为2650kg/m$^3$。

试配制C30混凝土。

1）混凝土试配强度

$f_{cu0}=f_{cuk}+1.645\sigma=30+1.645\times5.0=38.23\text{MPa}$

2）水灰比

$$\frac{W}{C}=\frac{Af_{ce}}{f_{cu0}+ABf_{ce}}$$

水泥实际强度 $f_{ce}=51.3\text{MPa}$，碎石 $A=0.48$，$B=0.52$。

$$\frac{W}{C}=\frac{0.48\times 51.3}{38.23+0.48\times 0.52\times 51.3}=0.483$$

3）用水量

根据表 5.1-1，选择 $W=140\text{kg/m}^3$。

水泥用量：由 $\frac{W}{C}=0.483$，得 $C=\frac{140}{0.483}=290\text{kg/m}^3$。

4）砂率

根据表 5.1-2 选择砂率=40%。

5）计算砂、石用量

用体积法：

$$\frac{m_{s0}}{m_{s0}+m_{g0}}=40\%=0.40 \tag{5.1-9}$$

由 $\frac{m_{c0}}{\rho_c}+\frac{m_{g0}}{\rho_g}+\frac{m_{s0}}{\rho_s}+\frac{m_{w0}}{\rho_w}+0.01\alpha=1$ 得：

$$\frac{290}{3100}+\frac{m_{g0}}{2700}+\frac{m_{s0}}{2650}+\frac{140}{1000}+0.01\times 1=1 \tag{5.1-10}$$

由式（5.1-9）得：

$$m_{g0}=1.5m_{s0} \tag{5.1-11}$$

将式（5.1-11）代入式（5.1-10）中得 $m_{s0}=811\text{kg/m}^3$，$m_{g0}=1217\text{kg/m}^3$。

6）试配混凝土材料用量

配合比一：

水泥 $C=290\text{kg/m}^3$；砂 $m_{s0}=811\text{kg/m}^3$；

碎石 $m_{g0}=1217\text{kg/m}^3$；水 $W=140\text{kg/m}^3$。

配合比二：水灰比增加 0.05，用水量不变，砂率调整到 38%，得到：

水泥 $C=263\text{kg/m}^3$；砂 $m_{s0}=780\text{kg/m}^3$；

碎石 $m_{g0}=1270\text{kg/m}^3$；水 $W=140\text{kg/m}^3$。

配合比三：水灰比减小 0.05，用水量不变，砂率调整到

42%，得到：

水泥 $C$=323kg/m³；砂 $m_{s0}$=839kg/m³；

碎石 $m_{g0}$=1158kg/m³；水 $W$=140kg/m³。

7）调整

根据三种混凝土配合比试配结果，从混凝土强度和工作度看，选用配合比一。混凝土表观密度实测值为 2400kg/m。校正系数 $\delta$ 为：

$$\delta = \frac{2400}{2458} \times 100\% = 97.6\%$$

8）确定混凝土配合比

$$水泥:C = 290 \times 0.976 = 283\text{kg/m}^3$$

$$砂:m_{s0} = 811 \times 0.976 = 792\text{kg/m}^3$$

$$碎石:m_{g0} = 1217 \times 0.976 = 1188\text{kg/m}^3$$

$$水:W = 140 \times 0.976 = 137\text{kg/m}^3$$

9）实际使用配合比

实际使用时，应根据砂、石含水率来调整混凝土中各种材料的用量。

水的称量=用水量－砂、石中的含水量；

砂的称量=砂的用量＋砂的含水量；

石的称量=石的用量＋石子含水量；

水泥称量=水泥用量。

## 5.2 混凝土多孔砖生产工艺

各种类型混凝土多孔砖在全国各厂家中生产时，除了一点关键工艺或在原来基础上的一些改进以及对原材料要求的细微差别外，基本相同。

### 5.2.1 原材料的选择

（1）胶凝材料的选择

根据资源条件，可采用42.5以上等级的普通硅酸盐水泥、矿渣硅酸盐水泥、硅酸盐水泥或硅镁水泥。

（2）骨料的选择

一般采用≤10mm细度的清水卵石和≤0.5mm细度的清水细砂；也可用≤10mm细度的砖瓦碎屑或矿渣代替卵石；用≤0.5mm细度的煤矸石粉或硅灰代替细砂，能与水泥一道发挥更好的活化作用。

（3）粉煤灰的选择

粉煤灰是生产节能型混凝土多孔砖的好材料。粉煤灰颗粒越细越利于掺配使用，越利于坯体成型。

粉煤灰粒径可分为粗灰、中粗灰、细灰三类。经0.3mm孔径筛筛分的筛余量分别为：粗灰30%左右，中粗灰20%～25%，细灰10%～15%。用于生产混凝土多孔砖的粉煤灰粒径应小于0.3mm，烧失量应小于10%，活性$SiO_2$应大于50%，$SO_3$应小于3%，含泥量应小于1%。如果烧失量大于10%，则会致使未与胶凝材料发生结合的残余碳浮于坯体表层，影响砖体的强度。如果$SO_3$大于3%，就会影响砖体的强度和耐久性。

（4）增塑剂的选择

加入水中的增塑剂，可采用减水剂中的木质素磺酸盐类、多元醇类、聚氧乙烯烷基醚类或腐殖酸类，按减水剂计量调配。

（5）骨料粒径的控制

混凝土多孔砖的孔壁（肋）厚度，一般控制在15mm以上。因而应严格控制骨料粒径，其生产工艺参数为：粉煤灰粒径≤0.3mm；河砂粒径≤0.5mm；卵石粒径≤10mm；确保颗粒均匀一致，其最大粒径不得大于砖体最小壁（肋）厚度的1/2。粗骨料须经相应孔径（粉煤灰0.3mm，河砂0.5mm，卵石10mm）的振动筛筛分除，且应在成型机入料口处装上孔径≤10mm的网筛，防止粒径过大的骨料入模，使混凝土畅通进入机体模具，均匀充满模壁，以提高坯体的密实度，也防止机件损坏。

### 5.2.2 成型工艺

普通混凝土多孔砖生产工艺与普通混凝土小型空心砌块相似，一般采用振压成型工艺。

粉煤灰混凝土多孔砖是以粉煤灰、水泥、砂石为主要原材料，用加有适量减水剂的水进行适度湿化，经坯料制备，然后经液压成型机挤压成型，再经液压自动同步切割机切割成坯体，最后经自然养护或蒸汽养护而成的挤压成型工艺。

生产混凝土多孔砖的主要设备及其作用包括：①振动筛：控制粉煤灰和骨料粒径；②配料秤：对骨料计量按配合比精确配料；③混凝土搅拌机；④振压成型机或液压成型机：将混凝土振（挤）压成型；⑤皮带运输机：输送原材料和混凝土（各设一套）；⑥自动同步切割机（仅挤压成型工艺；对成型坯体进行自动同步切割定型）；⑦粉碎机：将矿渣、砖瓦渣、煤矸石、筛余料等粗骨进行粉碎等。

混合料须经搅拌机强制搅拌、捏合制成混凝土，然后经过成型机振（挤）压成型。混合料搅拌是混凝土多孔砖生产的关键工艺，决定坯体成型强度的高低。

要确保坯体优质，混凝土的搅拌加工须把好六关：①骨料应先行干混，然后加入相应量的含有适量减水剂的水进行湿混，使骨料高度混匀；②严格控制骨料的含水率，一般控制在17%～20%以内，过高或过低都会影响坯体的强度；③在骨料中加入适量的长度为5～10mm的木纤维或维纶纤维或玻璃纤维，与骨料一道搅拌、捏合；④输入骨料不能超量，超量会加大搅拌机的负荷，影响正常运转而导致混合料搅拌不均匀；⑤骨料湿混须均匀搅拌、捏合制成稠度适中的半干性混凝土。⑥坯体的成型温度应维持在20℃以上适宜，低于20℃会引起坯体开裂。

成型过程决定坯体的密实度和成品强度，是确保砖块优质的关键工艺。混凝土多孔砖成型应严守操作规程，按照工艺技术的要求进行精工细作，使成型坯体强度达到2.0～2.5MPa。

### 5.2.3 养护

混凝土多孔砖坯体的养护方法，可采用自然养护法辅以人工养护法。

（1）自然养护工艺

自然养成护是将坯体连同托板一起平稳入坯场，盖上塑料薄膜保温保湿养护，以提高坯体的早期强度。静养24h后，便可进行坯场码垛覆盖，洒水养护；也可放入塑料大棚内，利用太阳能养护。每天洒水的次数应视气候、季节而定，洒水量以保持坯体的潮湿状态为宜，以维持水泥水化反应的正常进行。养护两周后揭掉坯体上的覆盖物，自然养护至28d即成已基本干燥的硬化成品。

当坯体用自然养护时，工艺上须把住五关：①坯场应高度平坦，以免坯体在养护过程中变形或断裂；②坯体码垛不能过高，一般码5～6层，最高不超过7层，如果再高，会压坏底层坯体；③冬季生产的坯体应采取保温养护措施，或采用掺早强剂等技术手段促进坯体硬化；④养护初期要防止暴雨袭击或烈日暴晒，以免坯体表面损伤或产生裂纹；⑤切实加强坯场管理，落实养护职责和措施，避免养护过程中人为的坯体质量缺陷损失。

（2）人工养护工艺

坯体人工养护工艺若用蒸汽养护，则不受气候、季节的限制，可实现常年生产，且砖块质地均匀度高。但是人工养护需要库房和设备，投入较大，成本较高。因而一般以自然养护为主，辅以人工养护。有条件的大中型建材企业，可采用人工养护法辅以自然养护法。

### 5.2.4 成品检验和堆放

粉煤灰混凝土多孔砖成品应先行检验，合格后按强度等级、质量等级分别堆放，并编号标明。堆放管理应把好三关：①堆放成品的场地应干燥、通风、平整，堆垛须码端正，防止倒塌；②

堆垛的高度不超过1.6m，堆垛之间应保持适当的通道，以便搬运；③堆场要落实防雨措施，防止砖块吸水，以免砖块上墙时因含水率过高而导致墙体开裂。用于民用和工业建筑的粉煤灰混凝土多孔砖的物理力学性能见表5.2-1。

**粉煤灰混凝土多孔砖的物理力学性能　　表5.2-1**

| 软化系数 | 吸水率（%） | 抗压强度（MPa） | 抗折强度（MPa） | 抗冻性（F） | 砌体强度（MPa） | 热导系数（W/m·℃） | 空气隔声（dB） |
|---|---|---|---|---|---|---|---|
| 0.73～0.78 | 10～15 | 11.5～13.5 | 7.5～9.5 | 25～30 | 11.5～13.5 | <1 | 30～35 |

## 5.3 混凝土多孔砖厂设计

混凝土多孔砖建厂规模应与当地建设规模和市场需求相适应。

### 5.3.1 混凝土多孔砖厂设计原则及条件

混凝土多孔砖建厂设计以就地取材、就地销售为原则。

（1）混凝土多孔砖的原材料选用条件

1）胶凝材料

混凝土多孔砖的胶凝材料主要是水泥，它直接影响混凝土多孔砖成品的强度和耐久性。配料中水泥用量增大，则产品强度增高，但相应的成本也增高。实际生产中混凝土多孔砖的水泥用量控制在20%左右，强度就能达到国家标准要求。不能为压低成本而减少水泥用量，但也不必过分提高水泥比例。如果所用52.5强度等级普通硅酸盐水泥，投放量一般为8%～9%（以一盘混凝土拌和料为总质量），而采用42.5或32.5强度等级普通硅酸盐水泥，投放量一般为11%～12%或14%～15%。如果所用混凝土多孔砖设备较先进，由于设备振力大，生产频率高，个别工艺动作激振力较大，应采用硅酸盐水泥或普通水泥、矿渣水泥，尽量不采用火山灰水泥等早期强度低的水泥，因为高的生产效率要求混凝土多孔砖具有较高的早期强度来适应设备。

2）骨料

混凝土多孔砖采用的骨料，主要有卵石（碎石）、中砂（天然砂）、轻骨料（天然轻骨料和工业废渣）等，其质量要求应符合国家标准。

3）掺合料

混凝土多孔砖选用掺合料如粉煤灰等，应使混凝土达到预定改善性能的要求，或在满足性能要求的前提下取代水泥。其掺量应通过试验确定，其取代水泥的最大取代量应符合有关标准的规定。

4）外加剂

选用外加剂时，应根据混凝土多孔砖的性能要求、施工工艺及气候条件，结合混凝土的原材料性能、配合比以及对水泥的适应性等因素，通过试验确定其品种和掺量。

（2）混凝土多孔砖的主要规格

混凝土多孔砖的主块为240mm×115mm×90（115）mm，空心率在34%左右。外墙主块根据保温要求，可采用240mm×240mm×90（115）mm或240mm×200mm×90（115）mm的多排孔混凝土多孔砖，以及相应的辅助混凝土砖（单皮或多皮砌筑）。

（3）混凝土多孔砖的物料堆放条件

1）混凝土多孔砖原材料堆放

①水泥：水泥可以用袋装或散装，要考虑生产混凝土多孔砖足够量，一般应备足4d用量，按年生产能力2万$m^3$计算为78t。如全部采用散装水泥，要设置不少于2个水泥储藏罐。为保证混凝土多孔砖顺利生产，要及时备足水泥用量，并保持每罐满载，以防断产。

②火山渣：火山渣进厂后，应靠近混凝土多孔砖生产车间附近露天堆放。应备足半个月的储藏量，同样按年产量2万$m^3$混

凝土多孔砖算，储量约为 772.5$m^3$，占地面积大约为 300$m^2$。

③砂石：一般都是露天堆放，按两种规格分别堆放，并按混凝土多孔砖生产需求量进料。

④炉渣：炉渣进厂后，应靠近混凝土多孔砖生产车间露天堆放。炉渣冬季较多，可在冬季大量收购，确保下一年的生产。一般储用量半年约 2500$m^3$，占地面积大约 500$m^2$。炉渣可替代一部分火山渣、粉煤灰等掺和料，根据混凝土多孔砖性能来选择掺用。

⑤粉煤灰：可以采用散装运输，靠近车间附近露天围护堆放，并淋水以防止灰尘飞扬。要考虑混凝土多孔砖生产用量，可储备 4d 的用量，大约为 34.8t，占地面积约 150$m^2$。

2）混凝土多孔砖产成品堆放

混凝土多孔砖的产成品露天堆放，以自然养护为主。混凝土多孔砖带托板半成品的养护以每天生产块数为准，占地面积 1000$m^2$ 左右，3d 产量占地面积 3000$m^2$。养护堆放若按 60d 产量计算，占地面积为 1000$m^2$，混凝土多孔砖叠高不能超过 8 层。

（4）混凝土多孔砖的运输条件

原材料一般由企业运输汽车自运，散装水泥运输可采用加罐车，特殊情况下由材料厂家送货。生产过程的半成品运输采用自制专用手推车运到养护场地摆放。混凝土多孔砖产品由企业送货到用户工地，或用户自提，运距半径不超过 20km。

### 5.3.2 混凝土多孔砖生产的动力及原材料需要量

（1）混凝土多孔砖生产的动力

以设计年产能力 1 万 $m^3$ 的混凝土多孔砖厂为例（但其掺和料加工不在设计范围内），其所需动力如下：

1）生产混凝土多孔砖用电容量

创建混凝土多孔砖厂不需要用大容量的机械设备，电压一般为 380V，总动力电装机容量在 100kW，照明电用量 10kW，总累计达 110kW。

2）生产混凝土多孔砖用水量

生产混凝土多孔砖的用水量，一般是搅拌和养护用水与生活用水。搅拌用水（含清洗）：最大每小时用水量不超过 0.5t，养护用水每小时约 2t，生活用水每小时约 0.2t，总累计每小时最大用水量不超过 3t。

（2）混凝土多孔砖生产的原材料用量

以混凝土多孔砖生产设计产量 2 万 $m^3$ 为例，按混凝土的配合比，计算出年、日原材料的需求量。根据设计产量计算每 $1m^3$ 混凝土和每 $1m^3$ 混凝土多孔砖所用原材料基本配合比用量，原材料用量如表 5.3-1 所示。

**生产混凝土多孔砖所用原材料基本配合比　　表 5.3-1**

| 原材料名称 | 单位 | 每 $1m^3$ 混凝土 | 每 $1m^3$ 混凝土多孔砖 | 年产耗用量 |
|---|---|---|---|---|
| 水泥 | t | 0.35 | 0.175 | 3500 |
| 砂子 | $m^3$ | 0.50 | 0.250 | 5000 |
| 石子 | $m^3$ | 0.90 | 0.450 | 9000 |
| 外掺料（粉煤灰） | t | 0.15 | 0.075 | 1500 |

注：1. 每 $1m^3$ 混凝土与每 $1m^3$ 混凝土砖配合比折算，采用混凝土多孔砖空心率相关系数（本表为 50%）计算。

2. 损耗系数可采用 1.05。

### 5.3.3 混凝土多孔砖生产工艺计算及设备选型

（1）混凝土多孔砖生产方式选择

根据各地区气候条件不同，选择不同的生产方式。混凝土多孔砖生产一般采用固定式混凝土多孔砖成型机成型，以自然养护方法生产为主。

（2）混凝土多孔砖生产产量计算

1）生产时间

南方地区全年生产混凝土多孔砖的纯时间可按 280d 计算，北方地区全年生产混凝土多孔砖的纯时间按 185d 计算，每天两班生产，每班工作时间为 7.5h。

2）产量计算

混凝土多孔砖生产产量以内墙占 40%、外墙占 60%，合格率达 98%以上计算，即半成品年生产产量内墙为 0.8 万 $m^3$，外墙为 1.2 万 $m^3$，总累计 2 万 $m^3$；日产量半成品 $108m^3$，合格品为 $106m^3$，混凝土多孔砖生产能力平衡计算如表 5.3-2 所示。

（3）混凝土多孔砖生产设备选型

1）混凝土多孔砖生产用搅拌机

**混凝土多孔砖生产能力平衡表**（供参考） **表 5.3-2**

| 产　品 | 年工作日 (d) | 班制 (班) | 年产量 (万 $m^3$) | 日产量 ($m^3$) | 班产量 ($m^3$) | 时产量 ($m^3$) | 所用混凝土 ($m^3$/h) |
|---|---|---|---|---|---|---|---|
| 内墙混凝土多孔砖 | 185 | 2 | 0.8 | 43.2 | 21.6 | 2.9 | 1.74 |
| 外墙混凝土多孔砖 | 185 | 2 | 1.2 | 64.9 | 32.5 | 4.3 | 2.58 |

注：年产量计算或生产中应考虑损耗部分，一般取损耗系数 1.05 左右为宜。

混凝土多孔砖混凝土搅拌机，以 JW250C 型强制式混凝土搅拌机为例，此机为间隙式生产，一个生产周期为 5～7min，考虑到生产上料时可能不及时，平均按 6min 为一周期，这样一个班可搅拌 75 次，每次产量为 $0.25m^3$。按 JW250C 型强制式混凝土搅拌机的生产能力每小时 4～$6m^3$ 计算，班产混凝土为 $37.5m^3$ 左右。班产混凝土多孔砖用混凝土，分别为内墙 $15m^3$ 左右（$37.5m^3\times40\%$），外墙 $22.5m^3$ 左右（$37.5m^3\times60\%$），这样每一台成型机配一台搅拌机为宜。

2）混凝土多孔砖成型机

混凝土多孔砖的成型应选用振动加压的砌块成型机。我国已有的砌块成型机系列产品均可用于生产混凝土多孔砖，常用半自动固定式砌块成型机和全自动固定式砌块成型机，目前有 100 多个型号，可根据企业产品定位来选择砌块成型机，移动式砌块成型机不宜用于生产混凝土多孔砖。现在使用国产砌块成型机已可生产强度等级为 MU20.0 的高强混凝土多孔砖。

3）原材料破碎机

混凝土多孔砖所用重骨料，在进厂时应为粒径合格的骨料，不需要再破碎，故破碎机应以破碎轻骨料（工业废渣）为主，根据班生产轻骨料混凝土 11m$^3$，所需骨料 13m$^3$，可选用一台对辊式破碎机（也可用其他破碎机）。

4）混凝土多孔砖养护场地

两台混凝土多孔砖机组两个班生产，需用混凝土多孔砖养护场地为 3000m$^2$，堆放场地按 60d 存放计算需用场地 1 万 m$^2$，成品堆场需用场地 1.3 万 m$^2$ 以上。

### 5.3.4 混凝土多孔砖生产的投资概算

（1）生产工艺设备概算

根据设计生产混凝土多孔砖厂的原则及条件，其生产工艺设备概算如表 5.3-3 所示。

生产工艺设备概算表（万元） 表 5.3-3

| 设备名称 | 规格型号 | 单位 | 数量 | 单价 | 总额 |
|---|---|---|---|---|---|
| 搅拌机 | JW250C 强制式 | 台 | 2 | 2.9 | 5.8 |
| 对辊破碎机 | Q600×400 | 台 | 1 | 2.0 | 2.0 |
| 皮带输送机 | B500×15 | 台 | 1 | 2.1 | 2.1 |
| 台秤 | 100～500kg | 台 | 2 | 0.1 | 0.2 |
| 托板 | | 块 | 6000 | 0.0029 | 17.4 |
| 水泵 | | 台 | 1 | 0.3 | 0.3 |
| 成型机 | | 台 | 2 | 4.7 | 9.4 |
| 模箱（具） | | 套 | 9 | 0.3 | 2.7 |
| 成型机配套空压机 | | 台 | 1 | 0.3 | 0.3 |
| 手（叉）推车 | | 台 | 10 | 0.03 | 0.3 |
| 合　计 | | | | | 40.5 |

（2）辅助设备概算

生产混凝土多孔砖的辅助设备包括测试设备、维修设备和运输设备等，如表 5.3-4 所示。

**混凝土多孔砖的辅助设备概算表**（万元） **表 5.3-4**

| 设备名称 | 规格 | 单位 | 数量 | 单价 | 总额 | 备注 |
|---|---|---|---|---|---|---|
| 万能材料试验机 | 10t | 台 | 1 | 2.6 | 2.6 | 试验用 |
| 压力机 | 200t | 台 | 1 | 2.6 | 2.0 | 试验用 |
| 烘箱 | | 台 | 1 | 0.1 | 0.1 | 试验用 |
| 车床 | C620 | 台 | 1 | 1.5 | 1.5 | 机修用 |
| 刨床 | B650 | 台 | 1 | 0.2 | 0.2 | 机修用 |
| 电焊机 | | 台 | 1 | 1.0 | 1.0 | 机修用 |
| 汽车 | | 辆 | 2 | 5.0 | 10.0 | 运输用 |
| 翻斗车 | | 辆 | 2 | 2.0 | 2.0 | 运输用 |
| 配件等 | | — | — | — | 2.0 | |
| 合计 | | | | | 24.0 | |

（3）土建费用概算

土建费用概算包括车间厂房、化验室、机修车间、汽车库、办公室、场地平整和设备基础等，如表 5.3-5 所示。

（4）混凝土多孔砖生产线的总概算

生产混凝土多孔砖的总概算除包括上面几种概算外，还有安装费、工具费用、水电工程费和不可预见费等，如表 5.3-6 所示。

**土建费用概算**（万元） **表 5.3-5**

| 名　称 | 工程内容 | 单位 | 数量 | 单价 | 总额 |
|---|---|---|---|---|---|
| 生产车间 | 砖混结构 | $m^2$ | 500 | 0.05 | 25.0 |
| 机修车间 | 砖混结构 | $m^2$ | 100 | 0.05 | 5.0 |
| 化验室 | 砖混结构 | $m^2$ | 50 | 0.05 | 2.5 |
| 汽车库 | 砖混结构 | $m^2$ | 60 | 0.03 | 1.8 |
| 办公室 | 砖混结构 | $m^2$ | 100 | 0.05 | 5.0 |
| 设备基础 | C15 混凝土 | $m^2$ | 20 | 0.05 | 1.0 |
| 水源库 | 砖混结构 | $m^2$ | 300 | 0.03 | 9.0 |
| 场地 | 平整 | $m^2$ | 15000 | 0.0005 | 7.5 |
| 合计 | | | | | 56.8 |

**混凝土多孔砖生产的总概算**（万元）　　表 5.3-6

| 项目名称 | 总金额 | 备注 |
|---|---|---|
| 工艺设备费<br>运杂费和安装费<br>辅助设备费 | 40.5<br>5.67<br>24.0 | 按设备费用计算（6%+8%=14%） |
| 土建费<br>工具费<br>水电工程费 | 56.8<br>1.50<br>5.0 | |
| 不可预见费 | 13.35 | 按基础费的 10% |
| 合计 | 146.82 | |

以上概算是按现行参考价格估算的，可自行安装生产，也可用外单位安装施工，全部概算不包含土地征购费、电气增容费和掺合料制备工艺等。

（5）混凝土多孔砖销售成本分析及劳动定员

混凝土多孔砖的销售成本如表 5.3-7 所示。

**混凝土多孔砖销售成本分析**（参考）　　表 5.3-7

| 序号 | 项目 | 单位 | 单耗 | 单价（元） | 合计（元/m³） | 备注 |
|---|---|---|---|---|---|---|
| 1 | 原材料 | | | | 80.6 | |
| | 其中：水泥 | t/m³ | 0.130 | 320/t | 41.6 | |
| | 粗细骨料 | m³/m³ | 0.750 | 50/m³ | 37.5 | |
| | 掺合料 | t/m³ | 0.075 | 20/t | 1.5 | |
| 2 | 水电费 | | | | 4.7 | |
| | 其中：水 | t/m³ | 0.350 | 1.5/t | 0.5 | |
| | 电 | 度/m³ | 4.200 | 1.0/度 | 4.2 | |
| 3 | 人工费 | 元/(人·月) | 800 | 800×8 | 0.32 | 按 8 个月计算 |
| 4 | 修理费 | | | | 1.5 | |
| 5 | 折旧及摊销费 | | | | 3.5 | |
| 6 | 车间经费 | | | | 1.8 | |
| 7 | （制造）生产成本 | | | | 92.42 | 为前 6 项之和 |
| 8 | 管理费 | | | | 1.08 | |
| 9 | 财务费用 | | | | 4.0 | |
| 10 | 销售费用 | | | | 6.0 | |
| 11 | 销售成本 | | | | 103.50 | 为 7～10 项之和 |

注：1. 水泥的强度等级必须在 32.5 级以上；

2. 销售成本按标准块（主块）计算。

按年生产能力 2 万 $m^3$ 计，混凝土多孔砖厂各工序岗位劳动定员如表 5.3-8 所示。这样就能形成一个任务明确、职责和权限互相协调、互相促进的整体。

### 5.3.5 生产混凝土多孔砖厂的环境保护、劳动安全及消防措施

（1）混凝土多孔砖厂的环境保护

1）混凝土多孔砖厂的污染杂物影响

①废水：生产混凝土多孔砖时基本上无废水排放。洗刷搅拌机和成型机的用水，可以经沉淀后重复使用。

**混凝土多孔砖厂各工序岗位劳动定员　　表 5.3-8**

| 序号 | 工序名称 | 工作范围 | 定员 | 班次 | 总定员 |
|---|---|---|---|---|---|
| 1 | 砌块车间： | | | | 30 |
| | 搅拌机工 | 运输上料、搅拌 | 3 | 2 | 6 |
| | 成型机工 | 填料、振动成型 | 2×2 | 2 | 8 |
| | 运输推车工 | 半成品运输和记 | 4×2 | 2 | 16 |
| 2 | 管理人员： | | | | 10 |
| | 质量检验员 | 随时抽查和检验 | 1 | 1 | 1 |
| | 设备维护员 | 电工、钳工、焊工等 | 2 | 2 | 4 |
| | 车间管理人员 | 车间管理和销售、财务等 | 4 | 1 | 4 |
| | 技术人员 | 技术负责和管理 | 1 | 1 | 1 |
| 合　计 | | | | | 40 |

注：本表供参考，应根据实际情况进行劳动定员，如需原材料破碎，还应增加粉碎人员等。

②废渣：生产混凝土多孔砖时废渣和废混凝土砖可以破碎后再使用。

③粉尘：散装水泥、粉煤灰装卸料会产生粉尘飞扬，搅拌加料时也有粉尘飞扬。

④噪声：混凝土多孔砖粉碎机和成型机会产生噪声。

2）混凝土多孔砖厂的环保措施

①散装水泥库的排气口设置针刺过滤袋，排气时收尘效率为 99.5%。

②粉煤灰堆放应设淋水装置。

③搅拌上料时应进行封闭操作，不让粉尘外扬。

④粉煤机、成型机的车间应远离居民区和办公室，或对两种机械进行车间封闭。

(2) 混凝土多孔砖厂的劳动安全

1) 制定设备安全操作规程。工人上岗前进行安全生产教育，考试合格后方可上岗。

2) 设备要采用有效密封措施，所有运转部件及设备连接处均设有防护罩，以免伤人。

3) 电器设备、检修平台、地坑及粉煤机投料口等处，应设有安全防护栏和爬梯踏板等。

4) 高度大于 15m 的建（构）筑物，应设避雷装置。所有电器设备要做好可靠的接地和接零保护。

5) 制定劳动安全、卫生制度，定期进行检查，加强监督管理，保证安全文明生产。

(3) 混凝土多孔砖厂的消防措施

1) 混凝土多孔砖厂在生产时，火灾危险性为戊类，基本上无明显火源。一般厂房为钢结构或预制混凝土板结构，应按《建筑设计防火规范》的有关规定设置消防措施。相邻的建（构）筑物间距符合设计规范要求。

2) 生产所用的原材料及所生产的产成品均为无机非燃烧品，无火灾危险。

3) 混凝土多孔砖厂区内环形通道及其他道路应无障碍。

# 第6章　混凝土多孔砖砌体的基本力学性能

## 6.1　混凝土多孔砖砌体受压性能

长沙理工大学、同济大学、浙江大学等做的大量混凝土多孔砖砌体抗压强度试验表明：混凝土多孔砖砌体与普通黏土实心砖砌体相似，从开始受压至破坏大致可以分为三个阶段。如图6.1-1所示。

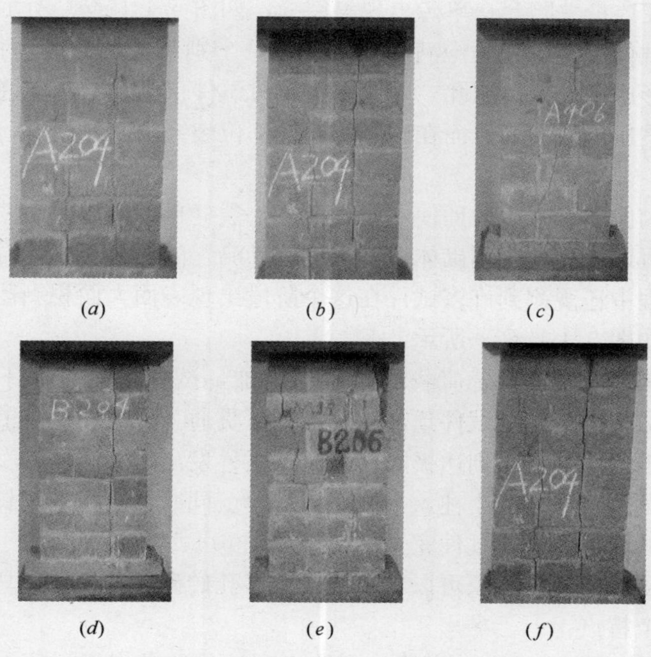


(a)　(b)　(c)

(d)　(e)　(f)

图6.1-1　混凝土多孔砖砌体受压破坏过程

第一阶段：大多数试件在加压至破坏荷载的60%～75%时，在砌体的单块砖内出现了初裂缝，裂缝位置一般位于中间竖向灰缝附近，如图6.1-1（*a*）所示。此时一般伴有压力机指针出现摆动的现象。这些裂缝都不宽，用肉眼很难观测。此时如果卸载，砖上的裂缝也不会发展。

第二阶段：当试件出现初裂缝后，如果继续加载至破坏荷载的80%～90%时，此时最先出现的单砖的裂缝将会继续发展，最后逐渐形成沿竖向灰缝的、贯通几皮砖的竖向裂缝。同时砌体内还会出现一些新的裂缝，新的裂缝伴随荷载的增加也不断发展，如图6.1-1（*b*）所示。此时试件的裂缝会由于试件的砌筑质量、个别砖的质量缺陷及所采用砂浆的强度不同而有所不同。个别试件由于砂浆强度较高，竖向灰缝比较饱满，或者是所采用的砖存在质量缺陷会在单砖出现斜裂缝，如图6.1-1（*c*）所示。还有的试件竖向灰缝的饱满度并不均匀，个别灰缝的饱满度很低，甚至形成了部分透明孔，因此在受压时试件仅沿该竖向灰缝形成一条贯通的主裂缝，而在砌体的其他部位裂缝未明显出现，如图6.1-1（*d*）所示。

砌体在这一阶段即使不增加荷载，裂缝也将继续扩展。同时此时可以明显地听到砌体内发出的“嘶嘶”的炸裂声。同时在试验过程中还观测到许多试件在这个阶段出现表面大面积剥落的现象，如图6.1-1（*e*）所示。

第三阶段：随着荷载的进一步增加，试件上的裂缝不断加深、加长，最后从试件顶部至底部上下贯通。此时在试件的上角部也出现裂缝。当到达极限荷载时，试件发出较大的“嘣”的一声，试件被劈裂成小柱，个别砖被压碎。同时试验机的指针发生迅速的回退，宣告试件完全破坏。如图6.1-1（*f*）所示。

从以上试验现象可以看出混凝土多孔砖砌体的受压破坏有以下几个特点：

1）混凝土多孔砖砌体初裂缝出现的位置及出现过程与普通黏土实心砖砌体是相似的，但初裂缝的出现较黏土实心砖砌体晚。从受压至破坏的过程中混凝土多孔砖砌体的裂缝数目也比黏土实心砖砌体少，但要多于混凝土空心砌块。

2）混凝土多孔砖砌体的裂缝发展与诸多因素有关。一般说来，当砌体中的砖存在一定的质量缺陷（如裂纹），或者砂浆的强度远高于砖的强度而竖向灰缝又比较饱满，此时容易在砌体内出现斜裂缝。而最后的破坏形态也与一般试件不同，呈现类似剪压破坏的形态。

3）由于主裂缝一般是沿竖向灰缝发展的，因此竖向灰缝的饱满度将直接影响裂缝的出现与发展。如果竖向灰缝的饱满度较低，砌体在受力时易在竖向灰缝处引起应力集中，从而导致此处的砖开裂，而此时裂缝的发展速度也较快。砌体在破坏时，可以发现沿该条灰缝形成的一条上下贯通的主裂缝。

4）混凝土多孔砖与实心砖不同，随着裂缝的开展，在混凝土多孔砖砌体的表面容易出现剥落的现象。引起空心砖砌体剥落现象的主要原因是由于块体较高，而孔壁相对较薄，再加上某些砖存在裂纹；在砌体受力时这些类似薄板的孔壁很容易失稳、破坏，而导致砖表皮外鼓剥落。剥落现象的存在使得试件的受压面积变小，压应力增大，使得混凝土多孔砖砌体容易发生崩溃。

单个试件的抗压强度按下式计算，结果精确至 0.1MPa。

$$f_{cm} = \frac{N}{A} \tag{6.1-1}$$

式中 $f_{cm}$——试件的抗压强度（$N/mm^2$）；

$N$——试件的抗压破坏荷载值（N）；

$A$——试件的截面积（$mm^2$），按测得的平均宽度和厚度计算。

《砌体结构设计规范》GB 50003 采用下式计算砌体的抗压强度平均值：

$$f_m = k_1 f_1^{\alpha}(1 + 0.07 f_2)k_2 \tag{6.1-2}$$

式中 $f_m$——砌体抗压强度平均值；

$f_1$、$f_2$——分别为块材和砂浆抗压强度平均值；

$k_1$——随砌体中块材种类和砌筑方法而变化的系数；

$k_2$——砂浆强度较低或较高时的砌体抗压强度的修正系数；

$\alpha$——影响块材强度的利用系数，与块材厚度有关。

该公式是通过对全国各种砌体的抗压强度试验结果统计出来的，与试验结果符合较好。《砌体结构设计规范》GB 50003 同时规定计算多孔砖、黏土实心砖砌体的抗压强度平均值时，$k_1=0.78$，$\alpha=0.5$；计算混凝土小型空心砌块砌体的抗压强度平均值时，$k_1=0.46$，$\alpha=0.9$。

对 108 个混凝土多孔砖砌体试件的抗压强度试验，用 $\sigma_0$ 表示混凝土多孔砖的抗压强度试验值，$f_{m0}$ 表示 $k_1=0.78$，$\alpha=0.5$ 时按式（6.1-2）的计算值，$f_{m1}$ 表示 $k_1=0.46$，$\alpha=0.9$ 时按式（6.1-2）的计算值。混凝土多孔砖砌体抗压强度的统计分析见表 6.1-1。

**混凝土多孔砖砌体抗压强度试验值统计分析　　表 6.1-1**

| 计算方案 | 均值 | 变异系数 | 拟合分布 |
|---|---|---|---|
| $\sigma_0/f_{m0}$ | 1.364 | 0.145 | 正态分布 |
| $\sigma_0/f_{m1}$ | 0.824 | 0.173 | |

从 108 个混凝土多孔砖砌体试件的抗压强度试验的结果，可以看出混凝土多孔砖砌体的抗压强度值要高于黏土实心砖砌体的规范计算值。出现这个结果的主要原因首先是因为混凝土多孔砖块体高度较高，增加了截面抵抗矩。

从砌体的应力状态分析可见，砖形状的规则程度、水平灰缝的均匀性、饱满程度对砌体强度的影响很大。混凝土多孔砖是采用机械化成型生产，其形状比黏土实心砖规整，能够保证砂浆铺砌层的均匀性。同时混凝土多孔砖的铺浆面采用的是盲孔或半盲孔设计，因此也可以避免普通多孔砖（铺浆面为通孔）经常出现的“漏浆”现象，保证砂浆铺砌层的饱满程度。从而使砖受压比较均匀，继而砌体强度也有所提高。

同等级块材时，混凝土多孔砖砌体的抗压强度值一般比混凝土小型空心砌块砌体要低，造成这个结果的主要原因是混凝土多孔砖的块体高度要小于混凝土小型空心砌块，从上面的分析可以知道其截面抵抗矩必然要小于后者。

因为灰缝是砌体在受力时的薄弱环节，裂缝一般是沿竖向灰缝展开的，混凝土多孔砖砌体的灰缝数目要少于黏土实心砖而要多于混凝土小型空心砌块，因此从受压至破坏的过程中混凝土多孔砖砌体的裂缝数目比黏土实心砖砌体少，而要多于混凝土小型空心砌块。

表 6.1-2 为混凝土多孔砖砌体在受压时的一些性能与混凝土小型空心砌块和黏土实心砖进行对比的结果。

**各块材砌体受压对比** **表 6.1-2**

| 块材种类 | 混凝土多孔砖 | 混凝土小型空心砌块 | 黏土实心砖 |
|---|---|---|---|
| 抗压强度 | 高 | 最高 | 较低 |
| 裂缝数目 | 较少 | 少 | 较多 |
| 裂缝分布 | 较集中 | 集中 | 分散 |
| 脆性 | 中 | 大 | 小 |

由此可见混凝土多孔砖砌体在受压时的性能是介于黏土实心砖与混凝土小型空心砌块之间的。因此它既拥有较高的抗压强度又有效地改善了混凝土小型空心砌块砌体的脆性。

从以上试验和理论分析可以得出以下结论：

1）宜采用规范中多孔砖砌体公式计算混凝土多孔砖砌体的抗压强度。

2）由于块体较高，铺浆面较为平整，混凝土多孔砖砌体的抗压强度试验平均值要高于砌体结构规范的多孔砖、黏土实心砖抗压强度平均值的计算值，因此采用现行规范中多孔砖、黏土实心砖抗压强度平均值的计算公式系数进行混凝土多孔砖砌体的抗压强度计算偏保守。即公式中系数 $k_1=0.78$，$\alpha=0.5$。

3）混凝土多孔砖砌体的抗压强度试验平均值要低于混凝土

小型空心砌块砌体抗压强度平均值的计算值，因此采用现行规范中混凝土小型空心砌块砌体抗压强度平均值的计算公式系数进行混凝土多孔砖砌体的抗压强度计算将不安全，而与混凝土小型空心砌块砌体相比其延性也有所提高。

4）计算方案可行，与规范一致，并且是安全可靠的。

即有混凝土多孔砖砌体的抗压强度平均值计算公式：

$$f_{m} = k_1 f_1^{\alpha}(1 + 0.07f_2)k_2 \tag{6.1-3}$$

式中 $k_1=0.78$，$\alpha=0.5$。

平均强度是按试验结果统计得的极限强度的平均值；强度标准值是考虑了砌体强度的变异，由其概率分布的 0.95 分位数确定的，即

$$f_{k} = f_{m}(1 - 1.645\delta) \tag{6.1-4}$$

式中 $\delta$——变异系数，这里按《砌体结构设计规范》GB 50003 统一取 $\delta=0.17$。即有：

$$f_{k} = 0.72f_{m} \tag{6.1-5}$$

在设计中，直接采用设计强度，它由砌体的强度标准值除以砌体材料性能分项系数，即

$$f = f_{k}/\gamma \tag{6.1-6}$$

式中 $\gamma$——砌体材料性能分项系数，按《砌体结构设计规范》，取 $\gamma=1.6$。

由式（6.1-6）可得混凝土多孔砖和砂浆的各种强度，龄期为 28d 下的混凝土多孔砖砌体抗压强度设计值见表 6.1-3（施工质量控制等级为 B 级）。

**混凝土多孔砖砌体抗压强度设计值**（MPa）　　**表 6.1-3**

| 混凝土砖强度等级 | 砂浆强度等级 | | | | 砂浆强度 |
|---|---|---|---|---|---|
| | M15 | M10 | M7.5 | M5 | 0 |
| MU30 | 3.94 | 3.27 | 2.93 | 2.59 | 1.15 |
| MU25 | 3.60 | 2.98 | 2.68 | 2.37 | 1.05 |
| MU20 | 3.22 | 2.67 | 2.39 | 2.12 | 0.94 |
| MU15 | 2.79 | 2.31 | 2.07 | 1.83 | 0.82 |
| MU10 | — | 1.89 | 1.69 | 1.50 | 0.67 |

## 6.2 混凝土多孔砖砌体抗剪强度

砌体的抗剪强度分为沿通缝抗剪强度和沿阶梯形截面的抗剪强度。由于实际工程中竖向灰缝的砂浆很难饱满，并且由于砂浆硬化时的收缩而大大削弱甚至完全破坏竖向灰缝和砖的黏结，因此对于竖向灰缝的黏结强度可以不予考虑，同时可认为砌体沿通缝截面和沿阶梯形截面的抗剪强度相等。

作者做了大量混凝土多孔砖砌体的抗剪强度试验。抗剪试件从加载至破坏没有明显的预兆，试件表面也未见明显的裂缝开展。当试件加压至受剪承载力极限时，沿受剪面发生突然的破坏，多数试件的破坏发生在一个受剪面，破坏呈明显的脆性特征。其破坏形态可主要分为图 6.2-1 中的三种情况。

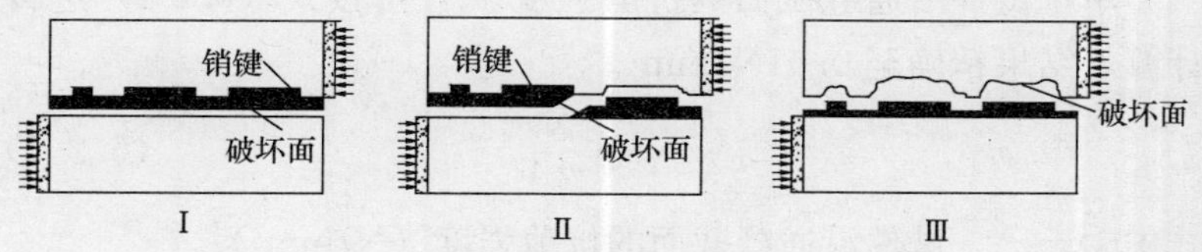


图 6.2-1 混凝土多孔砖砌体的剪切破坏形态

破坏形态Ⅰ的破坏发生在砂浆层与块体的黏结面，其破坏面较为平整［图 6.2-2（*a*）］。破坏形态Ⅱ表现为受剪面中部的砂浆在主拉应力下沿 45°角方向被拉断，部分销键被剪断，砖小部分破坏［图 6.2-2（*b*）］。大多数试件在破坏时类似破坏形态Ⅱ。破坏形态Ⅲ的破坏截面为块体截面，破坏面上可以看到鼓起的销键，而砂浆层未发生明显破坏［图 6.2-2（*c*）］。

混凝土多孔砖砌体的剪切破坏形态较为复杂，这一点与黏土实心砖不同。黏土实心砖砌体在发生剪切破坏时，破坏大多发生在砂浆与块体的黏结面上，而混凝土多孔砖砌体由于销键的存在，使得发生破坏时呈现出三种不同的破坏形态。当销键作用较强，块体强度高于或接近于砂浆强度时易发生形态Ⅰ的破坏；当

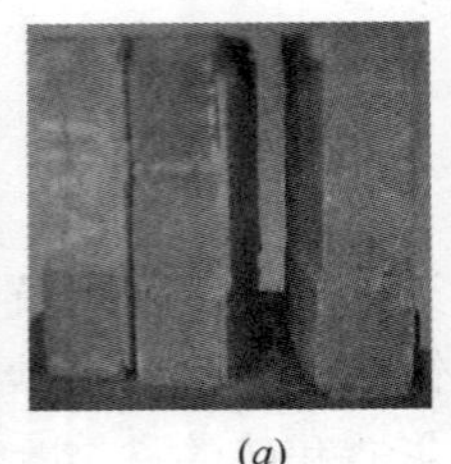

(a)

(b)

(c)

图 6.2-2　混凝土多孔砖砌体抗剪强度试验

部分销键作用较弱，而块体强度仍与砂浆强度较接近时，易发生形态Ⅱ的破坏；当砂浆强度很高，块体强度相对较低时，此时灰缝的销键作用很强，试件的破坏一般是块体被剪坏，从而发生形态Ⅲ的破坏。由以上分析可以知道混凝土多孔砖砌体的剪切破坏形态取决于砂浆强度、销键作用等多方面因素。

单个试件沿通缝截面的抗剪强度 $f_v$，可按式（6.2-1）进行计算，结果精确至 0.01N/mm$^2$。

$$f_v = \frac{N_v}{2A} \tag{6.2-1}$$

式中　$f_v$——试件沿通缝截面的抗剪强度（N/mm$^2$）；

$N_v$——试件的抗剪破坏荷载值（N）；

$A$——试件的一个受剪面的面积（mm$^2$）。

根据《砌体结构设计规范》GB 50003 规定，采用式（6.2-2）计算砌体的抗剪强度平均值：

$$f_{vm} = k_5\sqrt{f_2} \tag{6.2-2}$$

式中　$f_{vm}$——砌体抗剪强度平均值；

$k_5$——系数；

$f_2$——砂浆抗压强度平均值。

同时《砌体结构设计规范》GB 50003 还规定，对于烧结普通砖、多孔砖砌体 $k_5=0.125$，混凝土小型空心砌块砌体 $k_5=0.069$。

作者对混凝土多孔砖砌体沿通缝 72 个抗剪强度试验结果进

行了分析。$f_{v0}$表示抗剪强度试验值，$f_{v1}$、$f_{v2}$均采用公式（6.2-2）进行计算，其中 $f_{v1}$ 计算时取 $k_5=0.125$，$f_{v2}$ 取 $k_5=0.069$。表 6.2-1 中还列出了试验值与计算值的比值及统计参数。

**混凝土多孔砖砌体抗剪强度统计分析** **表 6.2-1**

| 计算方案 | 均值 | 变异系数 | 拟合分布 |
|---|---|---|---|
| $f_{v0}/f_{v1}$ | 1.563 | 0.171 | 正态分布 |
| $f_{v0}/f_{v2}$ | 2.832 | 0.170 | |

从试验结果可以看出混凝土多孔砖砌体沿通缝截面抗剪强度的试验平均值要高于《砌体结构设计规范》GB 50003 的烧结普通砖、多孔砖砌体的抗剪强度计算值，其比值的平均值为 1.563，变异系数为 0.171。由此可见，采用现行规范进行混凝土多孔砖砌体的抗剪强度计算是过于保守的。同时试验值也要高于规范的混凝土空心砌块的抗剪强度平均值，其比值的平均值为 2.832，变异系数为 0.170。

造成这个结果的主要原因是由于砂浆销键的作用。在砌筑混凝土多孔砖时可以使铺浆面的砂浆在上层砖的挤压下鼓起，从而形成销键；由于试件在受剪切时一般是沿砂浆面发生破坏，而销键的存在使得空心砖对于砂浆的约束作用增大，继而也提高了试件的抗剪能力。

为了进一步研究砂浆的销栓作用对于砌体抗剪强度的影响，本试验还砌筑了一组对比试件。该组试件的砌筑方法与其他组试件基本相同，但在砌筑前先用砌刀在混凝土多孔砖铺浆面敲出一些直径很小的小孔，砌筑时砂浆除了形成鼓起的销键外，还会流入小孔形成插入孔洞的灰键。由试验结果可以知道，混凝土多孔砖砌体的抗剪强度又有了进一步的提高。该组试件的抗剪强度试验值与计算值 $f_{v1}$ 的比值的平均值为 2.08，变异系数为 0.176；与计算值 $f_{v2}$ 的比值的平均值为 3.77，变异系数为 0.176，明显要高于其他情况。通过这组试验可知，砂浆的销栓作用对于砌体抗剪强度的提高贡献很大，同时这组试件的抗剪强度值较高的另一个重要原因是因为块体铺浆面的小孔洞不但可以形成砂浆的灰键，有效地提高抗剪强度，还可以避免上下通孔的多孔砖易出现的砂浆“漏浆”现象，保证砂浆层的饱满与均匀。

以往的研究认为砌体的抗剪强度决定于灰缝中砂浆与块体的粘结强度，而与砖的强度无关。作者用一种强度的砂浆与两种强度的砖配砌试件试验，通过对试验结果进行分析，认为混凝土多孔砖砌体当砂浆的强度与块体强度接近，或小于块体强度时，该结论是成立的。但当砂浆强度大于块体强度时，由于砂浆的销栓作用，砖的强度将对砌体的抗剪强度值有一定的影响，试件将会出现类似破坏形态Ⅲ（即沿砖面破坏）的破坏，此时试件的抗剪强度将与块体强度有关。

由于混凝土多孔砖采用盲孔或半盲孔设计，克服了空心砌块剪切面过小而造成抗剪强度过低的毛病；另一方面，又由于坐浆挤压，更好地形成了砂浆的销栓作用。因而，混凝土多孔砖砌体的抗剪强度比普通黏土砖和混凝土小型空心砌块都高。

由以上混凝土多孔砖砌体抗剪强度理论与试验分析得出如下结论：

1）宜采用《砌体结构设计规范》GB 50003 中公式计算混凝土多孔砖砌体的抗剪强度；

2）混凝土多孔砖砌体的抗剪强度要高于烧结多孔砖、黏土实心砖砌体的规范计算值。因此采用现行规范中烧结多孔砖、黏土实心砖抗剪强度平均值的计算公式系数进行混凝土多孔砖砌体的抗剪强度计算偏保守。

3）混凝土多孔砖砌体的抗剪强度同时也高于混凝土空心砌块砌体的规范计算值。因此采用现行规范中混凝土空心砌块砌体抗剪强度平均值的计算公式系数进行混凝土多孔砖砌体的抗剪强度计算过于保守，不宜采用。

4）由于混凝土多孔砖坐浆面采用盲孔面设计，提高了砖和砂浆的粘结性，大大增加了剪切面积。砂浆的销栓作用也将有效提高砌体的抗剪强度。

5）混凝土多孔砖砌体在发生沿通缝剪切破坏时的破坏形态与砂浆强度、销键作用等多方面因素有关。存在三种破坏形态，主要破坏形态为砂浆层沿 45°角被拉断。当砂浆强度较高时，混凝土多孔砖砌体的抗剪强度将与块体强度有关。

6）混凝土多孔砖的抗剪强度按公式（6.2-2）进行计算是较为安全的，公式中系数 $k_5=0.125$，计算方案可行，与规范一致，并且是安全可靠的。

同混凝土多孔砖砌体抗压强度，可以给出当施工质量控制等级为 B 级，龄期为 28d 下的混凝土多孔砖砌体抗剪强度的设计值（表 6.2-2）。

**混凝土多孔砖砌体抗剪强度设计值**（MPa） **表 6.2-2**

| M15 | M10 | M7.5 | M5 |
|---|---|---|---|
| 0.17 | 0.17 | 0.14 | 0.11 |

## 6.3 混凝土多孔砖砌体弯曲抗拉强度

在砌体结构中的砖砌过梁、水池以及挡土墙中将会遇到砌体受弯的情况。砌体受弯可分为沿砌体通缝截面的弯曲抗拉强度和沿齿缝截面的弯曲抗拉强度，一般来说沿这两种截面的弯曲抗拉强度是不同的。

作者分别进行了砌体沿通缝和齿缝截面的弯曲抗拉试验。

试件无论发生沿通缝截面的破坏，还是发生沿齿缝截面的破坏，均表现为明显的脆性破坏的性质。破坏时无明显的预兆，当加压至试件的破坏荷载值时，试件沿跨中 1/3 长度内的某个截面发生突然破坏。沿通缝截面抗弯的试件的破坏截面一般是砂浆与块体的粘结面，破坏面较为平整［图 6.3-1（*a*）］；少数试件的破坏截面类似剪切破坏时的破坏形态Ⅱ，部分销键被拉断，块体也发生部分破坏［图 6.3-1（*b*）］。沿齿缝截面抗弯的试件发生弯曲破坏后，其破坏截面表现为部分沿灰缝、部分沿砖截面的破坏

[图 6.3-1 ($c$)]。

($a$) ($b$) ($c$)

图 6.3-1 混凝土多孔砖砌体弯曲抗拉试验

单个试件沿通缝截面或沿齿缝截面的弯曲抗拉强度试验值 $f_{tm}$，可按式 (6.3-1) 进行计算。

$$f_{tm}=\frac{(N+0.75G)L}{bh^2} \tag{6.3-1}$$

式中 $f_{tm}$——试件的弯曲抗拉强度 (N/mm²)；

$N$——试件抗弯剪的破坏荷载值（包括荷载分配梁附件的自重）(N)；

$G$——试件的自重 (N)；

$L$——试件的计算跨度 (mm)；

$b$——试件的截面宽度 (mm)；

$h$——试件的截面高度 (mm)。

《砌体结构设计规范》GB 50003 规定按式 (6.3-2) 计算砌体的弯曲抗拉强度平均值：

$$f_{tm,m}=k_4\sqrt{f_2} \tag{6.3-2}$$

式中 $f_{tm,m}$——砌体弯曲抗拉强度平均值；

$k_4$——系数。

《砌体结构设计规范》GB 50003 同时规定，对于计算普通黏土砖、多孔砖砌体的弯曲抗拉强度平均值时，系数 $k_4$ 取为 0.125 (沿通缝) 和 0.250 (沿齿缝)。用 $f_{tm}$ 表示混凝土多孔砖砌体弯曲抗拉强度试验值，$f_{tm0}$ 表示规范计算值，$k_4$ 取为 0.125 (沿通缝) 和 0.250 (沿齿缝)，统计分析试验值与计算值的比值。

由试验结果和统计分析可知，混凝土多孔砖砌体沿通缝的弯曲抗拉强度试验值与规范计算值比值的平均值为 1.027，变异系数为 0.184。沿齿缝截面的弯曲抗拉强度试验值要明显低于规范计算值，试验值与规范计算值比值的平均值为 0.911，变异系数为 0.159。

采用公式（6.3-2）对试验结果进行回归分析，$k_4$ 分别等于 0.118（沿通缝）、0.224（沿齿缝）。沿通缝抗弯的试验值与回归值比值的平均值为 1.09，变异系数为 0.184，沿齿缝抗弯的试验值与回归值比值的平均值为 1.021，变异系数为 0.160。

混凝土多孔砖砌体的弯曲抗拉强度按公式（6.3-2）进行计算，即取 $k_4=0.118$（通缝）、0.224（齿缝），比规范值更合适。表 6.3-1 给出了混凝土多孔砖砌体的弯曲抗拉强度与其他砌体的弯曲抗拉强度的 $k_4$ 比较，可看出混凝土多孔砖砌体的弯曲抗拉强度虽略低于烧结普通黏土砖，但大大高于混凝土小型空心砌块。

**确定砌体弯曲抗拉强度的系数 $k_4$** **表 6.3-1**

| 砌体种类 | 沿齿缝 | 沿通缝 |
| --- | --- | --- |
| 烧结普通黏土砖 | 0.250 | 0.125 |
| 混凝土小型砌块 | 0.081 | 0.056 |
| 混凝土空心中型砌块 | 0.063 | 0.044 |
| 粉煤灰中型砌块 | 0.041 | 0.028 |
| 毛石 | 0.113 | — |
| 混凝土多孔砖 | 0.224 | 0.118 |

混凝土多孔砖砌体的弯曲抗拉强度试验平均值要低于《砌体结构设计规范》GB 50003 的黏土实心砖砌体的弯曲抗拉强度平均值的计算值，因此采用现行规范中黏土实心砖抗压强度平均值的计算公式系数进行混凝土多孔砖砌体的弯曲抗拉强度计算偏不安全。故采用规范公式计算混凝土多孔砖砌体的弯曲抗拉强度，公式中采用回归系数 $k_4=0.118$（通缝）、0.224（齿缝）。

同混凝土多孔砖砌体抗压强度，可以给出当施工质量控制等级为B级，龄期为28d下的混凝土多孔砖砌体弯曲抗拉强度的设计值（表6.3-2）。

**混凝土多孔砖砌体弯曲抗拉强度设计值** **表6.3-2**

| 破坏特征 | M15 | M10 | M7.5 | M5 |
|---|---|---|---|---|
| 沿通缝 | 0.19 | 0.16 | 0.14 | 0.11 |
| 沿齿缝 | 0.36 | 0.30 | 0.26 | 0.21 |

中国工程建设协会标准《混凝土砖建筑技术规范》CECS 257等规范取混凝土多孔砖砌体弯曲抗拉强度的设计值稍大，见表6.3-3。

**混凝土多孔砖砌体弯曲抗拉强度设计值**（按CECS 257） **表6.3-3**

| 破坏特征 | ≥M10 | M7.5 | M5 |
|---|---|---|---|
| 沿通缝 | 0.17 | 0.14 | 0.11 |
| 沿齿缝 | 0.33 | 0.29 | 0.23 |

当混凝土多孔砖搭接长度与砖高度的比值小于1时，其弯曲抗拉强度应按表中数值乘以搭接长度与砖高度的比值后采用。当采用专用砌筑砂浆、又有可靠的试验数据时，强度设计值可根据试验值采用。

混凝土多孔砖砌体和配筋混凝土多孔砖砌体不得采用C级施工质量控制等级。对下列混凝土多孔砖承重砌体，其砌体强度设计值应乘以调整系数$\gamma_a$：

1）混凝土多孔砖砌体构件，其截面面积小于0.3m$^2$时，$\gamma_a$为其截面面积加0.7；配筋混凝土多孔砖砌体构件，其截面面积小于0.24m$^2$时，$\gamma_a$为其截面面积加0.76。构件截面面积以m$^2$计。

2）当砌体用水泥砂浆砌筑时，对抗压强度的数值，$\gamma_a$为0.9；对其他强度值，$\gamma_a$为0.8；对配筋砌体构件，当其中的砌体用水泥砂浆砌筑时，仅对砌体的强度设计值乘以调整系数 $\gamma_a$。

3）验算施工中房屋的构件时，$\gamma_a$ 为 1.10。

施工阶段砂浆尚未硬化的新砌混凝土砖砌体，应按砂浆强度等级为零的砌体抗压强度设计值进行验算。冬期施工采用掺盐砂浆法施工的砌体，砂浆强度等级应按常温施工的强度等级提高一级，其砌体的稳定性可不验算。配筋砌体不得采用掺盐砂浆。

## 6.4 混凝土多孔砖砌体受力变形性能

砌体受压变形及其应力-应变关系是砌体结构中的一项基本力学性能，对于混凝土多孔砖砌体受压变形及其应力-应变曲线研究较少，尤其是其本构关系。

作者进行的混凝土多孔砖砌体受压应力-应变曲线的试验表明其应力-应变曲线比较离散，应力较小时，曲线基本为直线，随着应力的增加，表现出一定的塑性。

按目前较公认的砌体受压的本构关系[4]，由作者试验数据统计分析得混凝土多孔砖砌体受压的本构关系为：

$$\varepsilon = -\frac{1}{480\sqrt{f_m}}\ln\left(1-\frac{\sigma}{f_m}\right) \tag{6.4-1}$$

混凝土多孔砖砌体的弹性模量是在混凝土多孔砖砌体结构设计中必须考虑的一个重要物理量。显然，由式（6.4-1），混凝土多孔砖砌体的切线模量为

$$E_1 = 480 f_m\sqrt{f_m}\left(1-\frac{\sigma}{f_m}\right) \tag{6.4-2}$$

原点弹性模量为

$$E_0 = 480 f_m\sqrt{f_m} \tag{6.4-3}$$

割线模量为

$$E_2 = \frac{\sigma}{-\frac{1}{480\sqrt{f_m}}\ln\left(1-\frac{\sigma}{f_m}\right)} \tag{6.4-4}$$

在砌体结构中，一般取 $\sigma=0.43f_m$ 时的割线模量作为弹性模量的基本取值。作者的试验表明，当受压应力上限不超过混凝土多孔砖砌体抗压强度平均值的 45%～55%时，经反复加卸载的应力-应变曲线变成直线。因而也取 $\sigma=0.43f_m$，时的割线模量作为弹性模量的基本取值。即由式（6.4-4）得

$$E=\frac{0.43f_m}{-\frac{1}{480\sqrt{f_m}}\ln(1-0.43)}=367.2f_m\sqrt{f_m} \quad (6.4\text{-}5)$$

可近似取：

$$E=367f_m\sqrt{f_m} \quad (6.4\text{-}6)$$

式（6.4-6）中的强度可用混凝土多孔砖砌体抗压强度设计值表示，由上节，混凝土多孔砖砌体抗压强度平均值的变异系数为 0.17，则有

$$f_k=f_m(1-1.645\times0.17)=0.72f_m$$

取混凝土多孔砖砌体材料分项系数为 1.6，则有

$$f=f_k/1.6=0.45f_m$$

故有

$$E=1216f\sqrt{f} \quad (6.4\text{-}7)$$

在我国现行《砌体结构设计规范》GB 50003 中，对不同强度砂浆砌筑的砌体的弹性模量，简化取用与砌体抗压设计强度成正比的关系。

对于各向同性材料，泊松比为常数。由于砌体具有一定的弹塑性性质，试验表明其泊松比为变值。四川省建筑科学研究院试验了四批砖砌体回归出一条很有代表性的曲线计算泊松比[29]，其表达式为

$$\nu=0.14+0.13\left(\frac{\sigma}{f_m}\right)^4e^{\frac{\sigma}{2f_m}} \quad (6.4\text{-}8)$$

当 $\nu>0.35$ 时，取 $\nu=0.35$。

对于混凝土多孔砖砌体，作者试验了两批 8 个试件，试验表明混凝土多孔砖砌体的泊松比变化范围很大，当压应力较低时，

其值约在 0.156 左右，在高应力状态下，因大量裂缝的出现和开展，使泊松比急剧增大，到达临界应力和接近破坏时，其泊松比可高达 0.413 以上。试验数据与式（6.4-8）较吻合，故混凝土多孔砖砌体泊松比计算式可采用式（6.4-8）。

按弹性理论混凝土多孔砖砌体的剪变模量为

$$G=\frac{E}{2(1+\nu)} \tag{6.4-9}$$

当 $\nu=1/6$ 时，可得混凝土多孔砖砌体的剪变模量 $G=0.42E$。

由于对受剪的本构关系缺少试验资料，所以对其影响因素、变化规律的了解不多，可近似假定受剪与受压的本构关系有类似的形式，并由作者的试验数据回归分析得：

$$\gamma=-\frac{1}{678\sqrt{f_{vm}}}\ln\left(1-\frac{\tau}{f_{vm}}\right) \tag{6.4-10}$$

《混凝土砖建筑技术规范》CECS 257 取混凝土多孔砖砌体的弹性模量、剪变模量、线膨胀系数和收缩率值见表 6.4-1。

**弹性模量、剪变模量、线膨胀系数和收缩率　　表 6.4-1**

| 砂浆强度等级 | ≥M10 | M7.5 | M5 |
|---|---|---|---|
| 弹性模量（MPa） | $1700f$ | $1600f$ | $1500f$ |
| 剪变模量（MPa） | $680f$ | $640f$ | $600f$ |
| 线膨胀系数（$10^{-6}$/℃） | 10 | | |
| 收缩率（mm/m） | −0.2 | | |

注：$f$ 为混凝土多孔砖砌体抗压强度设计值；收缩率系指干燥收缩率不大于 0.05%的混凝土砖 28d 的砌体收缩率；当有可靠的试验数据时，亦可采用当地的试验数据。

混凝土多孔砖砌体的摩擦系数可按《砌体结构设计规范》GB 50003 中混凝土小型空心砌块砌体的相应指标采用。

# 第 7 章　混凝土多孔砖砌体房屋的建筑设计与建筑节能技术

## 7.1　混凝土多孔砖建筑的防水设计

### 7.1.1　混凝土多孔砖建筑的渗漏问题

混凝土多孔砖建筑的渗漏主要出现在屋面和墙体。

（1）屋面和墙体渗漏原因

1）平屋面防水问题

女儿墙底部是交接的钢筋混凝土圈梁，由于浇筑的混凝土与混凝土多孔砖两种材料的线膨胀系数不同，同一部位在太阳照射下，两种材料存在较大的温差，出现不协调变形，产生水平方向的开裂，导致雨水渗漏。

防水卷材收头钉入凹槽后，凹槽处打底砂浆均为一次完工，抹灰层面沿女儿墙的内侧周围凹槽处呈现开裂，导致雨水顺裂缝进入墙体，沿防水层后面渗入女儿墙的根部，致使建筑外墙渗漏。

2）外墙渗水

建筑墙体开裂是导致墙体渗漏的主要因素之一。砌筑灰浆不饱满、墙体有瞎缝和透明缝时，外墙面虽有砂浆抹面，但由于面层渗水，导致雨水渗入混凝土多孔砖墙体，通过瞎缝和透明缝渗漏。

窗台渗水，通过混凝土多孔砖孔洞渗入墙体，进而渗入室内。

阳台渗漏，造成阳台渗漏是施工时支模可能将圈梁底部一、二层砌筑多孔砖碰撞松动，灰缝砂浆掉落，混凝土多孔砖有裂纹，加上混凝土振捣不密实，雨水容易顺混凝土多孔砖墙体竖向灰缝渗入墙内。

卫生间、厨房、厕所部位渗漏，这些部位渗漏往往是由于施工质量引起的，主要是排水坡度不规范，地面积水，渗入墙体顺混凝土多孔砖孔洞或沿混凝土多孔砖墙体水平、竖向灰缝出现渗漏。

（2）防止措施

墙体开裂渗水，除防止墙体开裂的措施外，还应注意：

外墙抹灰，先刷一层水泥净浆，再用和易性好、粘结性强的混合灰浆涂抹一层，并压实。最后采用一厚层水泥灰浆压平。如采用装饰涂料，则应用 108 胶涂于混凝土多孔砖墙体表层，并压实使之光滑。

屋面防水措施：1）除外墙芯柱钢筋延伸至女儿墙压顶外，无芯柱处自顶层圈梁开始，每开间均须增加 200mm×200mm 钢筋混凝土短柱，上伸到女儿墙钢筋混凝土压顶，下伸到圈梁内，并把短柱两边的混凝土多孔砖砌筑成马牙槎，并用 C20 混凝土浇筑，增加女儿墙整体刚度。2）卷材收头用 20mm×20mm 镀锌扁钢和用水泥钉压入凹槽内固定，氯磺化聚乙烯材料密封后，再用 C20 混凝土捣实堵塞，并与混凝土多孔砖墙体口齐平。3）抹灰前在女儿墙立面防水层上撒一层粒砂，以利于找平层抹灰，并与防水层更好粘结，然后用 1∶3 水泥砂浆抹灰，并分层打底屋面檐沟以上，再用砂浆抹面压光，其厚度约 15～20mm。

窗台渗漏。施工前，用 C15～C20 混凝土浇筑窗台顶层混凝土多孔砖孔洞，而后砌筑。再用 1∶3 水泥砂浆抹成有坡度的灰浆层，厚度至少 40mm，并压实光滑；或用预制好的带有坡度的窗台板安设于窗台上面。

阳台渗水。阳台上部混凝土钢筋伸入墙内 120mm，浇筑混凝土后与外墙拉结。混凝土压顶应做里墙比外墙高出 8～10mm。形成坡度，并将混凝土灌注密实，灰浆层压实，平整光滑。

### 7.1.2 清水墙防渗漏要求

混凝土多孔砖建筑如为清水墙（包括装饰混凝土多孔砖墙），从防渗漏、保证保温材料不受潮、保持建筑物墙面清洁等方面出发，清水墙设计应符合下列要求：

（1）用于清水外墙、内保温方式的混水外墙以及室内有防水抗渗要求的部位应采用抗掺多孔砖砌筑。

（2）清水外墙宜采用掺加适量憎水剂砂浆砌筑以加强其防渗能力。

（3）清水外墙面和有防水抗渗要求的清水内墙面的灰缝缝型宜采用凹圆或V形缝，不宜采用平缝或凸圆形缝。

（4）宜在清水外墙表面喷涂透明有机硅涂料以增加防水防尘性能。

（5）清水外墙的现浇圈梁顶面，以及夹心复合墙体的内外叶墙间封闭圈梁顶面应抹出稍向外倾斜的排水坡度，砌筑其上部第一皮多孔砖时可在外壁水平砂浆灰缝内沿长度方向每隔1m左右埋设内穿尼龙绳的$\phi$10PVC塑料短管一道，以形成排水孔洞，块肋部位铺设PVC短管以利雨水串流。

### 7.1.3 其他防水设计要求

在多雨水地区，混凝土多孔砖墙体应做双面粉刷，勒脚应采用水泥砂浆粉刷。

对伸出墙外的雨篷、开敞式阳台、室外空调机搁板、遮阳板、窗套、外楼梯根部及水平装饰线脚等处，均应采用有效的防水措施。

室外散水坡顶面以上和室内地面以下的砌体内，宜设置防潮层。处于潮湿环境的混凝土多孔砖墙体，墙面应采用水泥砂浆粉刷等有效的防潮措施。

卫生间等有防水要求的房间，四周墙下部应灌实一皮多孔砖，或设置高度为200mm的现浇混凝土带。内墙粉刷应采取有效防水措施。

在夹心墙的外叶墙每层圈梁上的多孔砖竖缝底宜设置排水孔。

女儿墙等砌体顶部可采用压顶砖或金属卷材盖顶，屋面天沟应采用密封严密且柔韧性与耐久性能好的材料制作，以防止雨水渗入混凝土多孔砖孔心。

## 7.2 混凝土多孔砖砌体建筑的隔声设计

为了保证工作和生活的安静环境，要求房间的围护结构有一定的隔绝噪声的能力，并根据房间的使用性质和其相邻的环境条件，对其隔墙、楼板的隔声性能提出了不同的要求。这些在有关标准中有明确的规定。

（1）隔声量

1）单层墙体和实砌复合墙的隔声量

声波通过墙体后的传递损失量，称为墙体的隔声量，以 $R$ 表示，单位为 dB（分贝）。对墙体来说，主要是研究对空气声的隔声量。对无气孔的、整个墙板具有相同物理性能的均匀隔墙，其隔声量受隔声质量定律控制，与墙体的单位面积质量 $m$（kg/m$^2$）（也称面密度）和声波频率 $f$（Hz）成正比，质量重的墙体比质量轻的墙体具有更好的隔声性能。

混凝土多孔砖为一空心块体，但它本身是一个刚性整体，其墙体也是一个刚性整片墙体。因此，它的隔声量可以按单层均匀墙体来计算，可采用符合质量定律的近似计算公式：

$$R = 18\lg m + 18\lg f - 44 \qquad (7.2\text{-}1)$$

式中墙体单位面积质量 $m$，因所用混凝土的密度和砖块型的不同而有所区别，对普通混凝土单排孔多孔砖 190mm 厚不填实的墙体，一般为 250～280kg/m$^2$，双面粉刷后为 320～350kg/m$^2$；填实墙体则为 420～450kg/m$^2$，双面粉刷后为 490～520kg/m$^2$。具体取值可按各地资料确定。

为了粗略估计墙体的隔声能力，其隔声量也可用简化的经验公式计算，它约相当于在广谱声波频率范围内的综合平均值。

$$R = 18\lg m + 8 \quad (m > 200\text{kg/m}^2) \qquad (7.2\text{-}2)$$

$$R = 13.5\lg m + 13 (m < 200\text{kg/m}^2) \qquad (7.2\text{-}3)$$

单层多孔砖墙体的隔声量一般在 40～50dB 的范围内。

2）空腹式复合墙的隔声量

空腹式复合墙，内有空气间层，其隔声机理与单层墙体原则上是一致的，其近似计算公式为：

$$R = 20\lg \frac{(m_1 + m_2)\omega}{2\rho_0 C} + \Delta R \qquad (7.2\text{-}4)$$

式中 $\omega$——振动的角频率，它等于振动物体在 $2\pi$ 秒钟内振动的次数，即 $\omega = 2\pi f$；

$\rho_0$——空气密度；

$C$——声速。

取常温下 $\rho_0$ 的平均值，将上式简化得：

$$R = 20\lg(m_1 + m_2) + 20\lg f - 44 + \Delta R \qquad (7.2\text{-}5)$$

或按简化经验公式：

$$R = 18\lg(m_1 + m_2) + 8 + \Delta R \quad [(m_1 + m_2) > 200\text{kg/m}^2] \qquad (7.2\text{-}6)$$

$$R = 13.5\lg(m_1 + m_2) + 13 + \Delta R \quad [(m_1 + m_2) \leqslant 200\text{kg/m}^2] \qquad (7.2\text{-}7)$$

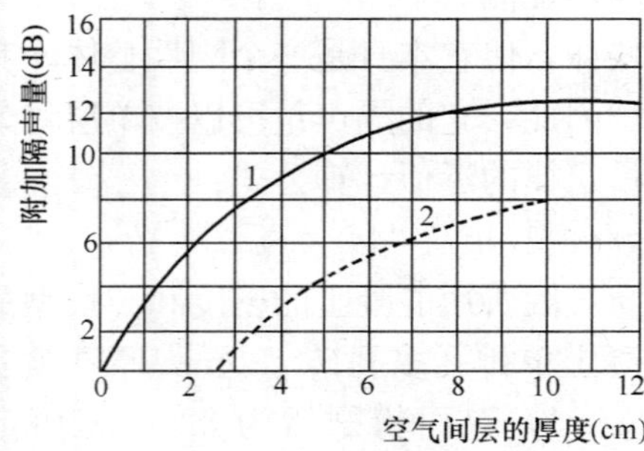


图 7.2-1 空气间层附加隔声量曲线

1—双层墙间无刚性连接；2—双层墙间有刚性连接

式中 $\Delta R$ 为由空气间层而产生的附加隔声量，可按图 7.2-1 查得。

注意：

① 双层墙之间应用弹性衬垫，不能用刚性连接，以免形成声桥，否则 ΔR 值将大大降低。

② 双层墙中，$m_1 \neq m_2$，使两者的临界频率

相错开，以免影响隔声量，一般可采用不同材料或不同厚度的墙体组合。

在双层墙中填充或悬挂柔性吸声材料，还可以进一步提高隔声量，改善其隔声性能。其填充方式有下列几种：

① 满填散状材料或柔软多孔的吸声材料。

② 薄片吸声材料固定在一片墙的内侧。

③ 将薄片吸声材料卷成波浪形、弓形或圆弧形再填塞到空腔中去。

(2) 墙体隔声性能的评价、隔声指数

公式(7.2-2)～公式(7.2-7)只简便地表示墙体的隔声能力，并不能完全据以说明墙体的隔声特性，也不能对多种墙体材料作统一的比较，而且与人对隔声性能的主观判断有一定的差距。

1968年国际标准化组织（ISO）推荐的ISO/R717《居住建筑的隔声评价方法》已为国际建筑和噪声控制工程中所使用。我国《住宅隔声标准》JGJ 11也是采用这一标准，其指标叫“隔声指数”。

墙体空气声隔声指数 $I_a$，是对其隔声性能所采用的一种单位评价指标，是将所测得的墙体隔声频率物性曲线，与国际标准化组织规定的参考曲线（图7.2-2），按一定的方法进行比较后读取的数值。

隔声指数的确定：

先将墙体隔声频率特性曲线按一定比例画在纸上，然后将绘有ISO参考曲线（比例同上）的透明纸覆盖其上，使它们的纵轴重合，并按一分贝（dB）为一步，向测得的墙体隔声频率特性曲线移动，直至下两条规定都得到满足为止：

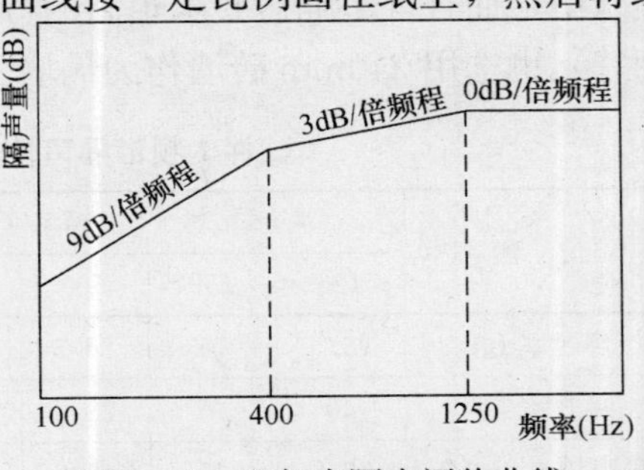

图7.2-2 空气声隔声评价曲线

1）不利偏差的总和：当采用 1/3 倍频程频谱时，不大于 32dB，当采用倍频程频谱时，不大于 10dB。

2）在任一频率的不利偏差：当采用 1/3 借频程频谱时，不大于 8dB，当采用倍频程频谱时，不大于 5dB。

在满足上述两条件的极限位置时，参考曲线上 500Hz 所指向的隔声量读数，即为隔声指数。

（3）混凝土多孔砖墙体的隔声性能试验

通过试验测定混凝土多孔砖墙体的隔声量，确定其隔声指数。从而评定混凝土多孔砖的隔声性能。试验场地位于长沙理工大学住宅七栋一楼，做现场测试。

试验参照《建筑隔声测量规范》GBJ 75—84 的规定进行。试验的隔声测量范围为 125～4000Hz。试验结果分别见表 7.2-1、表 7.2-2。

（4）混凝土多孔砖墙体隔声性能的理论分析

在隔声问题上，人们首先看建筑材料的自重，把它作为一项粗略判断的数据指标。但单有这一指标是不够的，轻质的、带多孔结构的建筑材料的隔声性能并不随重量的减少而以同一程度降低。根据隔声理论，单层匀质密实墙隔声量在一定频率范围内主要由墙体单位面积质量即面密度 $M$ 决定，面密度大，隔声量高。黏土实心砖墙厚 240mm，两面各抹灰 20mm，面密度 580kg/$m^2$，其隔声量据图 7.2-3 可查得，为 54dB。因此，可用于各种建筑中，而且许多隔声要求很高的特殊建筑物（如播音室、录音棚等）也选用 240mm 砖墙作为隔墙。

**试件 1 频带隔声性能**（dB） **表 7.2-1**

| 位　置 | 频率（Hz） | | | | | | $R_r$ |
|---|---|---|---|---|---|---|---|
| | 125 | 250 | 500 | 1000 | 2000 | 4000 | |
| 声源室 $L_{r1}$ | 79.5 | 75 | 78.3 | 82 | 80 | 79 | 79 |
| 接收室 $L_{r2}$ | 40 | 35 | 28.5 | 27 | 24.5 | 19 | 29 |
| 隔声量 $L_{r1}-L_{r2}$ | 39.5 | 40 | 49.8 | 55 | 55.5 | 60 | 50 |

**试件 2 频带隔声性能**（dB）　　　**表 7.2-2**

| 位　置 | 频率（Hz） | | | | | | $R_r$ |
|---|---|---|---|---|---|---|---|
| | 125 | 250 | 500 | 1000 | 2000 | 4000 | |
| 声源室 $L_{r1}$ | 78.5 | 75.5 | 78.8 | 82.3 | 80 | 79.3 | 79.1 |
| 接收室 $L_{r2}$ | 54.5 | 50.5 | 49.3 | 46.8 | 42.3 | 41 | 47.4 |
| 隔声量 $L_{r1}-L_{r2}$ | 24 | 25 | 29.5 | 35.5 | 37.5 | 38.3 | 31.7 |

混凝土多孔砖墙体在有空腔处的局部，相当于双层墙或多层墙，但肋的存在使这种墙并不是真正的双层墙或多层墙。由双层墙隔声理论知，当声波入射到第一层墙上时，墙像薄膜一样开始振动，同时把声波传到空气层，由于空气层的弹性作用，使振动衰减，然后又传到第二层墙，并经第二层墙的隔声作用，使得相对于同样面密度的单层墙，双层墙的隔声量增加。因此，利用双层墙提高隔声量的做法是既经济又好的一种方法。例如，490mm 厚砖墙的面密度为 960kg/m²，隔声量为 58dB。基础分开的双层 120mm 厚砖墙，空气层为 100mm，面密度为 480kg/m²，虽然墙的重量减轻了一半，但是平均隔声量却提高到 64dB。

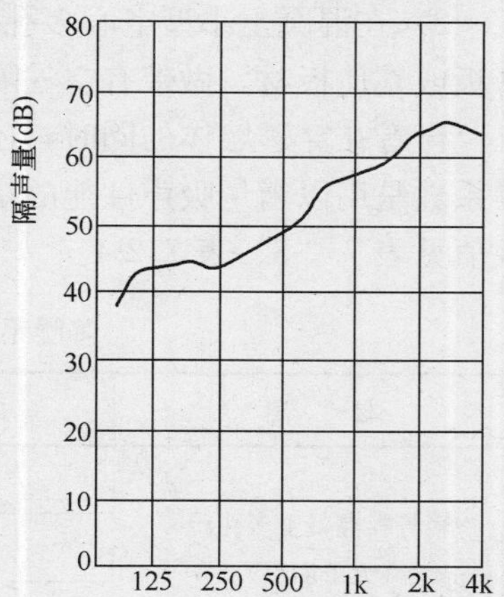

图 7.2-3　黏土实心砖墙厚 240mm 的隔声量

但是双层墙板和其中间的空气层构成一共振系统，在共振频率处，其隔声量还不如单层墙，当共振频率处于隔声频率范围时，就造成不利影响，用计权隔声量来评价时，隔声量增加不明显，或者反而更差。多排孔混凝土多孔砖有两排以上孔，砌成墙体有三、四排孔，为多层墙，隔声的变化相当复杂，因而隔声量大大增加。

根据国家住宅隔声标准，空气隔声等级为：一级：≥50dB；二级：≥45dB；三级：≥40dB。一般五星级宾馆为一级，住宅宿舍为二级，办公楼为三级。

对隔声要求较高的混凝土多孔砖建筑，可采用下列措施提高其隔声性能：

1）孔洞内填矿渣棉、膨胀珍珠岩、膨胀蛭石等松散材料。

2）在混凝土小型空心多孔砖墙体的一面或双面采用纸面石膏板或其他板材，做带有空气隔层的复合墙体构造。

声音在穿透墙体的同时，还有一部分可被墙体表面吸收。降噪系数是用以衡量吸声性能的指标。混凝土多孔砖墙体的降噪系数值见表 7.2-3、表 7.2-4。

**降噪系数近似值** **表 7.2-3**

| 材　料 | 面层纹理 | 降噪系数 |
|---|---|---|
| 轻骨料混凝土多孔砖（无罩面层） | 粗 | 0.50 |
| | 中等 | 0.45 |
| | 细 | 0.40 |
| 普通混凝土多孔砖（无罩面层） | 粗 | 0.28 |
| | 中等 | 0.27 |
| | 细 | 0.26 |

利用墙体吸声的特性可以降低噪声源房间内的噪声。由表 7.2-4 的数值可以看出：清水墙在涂刷涂料后，虽然可以提高其隔声指标，但同时由于填平了面层的孔隙，大大地降低了其吸声性能，可利用这一特性为不同用途的房间设计不同的面层。如在有噪声源的房间（走廊、楼梯间、门厅等）采用清水墙面，使之保留较好的吸声性能，减少噪声，而在居室内的墙面采用抹灰面层，用以提高隔声量。

**由于多孔砖面层施以喷涂层时降噪系数折减（%）　　表 7.2-4**

| 涂料品种 | 操作方法 | 一层 | 二层 |
| --- | --- | --- | --- |
| 油漆 | 刷 | 20 | 55 |
| 乳胶漆 | 刷 | 30 | 55 |
| 水泥浆 | 刷 | 60 | 90 |
| 品种不限 | 喷涂 | 10 | 20 |

当采用夹芯墙时，两面墙的外侧可以保留清水墙，使室内获得较好的吸声效果，而在两面墙形成的空腔部位任何一面抹灰，还可以提高隔声量。当夹芯墙的两片墙体厚度不等时，其隔声量优于两片厚度相等的夹芯墙。

作者做的 240mm 厚普通混凝土多孔砖墙，粉刷仅做了 10mm 厚，如果按照黏土砖墙，抹 20mm 厚灰，则隔声量可达到 52dB，非常接近 240mm 厚黏土砖墙。由前面的理论分析可知，普通混凝土多孔砖墙（两面各抹灰 10mm）面密度为 386kg/m$^2$，而 240mm 厚黏土实心砖墙（两面各抹灰 20mm）面密度为 580kg/m$^2$，即前者的面密度为后者的 67%，但前者的隔声量为后者的 92.5%。这与该砖的构造有关，双排错孔是个重要的原因。从表 7.2-2 还可看出，低频时砖的隔声量也大，这从另一个侧面说明该砖的隔声性能好。

试验结果表明：普通混凝土多孔砖墙（两面各抹灰 10mm）隔声等级可达到一级，完全满足各种隔声要求。

## 7.3　混凝土多孔砖墙体热工性能

混凝土多孔砖墙体的砌筑方式取一顺一丁、三顺一丁两种形式。计算中采用的数据主要有：内表面换热阻 $R_i=0.11m^2\cdot K/W$；外表面换热阻 $R_e=0.04m^2\cdot K/W$；砖体的混凝土导热系数 1.4W/(m·K)；石灰水泥砂浆的导热系数为 0.87W/(m·K)；空气热阻为 0.17m$^2$·K/W。

(1) 墙体传热模型

砌筑墙体传热的主要计算模型如图 7.3-1 所示，在现有各种砌筑墙体中传热方式主要由计算模型中的两种方式组合而成。

根据热力学原理，平行于传热方向由几层不同材料组成的平壁结构热阻为：

$$R = \Sigma R_j \tag{7.3-1}$$

式中 $R_j$ ——平壁中各层的热阻（$m^2 \cdot K/W$），其中 $R_j$ 可由下式求得：

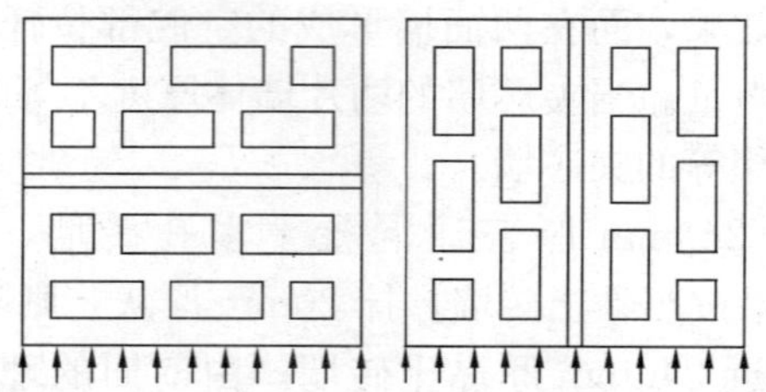

图 7.3-1 墙体传热模型

$$R_j = \frac{d_j}{\lambda_j} \tag{7.3-2}$$

式中 $\lambda_j$ ——平壁中各层的导热系数 $W/(m \cdot K)$；

$d_j$ ——平壁中各层的厚度(m)。

由式(7.3-1)、式(7.3-2)可得平壁结构传热的热阻计算公式：

$$R = \Sigma \frac{d_j}{\lambda_j} + R_i + R_e \tag{7.3-3}$$

式中 $R_i$ ——内表面换热阻；

$R_e$ ——外表面换热阻；

其他符号物理意义同前。

根据热力学原理，垂直于传热方向由两种以上的材料组合构成的组合材料层，该组合壁的平均热阻应按下式计算：

$$\overline{A} = \left[\frac{F_0}{\frac{F_1}{R_{0.1}} + \frac{F_2}{R_{0.2}} + \cdots + \frac{F_n}{R_{0.n}}} - (R_i + R_e)\right]\varphi \tag{7.3-4}$$

式中 $\overline{R}$——平均热阻（$m^2 \cdot K/W$）；

$F_0$——与传热方向垂直的总传热面积（$m^2$）；

$F_1, F_2, \cdots, F_n$——按平行于热流方向划分的各个传热面积（$m^2$）；

$R_{0.1}, R_{0.2}, \cdots, R_{0.n}$——各个传热部位的热阻（$m^2 \cdot K/W$）；

$R_i$、$R_e$——物理意义同前；

$\varphi$——组合材料的修正系数。

（2）各种砌筑形式砖墙的平均热阻

在图 7.3-1 所示模型中，我们将传热通道在平行于传热方向上将模型分为了 22 个通道，即将垂直于热流方向的总传热面划分为 22 个传热面，如图 7.3-2 所示。由式（7.3-1）计算各个传热通道的热阻，结果见表 7.3-1。

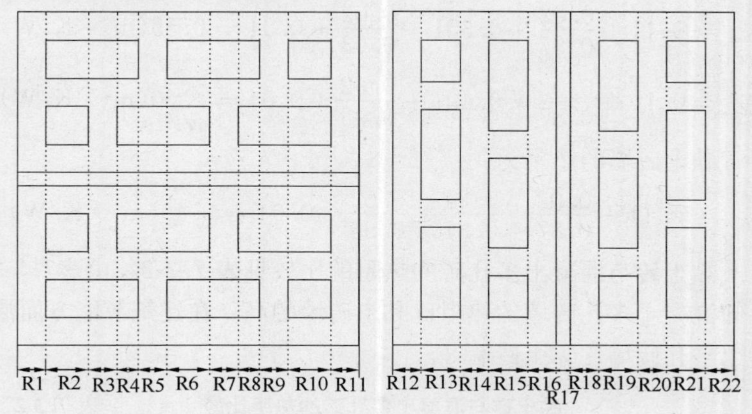


图 7.3-2　墙体传热通道划分模型

由不同材料的导热系数比求得修正系数为 $\varphi=0.96$，计算得各种砌筑形式的平均热阻为：

1）一顺一丁形式空心砖墙的平均热阻为：$R_{01}=0.351(m^2 \cdot K)/W$。

2）三顺一丁形式空心砖墙的平均热阻为：$R_{02}=0.401(m^2 \cdot K)/W$。

下面分析黏土砖墙与混凝土多孔砖墙在墙体均为 240mm 厚墙 20mm 厚水泥砂浆外粉刷和 20mm 厚混合砂浆内粉刷的情况下的热阻。

混凝土多孔砖墙的热阻为：

**混凝土多孔砖砌体各传热通道的热阻　　表 7.3-1**

| $R_{0.n}$ | $R_{0.1}$ | $R_{0.2}$ | $R_{0.3}$ | $R_{0.4}$ | $R_{0.5}$ | $R_{0.6}$ | $R_{0.7}$ | $R_{0.8}$ | $R_{0.9}$ | $R_{0.10}$ | $R_{0.11}$ |
|---|---|---|---|---|---|---|---|---|---|---|---|
| 传热阻 $(m^2 \cdot K)/W$ | 0.326 | 0.927 | 0.626 | 0.927 | 0.626 | 0.927 | 0.626 | 0.927 | 0.626 | 0.927 | 0.326 |
| $R_{0.n}$ | $R_{0.12}$ | $R_{0.13}$ | $R_{0.14}$ | $R_{0.15}$ | $R_{0.16}$ | $R_{0.17}$ | $R_{0.18}$ | $R_{0.19}$ | $R_{0.20}$ | $R_{0.21}$ | $R_{0.22}$ |
| 传热阻 $(m^2 \cdot K)/W$ | 0.321 | 0.717 | 0.321 | 0.717 | 0.321 | 0.426 | 0.321 | 0.717 | 0.321 | 0.717 | 0.321 |

$$R_{011} = 0.11 + \frac{0.02}{0.87} + 0.351 + \frac{0.02}{0.93} + 0.04 = 0.55(m^2 \cdot K/W)$$

$$R_{021} = 0.11 + \frac{0.02}{0.87} + 0.401 + \frac{0.02}{0.93} + 0.04 = 0.60(m^2 \cdot K/W)$$

黏土砖墙的热阻为：

$$R_{03} = 0.11 + \frac{0.02}{0.87} + \frac{0.24}{0.81} + \frac{0.02}{0.93} + 0.04 = 0.49(m^2 \cdot K/W)$$

黏土砖与混凝土多孔砖的热阻的比较见表 7.3-2。由表7.3-2可知混凝土多孔砖墙的热阻比黏土砖墙的高，在建筑节能方面混凝土多孔砖墙比黏土砖墙好。

**黏土砖与混凝土多孔砖的热阻比较　　表 7.3-2**

| 项目 | 热阻($m^2 \cdot K/W$) |
|---|---|
| 黏土砖墙 | 0.49 |
| 一顺一丁混凝土多孔砖墙 | 0.55 |
| 三顺一丁混凝土多孔砖墙 | 0.60 |

(3)传热系数比较

黏土砖墙和混凝土多孔砖墙在墙体为 240mm 厚及 20mm 厚水泥砂浆外粉刷和 20mm 厚混合砂浆内粉刷的情况下，由前可知：

混凝土多孔砖墙的热阻为：

$$R_{011} = 0.55(\mathrm{m}^2 \cdot \mathrm{K/W})$$

$$R_{021} = 0.60(\mathrm{m}^2 \cdot \mathrm{K/W})$$

黏土砖墙的热阻为：

$$R_{03} = 0.49(\mathrm{m}^2 \cdot \mathrm{K/W})$$

混凝土多孔砖墙的传热系数为：

$$K_1 = \frac{1}{R_{011}} = \frac{1}{0.55} = 1.82[\mathrm{W/(m^2 \cdot K)}]$$

$$K_2 = \frac{1}{R_{021}} = \frac{1}{0.60} = 1.67[\mathrm{W/(m^2 \cdot K)}]$$

黏土砖墙的传热系数为：

$$K_3 = \frac{1}{R_{03}} = \frac{1}{0.49} = 2.0[\mathrm{W/(m^2 \cdot K)}]$$

与《夏热冬冷地区居住建筑节能设计标准》JGJ 134—2001[32]的比较见表 7.3-3。

**墙体传热系数 K　　　　表 7.3-3**

| 项　目 | | 外　墙 |
|---|---|---|
| JGJ 134—2001 | | $K \leqslant 1.5$ |
| 黏土砖墙 | | $K=2.0$ |
| 混凝土多孔砖 | 一顺一丁 | $K=1.82$ |
| | 三顺一丁 | $K=1.67$ |

由表 7.3-4 可知夏热冬冷地区采用黏土砖墙和混凝土多孔砖墙需采取其他措施才能满足建筑节能要求。

目前的热阻计算方法近似性大，可作为相对比较，其值宜用试验确定。

（4）混凝土多孔砖墙体保温隔热性能试验

采用热流计法，测定 240mm 厚双面抹灰混凝土多孔砖墙体的热阻值以及传热系数值（热阻值的倒数），从而评定混凝土多孔砖墙体的保温隔热性能。其原理为：墙体的热阻直接决定了墙体的保温隔热性能，热阻值的大小与墙体的厚度、墙体所用材料(砖与砂浆)、内外墙抹灰砂浆层的厚度等方面有关。墙体的热阻代表了墙体阻碍传热的能力，热阻的单位是度×时×米$^2$/千卡。试验在热工试验室热冷室之间砌筑一定面积的砌体，通过对热室升温后砌体热、冷侧面的温差，以及通过热侧表面的热流强度，确定混凝土多孔砖墙体的热阻值。

试验结果见表 7.3-4。

**混凝土多孔砖墙体热阻试验结果** **表 7.3-4**

| | 黏土实心砖墙 | 混凝土多孔砖墙 |
|---|---|---|
| 热阻值 | 0.45 | 0.48 |

从表中可看出：1）混凝土多孔砖墙体的热阻值与黏土实心砖的热阻值接近；2）试验值与理论值有一定距离，这与试验用砖干湿程度有关。

## 7.4 混凝土多孔砖建筑节能设计

### 7.4.1 建筑节能设计标准

我国建筑节能工作进入 20 世纪 80 年代中后期，法制逐步健全，相应地制定了一批技术法规和标准规范，如 1986 年颁布实施的部标《民用建筑热工设计规程》JGJ 24—86；1986 年颁布的部标《民用建筑节能设计标准（采暖居住建筑部分)》JGJ 23—86，并于 1995 年修订，对我国严寒地区和寒冷地区的居住建筑提出节能标准和措施；1993 年我国颁布了《民用建筑热工设计规范》GB 50176—1993，规范了节能建筑热工设计和计算方法及相关参数的取值，还保证了室内的基本热环境；2001 年建设部颁布了《夏热冬冷地区居住建筑节能设计标准》JGJ 134—2001，对我国夏热冬冷地区的居住建筑，在建筑、热工和暖通空调方面提出了节能措施，对采暖和空调能耗规定了控制指标。2003 年建设部颁布了《夏热冬暖地区居住建筑节能设计标准》JGJ 75—2003，对我国夏热冬暖地区的居住建筑提出节能标准和措施。建筑热工设计分区、设计要求及适用标准见表 7.4-1。

同时，国家还于 1993 年颁布了《旅游旅馆建筑热工与空气空调节能设计标准》GB 50189—1993；2005 年颁布了《公共建筑节能设计标准》GB 50189—2005。

### 7.4.2 建筑热工节能设计

混凝土多孔砖建筑中的居住建筑节能设计应符合下列要求：

1）混凝土多孔砖建筑的体形系数、窗墙面积比、窗的传热系数、遮阳系数和空气渗透性能，均应符合本地区建筑节能设计标准的有关规定。

**建筑热工设计分区、设计要求及适用标准　　表 7.4-1**

| 分区名称 | 设计要求 | 适用标准 |
|---|---|---|
| 严寒地区 | 必须充分满足冬季保温要求，一般可不考虑夏季防热 | JGJ 26—1995 民用建筑节能设计标准（采暖居住建筑部分） |
| 寒冷地区 | 应满足冬季保温要求，部分地区兼顾夏季防热 | |
| 夏热冬冷地区 | 必须满足夏季防热要求，适当兼顾冬季保温 | JGJ 134—2001 夏热冬冷地区居住建筑节能设计标准 |
| 夏热冬暖地区 | 必须充分满足夏季防热要求，一般可不考虑冬季保温 | JGJ 75—2003 夏热冬暖地区居住建筑节能设计标准 |
| 温和地区 | 部分地区应考虑冬季保温，一般可不考虑夏季防热 | |

2）混凝土多孔砖建筑围护结构各部分的传热系数和热惰性指标，应符合本地区居住建筑节能设计标准的规定。通过建筑热工节能设计选择的围护结构各部分的构造措施，应满足建筑结构整体性和变形能力并且安全、可靠，并应具有可操作性。

3）混凝土多孔砖建筑墙体和楼地板的建筑热工节能设计，应同时考虑建筑装饰与设备节能对管线及设备埋设、安装和维修的要求。

4）混凝土多孔砖墙体的热阻、热惰性指标按表 7.4-2 选用。

**混凝土多孔砖墙体的热阻、热惰性指标　　表 7.4-2**

| 墙体厚度 $\delta$ (mm) | 热阻 $R_b$ ($m^2 \cdot K/W$) | 热惰性指标 $D_b$ |
|---|---|---|
| 120（多孔砖） | 0.20 | 1.7 |
| 240（多孔砖） | 0.34 | 3.0 |
| 370（多孔砖） | 0.46 | 3.9 |
| 240 实心砖或预灌孔多孔砖 | 0.22 | 3.2 |

注：1. $R_b$ 为墙体两面各抹灰 20mm，不含内表面换热阻和外表面换热阻；

2. 当有可靠的试验数据时，热阻、热惰性指标可根据试验值确定。

混凝土多孔砖建筑外墙的建筑热工节能设计，应符合下列要求：

1）混凝土多孔砖建筑外墙的传热系数和热惰性指标，应考虑结构性冷（热）桥的影响，根据主体部位与结构性冷（热）桥部位的热工性能和面积取平均传热系数和平均热惰性指标，结构性冷（热）桥部位的传热阻（$R_{0,max}$），不应小于建筑物所在地区要求的最小传热阻（$R_{0,max}$）。

2）在夏热冬冷地区，当混凝土多孔砖建筑外墙的传热系数满足规定性指标且不大于 1.50W/（$m^2 \cdot K$），但热惰性指标不满足规定性指标且不小于 3.0 时，可按《混凝土小型空心砌块建筑设计规程》JGJ/T 14—2004 的附录 E 的计算方法进行隔热性能验算。

3）混凝土多孔砖建筑的外墙可采用外保温、内保温或带有空气间层和不带空气间层的夹心复合保温技术。各种保温技术措施及保温层的厚度应根据本地区建筑节能设计标准的规定，按照建筑热工设计方法计算确定。保温材料的导热系数和蓄热系数应采用修正后的计算导热系数和计算蓄热系数。对一般常用的保温材料，修正系数可取 1.2。

4）当混凝土多孔砖建筑外墙的保温层外侧有密实保护层或

内侧构造层为加气混凝土及其他多孔材料时，保温设计时应根据地区气候条件及室内环境设计指标，按现行国家标准《民用建筑热工设计规范》GB 50176 的规定进行内部冷凝受潮验算并确定是否设置隔气层。设置隔气层应保证施工质量，并应有与室外空气相通的排湿措施。

夏热冬冷地区的混凝土多孔砖建筑外墙，可不进行内部冷凝受潮验算。

5）夏热冬冷地区和夏热冬暖地区的混凝土多孔砖建筑外墙，宜采用外反射、外遮阳、外通风和外蒸发等外隔热措施。

6）混凝土多孔砖建筑外墙的保温隔热措施，应与屋顶、楼地板、门窗等构件连接部位的保温隋热措施保持构造上的连续性和可靠性。

混凝土多孔砖建筑的外墙和屋顶应按照下列建筑热工节能要求进行设计：

1）混凝土多孔砖建筑外墙和屋顶的传热系数和热惰性指标应符合本地区居住建筑节能设计标准的规定。在夏热冬冷地区，当外墙和屋顶的传热系数满足规定性指标且不大于 1.00W/($m^2$·K)，但热惰性指标不满足规定性指标且不小于 3.0 时，可按照《混凝土小型空心砌块建筑设计规程》JGJ/T 14—2004 的附录 E 的计算方法进行隔热验算。

2）多孔砖建筑的屋顶宜设计为保温隔热层置于防水层上的侧里式屋顶，且宜选择憎水形的绝热材料做保温隔热层。

3）各种形式的屋顶，其保温层的厚度应根据本地区居住建筑节能设计标准的规定，通过建筑热工设计方法计算确定，保温材料的导热系数和蓄热系数应采用修正后的计算导热系数和计算蓄热系数。

4）屋面的天沟、女儿墙、变形缝及凸出屋面的构件与屋面交接处，应按现行国家标准《民用建筑热工设计规范》GB 50176—93 第 4.1.1 条规定的最小传热阻通过热工计算，在该部位的垂直或水平面上宜设置一定厚度的保温材料。

5）在夏热冬冷地区和夏热冬暖地区，混凝土多孔砖建筑屋顶的外表面宜采用浅色饰面材料。平屋顶宜采用绿色植物或有保温材料基层的架空通风屋顶。

建筑保温设计：

1）多孔砖建筑应根据国家现行标准《建筑气候区划标准》GB 50178—93 和国家行业标准《民用建筑节能设计标准》JGJ 26—96 采用相应的保温（隔热）构造措施，以满足建筑节能的要求。

2）屋面保温构造宜符合下列要求：

① 屋面保温层宜选用低吸水率或高憎水性的保温（隔热）材料，保温层含水率较高时应根据具体情况设置排气孔，以排除保温层内的水分；

② 当采用聚苯乙烯泡沫塑料作保温层时，其质量密度不应小于 $18kg/m^3$；

③ 屋面造型宜优先采用坡屋顶的保温防水构造方案。

3）外墙保温墙体的选择宜符合下列规定：

① 严寒地区应采用夹心墙、外保温等高效保温墙体；

② 寒冷地区宜采用外保温墙，采用内保温构造时，应采取消除热桥和防止当采暖期间空气渗透引起的保温材料受潮的措施，或采用低吸水率或高憎水性保温材料。

4）多功能保温混凝土多孔砖墙体应符合下列要求：

① 墙体的平均传热系数 $k$ 不应大于 $1.1W/(m^2 \cdot K)$；

② 多孔砖的装饰面应符合国家建材行业标准《装饰混凝土多孔砖》的规定；

③ 当采用聚苯板作保温材料时，其质量密度不应小于 $18kg/m^3$，氧指数应大于 32，板厚不小于 50mm；

④ 砌筑时应盲孔朝上，铺满砌筑砂浆，并宜采用保温砂浆砌筑或其他减少灰缝热桥的措施；

⑤ 多孔砖间的连接缝应在施工时按生产厂家提供的配套材料现场嵌缝；

⑥ 当采用钢筋做连结件时，钢筋直径不应小于 4mm，水平间距不宜大于 400mm，竖向间距不宜大于 400mm；

⑦ 门窗洞口应采用平头保温多孔砖，大孔应用混凝土灌实；

⑧ 当楼板为现浇混凝土时，楼层圈梁部位宜用带保温的圈梁多孔砖外贴。

5）内保温多孔砖墙（保温材料分板材和浆料）应符合下列要求：

① 聚苯板保温，其密度应≥18kg/m$^3$，氧指数应≥32，保温饰面层的燃烧性能应不低于 B1 级；

② 采用板材保温应设空气层；

③ 浆料保温，其导热系数（λ）不应大于 0.08W/(m・K)，燃烧性能应不低于 B1 级；

④ 保温材料的憎水率不应小于 70%；

⑤ 应采取有效的措施消除热桥。

6）夹心墙应符合下列要求：

① 宜根据材料供应、施工条件和建筑设计要求选择夹心墙的保温材料和确定夹心层的构造做法及厚度；

② 夹心保温层所采用材料的防火等级最低要达到“难燃”（B2）等级；

③ 当夹心保温层采用聚苯泡沫塑料保温材料时，宜设计成带有空腔的夹层，保温材料应紧贴内叶墙，其间宜设隔气层，外叶墙一侧的空气层厚度不应小于 20mm，保温材料的厚度不应小 30mm，但也不宜大于 80mm，并宜在楼层处设置构造柱，保温材料的导热系数不应大于 0.04W/(m・K)；

④ 当采用现场注入的发泡保温材料，如氮尿素现浇发泡保温时，要确保注入后的保温材料连续、密实，并进行隐蔽工程检测，一次抽检达到合格率；对未达要求的部位要及时补注，直至密实。所注入的保温材料的异味及氨气挥发应符合 GB/T 14675—93 的标准，且无毒、无害；导热系数（λ）不宜大于 0.033 W/(m・K)。

## 7.5 热桥的影响范围

围护结构热桥部位系指嵌入墙体的混凝土或金属梁、柱，墙体和屋面板中的混凝土肋或金属件，装配式建筑中的板材接缝口以及墙角、屋顶檐口、墙体肋角、楼板与外墙连接处等部位。这些部位与主体部位的构造不同，形成热流密集的通道，因此，内表面温度较低，容易产生结露和长霉现象。因此，规范要求对这些部位的内表面温度进行验算，确保其内表面温度不低于室内空气露点温度。

《民用建筑热工设计规范》GB 50176—93 规定要验算热桥内表面温度，以保证其不低于室内空气露点温度，避免产生结露现象。实际上，热桥还会影响附近正常部位，使其温度和热流分布发生变化，围护结构正常部位上受到热桥影响的这部分区域称为热桥影响区域。热桥影响区域是建筑热工研究的内容之一，研究不同热桥形式的影响区域，进而对其开展必要的保温措施，能更好地做到墙体的保温节能。

(1) 热桥形式和基层墙体材料的选择

应用 ANSYS 有限元方法对热桥的影响区域进行了数值模拟。对热桥进行分析时，采用了以下两种方式相结合的方法：①同一种基层墙体不同热桥形式的热桥影响范围研究；②不同基层墙体同一种热桥形式的热桥影响范围研究。

假定基层墙体材料分别为普通混凝土多孔砖、普通混凝土空心砌块（三排孔）、陶粒混凝土多孔砖、烧结多孔砖四种，热桥形式为《民用建筑热工设计规范》GB 50176—93 围护结构中常见的热桥形式，墙体厚度采用常用的 240mm 厚墙。分析的四种热桥 a、b、c、d 如图 7.5-1 所示。

(2) 模拟参数的选择

对于图 7.5-1 所示的四种热桥，假定墙体材料普通混凝土多孔砖、普通混凝土空心砌块(三排孔)、陶粒混凝土多孔砖、烧结多

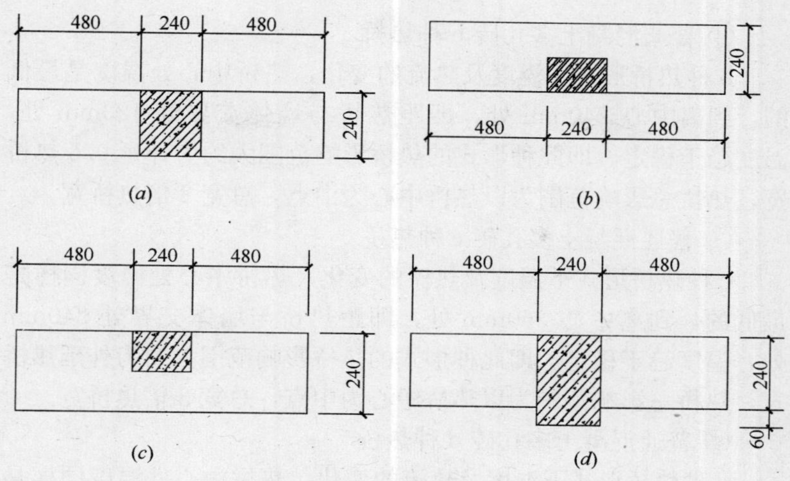


图 7.5-1　四种热桥形式示意图

(*a*) a 种热桥形式；(*b*) b 种热桥形式；(*c*) c 种热桥形式；(*d*) d 种热桥形式

孔砖的导热系数分别为 0.74W/(m・K)、0.86 W/(m・K)、0.60 W/(m・K)、0.58 W/(m・K)，墙体宽度为 240mm，构造柱为钢筋混凝土，其导热系数为 1.74 W/(m・K)，室内温度为 18℃，室外温度按长沙市冬季室外计算温度－5℃，室外对流换热系数取 23.0 W/($m^2$・℃)，室内总换热系数取 8.7W/($m^2$・℃)。

(3) 模拟计算结果

1) 同一种基层墙体不同热桥形式的影响范围研究

① 普通混凝土多孔砖 a 种热桥

从温度场分布图上可以看出墙体内表面的温度变化趋势，热桥处温度明显要低于周围墙体。从热流量分布图上也可以看出，热桥处的热流量明显要大得多。温度分布曲线图和热流分布曲线图上可以清楚的看出热桥中心的温度是最低的，离热桥中心越远，温度越高，到离中心 360mm 处，即距热桥与墙体交界处 240mm 处，温度趋于稳定。即此种形式的热桥影响范围大约为外延热桥宽，热桥总影响范围为以热桥中心为中点，总宽为 3 倍热桥宽度。

② 普通混凝土多孔砖 b 种热桥

b 种热桥形式下温度及热流的变化，热桥中心处温度是最低的，到离中心 240mm 处，即距热桥与墙体交界处 120mm 处，温度趋于稳定。即此种形式的热桥影响范围大约为外延 0.5 热桥宽，热桥总影响范围为以热桥中心为中点，总宽 2 倍热桥宽。

③ 普通混凝土多孔砖 c 种热桥

c 种热桥形式下温度及热流的变化，热桥中心处温度同样是最低的，到离中心 360mm 处，即距热桥与墙体交界处 240mm 处，温度趋于稳定。即此种形式的热桥影响范围大约为外延热桥宽，热桥总影响范围为以热桥中心为中点，总宽 3 倍热桥宽。

④ 普通混凝土多孔砖 d 种热桥

d 种热桥形式下温度及热流的变化，热桥中心处温度同样是最低的，到离热桥中心 360mm 处，即距热桥与墙体交界处 240mm 处，温度趋于稳定。即此种形式的热桥影响范围大约为外延热桥宽，热桥总影响范围为以热桥中心为中点，总宽 3 倍热桥宽。

通过以上对混凝土多孔砖 a、b、c、d 四种热桥进行研究，得出除了 b 种热桥外，其余三种热桥的影响范围均为 240mm，大约与热桥的宽度相等，偏于安全，我们也可将 b 种热桥形式的影响范围看成是 240mm，即通过以上对同一基层墙体材料下不同形式的热桥进行研究得出：热桥的影响范围大约等于其宽度，热桥总影响范围为以热桥中心为中点，总宽 3 倍热桥宽。

2）不同基层墙体下同一种热桥形式的热桥影响范围研究

针对以上四种热桥，分别对应于普通混凝土多孔砖、普通混凝土空心砌块（三排孔）、陶粒混凝土多孔砖、烧结多孔砖四种基层墙体进行了分析。通过比较可以得出：同一种热桥形式，不论基层墙体有何变化，其温度场与热流量分布大体相似，只是具体的数值不同，热桥影响范围也相同。

① a 种热桥形式下不同基层墙体对应的温度和热流的变化

a 种热桥形式下不同基层墙体的温度和热流变化趋势是一致

的，热桥处温度明显要低于周围墙体，只是具体的数值有些许变化，这是由于不同基层的墙体热阻有差异所致。四种基层墙体下，温度都在距热桥与墙体交界 240mm 处趋于稳定。即此种形式的热桥影响范围大约为 240mm。同样说明，热桥的影响范围受墙体基层材料性能的影响不大。

② b 种热桥形式下不同基层墙体对应的温度和热流的变化

b 种热桥形式下。四种基层墙体内表面温度都在距热桥与墙体交界处 120mm 处趋于稳定。即此种形式的热桥影响范围大约为 120mm。

③ c 种热桥形式下不同基层墙体对应的温度和热流的变化

c 种热桥形式下，四种基层墙体内表面温度都在距热桥与墙体交界处 240mm 处趋于稳定。即此种形式的热桥影响范围大约为 240mm。

④ d 种热桥形式下不同基层墙体对应的温度和热流的变化

d 种热桥形式下不同基层墙体的温度和热流变化趋势也是一致的，热桥处温度明显要低于周围墙体，只是具体的数值有些许变化。

四种基层墙体下，温度都在距热桥与墙体交界处 240mm 处趋于稳定。即此种形式的热桥影响范围大约为 240mm。

通过对同一种基层墙体不同热桥形式的热桥影响范围及不同基层墙体同一种热桥形式的热桥影响范围的研究得出：热桥的影响范围与墙体基层所用材料关系不大，主要是受热桥形式的影响。最主要是受热桥宽度的影响，从以上分析的数据可知，热桥的影响范围与热桥的宽度大致相等。为排除巧合性，进一步验证此结论，补充模拟了 240mm × 300mm，370mm × 490mm，240mm×200mm，300mm×370mm 四种宽度和厚度均不相等的构造柱热桥形式，分析方法与相应参数取值同前，分析结果得出同样结论。

通过以上的分析可知：热桥的总影响范围大约等于其宽度加两边各外延此宽度。

# 第 8 章　混凝土多孔砖砌体结构构件的承载力计算

## 8.1　混凝土多孔砖砌体结构的可靠度设计

我国《砌体结构设计规范》GB 50003—2001 采用以概率理论为基础的极限状态设计方法，以可靠度指标度量结构的可靠性，采用分项系数的设计表达式计算。

以下介绍极限状态设计方法的基本概念。

(1) 结构的功能要求

结构设计的主要目的是要保证所建造的结构安全适用，能够在设计使用年限内满足各项功能要求，并且经济合理。我国《建筑结构可靠度设计统一标准》GB 50068—2001 规定，建筑结构必须满足下列功能要求：

1）安全性

在正常设计、正常施工和正常使用条件下，结构应能承受出现的各种荷载作用和变形而不发生破坏；在偶然事件发生时及发生后，仍能保持必要的整体稳定。

2）适用性

在正常使用时，结构应具有良好的工作性能。对混凝土多孔砖砌体结构而言，应对影响正常使用的变形、裂缝等进行控制。

3）耐久性

在正常维护条件下，结构应在预定的设计使用年限内满足各项使用功能的要求，即应有足够的耐久性。

安全性、适用性和耐久性可概括称为结构的可靠性。

(2) 结构的极限状态

结构在使用期间能够满足上述功能要求而良好地工作，称为结构“可靠”或“有效”；反之，则称结构“不可靠”或“失效”。区分结构“可靠”或“失效”的标志是“结构的极限状态”。

整个结构或结构的一部分超过某一特定状态（如达到最大承载力、失稳，或变形、裂缝超过规定的限值等）而不能满足设计规定的某一功能的要求时，此特定状态称为该功能的极限状态。

结构的极限状态分为两类，即承载能力极限状态和正常使用极限状态，均规定有明显的极限状态标志或限值。承载能力极限状态对应于结构或构件达到最大承载力或达到不适于继续承载的变形，正常使用极限状态对应于结构或构件达到正常使用或耐久性的某项规定限值。

混凝土多孔砖砌体结构应按承载能力极限状态设计，并满足正常使用极限状态的要求。根据混凝土多孔砖砌体结构的特点，混凝土多孔砖砌体结构正常使用极限状态的要求，一般情况下可由相应的构造措施来保证。

(3) 结构上的作用、作用效应和结构的抗力

结构是房屋建筑或其他构筑物中承重骨架的总称。结构上的作用是指使结构产生内力、变形、应力或应变的所有原因。直接作用是指施加在结构上的集中荷载和分布荷载，如结构自重、人群自重、风压和积雪自重等；间接作用是指引起结构外加变形或约束变形的其他作用，如温度变化、基础沉降和地震作用等。结构上的作用按随时间的变异情况可分为永久作用、可变作用和偶然作用；按随空间位置的变异情况可分为固定作用和可动作用；按结构的反应情况可分静态作用和动态作用。

作用效应是指各种作用施加在结构上，使结构产生的内力和变形。当“作用”为“荷载”时，其效应也称为荷载效应。由于荷载效应与荷载一般呈线性关系，故荷载效应可用荷载值乘以荷载效应系数来表示。

结构上的作用不但具有随机性，而且除永久作用外，一般都与时间参数有关，所以宜用随机过程概率模型来描述。因此，作

用效应一般也宜用随机过程概率模型来描述。

结构的抗力 $R$ 是指整个结构或构件承受内力或变形的能力。结构的抗力是材料性能、几何参数以及计算模式的函数。当不考虑材料性能随时间的变异时，结构抗力为随机变量。

（4）结构的可靠度与可靠指标

结构的工作状态可以用作用效应 $S$ 和结构抗力 $R$ 的关系式来描述，如令：

$$Z=R-S \tag{8.1-1}$$

显然，当 $Z>0$ 时，结构可靠；当 $Z<0$ 时，结构失效；当 $Z=0$ 时，结构处于极限状态。

由于作用效应 $S$ 和结构抗力 $R$ 的随机性，结构"可靠"或"失效"的工作状态也具有随机性。因此，结构的"可靠"或"失效"也只能以概率的意义来衡量，而非一个定值。如果以 $p_f<p$（$Z<0$）表示结构失效的概率，以 $p_s<p$（$Z=0$）表示结构可靠的概率，显然有 $p_s=1-p_f$，也即可以用结构的失效概率 $p_f$ 的大小来表示结构工作状态的可靠程度。结构的失效概率 $p_f$ 越小，结构的可靠度越大，当结构的失效概率 $p_f$ 小到人们可以接受的程度时，即认为结构是可靠的（图 8.1-1）。

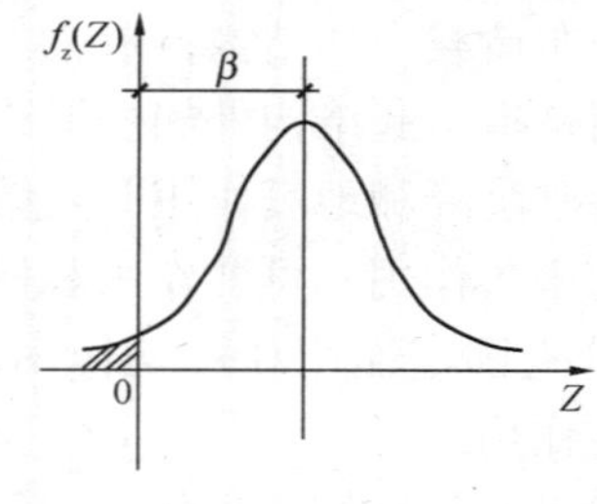

图 8.1-1　失效概率与安全指数关系

计算失效概率是最理想的方法，但由于影响结构可靠性的因素十分复杂，在目前从理论上准确地计算失效概率还是有困难的。因此，我国《建筑结构可靠度设计统一标准》GB 50068—2001 中规定采用近似概率方法，即采用平均值 $m_z$ 和标准差 $\sigma_z$ 及可靠指标 $\beta$ 代替失效概率 $p_f$ 来近似地计算结构的可靠度。

为了使分析简单化，假定 $R$ 和 $S$ 服从正态分布，$R$ 的平均值为 $\mu_R$，标准差为 $\sigma_R$；$S$ 的平均值为 $\mu_S$，标准差为 $\sigma_S$；且 $R$ 和 $S$ 相互独立。由概率理论可知，两个相互独立的正态分布随机变量之差仍然服从正态分布，因此 $Z$ 的平均值和标准差可分别表示为：

$$\mu_R = \mu_Z - \mu_S \tag{8.1-2}$$

$$\sigma_Z = \sqrt{\sigma_R^2 + \sigma_S^2} \tag{8.1-3}$$

其中 $\mu_R$、$\sigma_R$、$\mu_Z$、$\sigma_Z$ 分别表示 $R$ 和 $Z$ 的平均值和标准差

则失效概率为 $p_f$ 为：

$$p_f = P(Z \leqslant 0) = P\left(\frac{Z-\mu_Z}{\sigma_Z} \leqslant -\frac{\mu_Z}{\sigma_Z}\right)$$

$$= \Phi\left(-\frac{\mu_Z}{\sigma_Z}\right) = 1 - \Phi\left(\frac{\mu_Z}{\sigma_Z}\right) \tag{8.1-4}$$

式中 $\frac{\mu_Z}{\sigma_Z}$——标准正态分布的分布函数值，可从标准正态分布表中查出。令

$$\beta = \frac{\mu_Z}{\sigma_Z} = \frac{\mu_R - \mu_S}{\sqrt{\sigma_R^2 + \sigma_S^2}} \tag{8.1-5}$$

由式（8.1-4）和图 8.1-1 可以看出，$\beta$ 值越大，失效概率 $p_f$ 越小，可靠概率 $p_s$ 越大；$\beta$ 值越小，失效概率 $p_f$ 越大，可靠概率 $p_s$ 越小；$\beta$ 与 $p_f$、$p_s$ 有一一对应的关系，所以 $\beta$ 与 $p_f$ 一样可以作为衡量结构可靠度的指标。可靠指标 $\beta$ 与失效概率 $p_f$ 之间的对应关系见表 8.1-1。

目标可靠指标的选择，理论上应根据各种结构的重要性及失效后果以优化方法独立地分析确定。但鉴于目前资料尚不够完备，考虑到设计规范的现实继承性，《建筑结构可靠度设计统一标准》GB 50068—2001 给出的目标可靠度指标值是根据校准法确定的。校准法的实质就是总体上接受各种结构设计规范规定的、反映我国长期工程实践经验的结构可靠度水准，对于延性破坏的结构或构件要求 $\beta \geqslant 3.2$，对于脆性破坏的结构或构件要求 $\beta \geqslant 3.7$。混凝土多孔砖砌体结构的破坏属于脆性破坏，因此要求 $\beta \geqslant 3.7$，在本次修订砌体结构设计规范时，又根据我国近年来要求适当提高结构可靠度的现实，《砌体结构设计规范》GB

50003—2001 实际的可靠度水准又在上述规定的基础上适当进行调高。

**可靠指标与失效概率的对应关系** **表 8.1-1**

| $\beta$ | 1.64 | 2.0 | 3.2 | 3.7 | 4.0 | 4.5 |
|---|---|---|---|---|---|---|
| $p_f$ | 0.0505 | $2.28\times10^{-2}$ | $6.87\times10^{-4}$ | $1.08\times10^{-4}$ | $3.17\times10^{-5}$ | $3.4\times10^{-6}$ |

（5）设计表达式

为了使结构的可靠度设计方法简便、实用，并考虑到工程设计人员的习惯，对于一般常见的结构，我国《建筑结构可靠度设计统一标准》GB 50068—2001 没有推荐直接按目标可靠度指标进行设计的方法，而是采用了定值分项系数的极限状态表达式。设计表达式各分项系数的确定，是在各项标准值已给定的前提下，选取最优的荷载分项系数和抗力分项系数，使按设计表达式计算的各种结构构件所具有的可靠指标和规范的目标可靠度指标之间在总体上误差最小。

1）砌体结构按承载能力极限状态设计的表达式为：

$$\gamma_0(1.2S_{Gk}+1.4S_{Q1k}+\sum_{i=2}^{n}\gamma_{Qi}\psi_{Ci}S_{Qik})\leqslant R(f,\alpha_k\cdots) \tag{8.1-6}$$

$$\gamma_0(1.35S_{Gk}+1.4\sum_{i=1}^{n}\psi_{Ci}S_{Q1k})\leqslant R(f,\alpha_k\cdots) \tag{8.1-7}$$

式中 $\gamma_0$——结构重要性系数，对安全等级为一级或设计使用年限为 50 年以上的结构构件不应小于 1.1；对安全等级为二级或设计使用年限为 50 年的结构构件不应小于 1.0；对安全等级为三级或设计使用年限为 5 年及以下的结构构件不应小于 0.9；

$S_{Gk}$——永久荷载标准值的效应；

$S_{Q1k}$——在组合中起控制作用的一个可变荷载标准值得的效应；

$S_{Qik}$——第 $i$ 个可变荷载标准值的效应；

$R(\cdot)$——结构构件的抗力函数；

$\gamma_{Qi}$——第 $i$ 个可变荷载的分项系数；

$\psi_{Ci}$——第 $i$ 个可变荷载的组合系数，一般情况下应取 0.7，对书库、档案库、储藏室或通风机房应取 0.9；

$f$——砌体的强度设计值，$f=f_k/\gamma_f$；

$f_k$——多孔砖的强度标准值，$f_k=f_m-1.645\sigma_f$；

$\gamma_f$——砌体结构的材料性能分项系数，一般情况下，宜按建筑施工控制等级为 B 级考虑，取 $\gamma_f=1.6$，当为 C 级时，取 $\gamma_f=1.8$；

$f_m$——砌体的强度平均值；

$\sigma_f$——砌体强度的标准差；

$\alpha_k$——几何参数标准值。

注：1. 当楼面活荷载标准值大于 0.4kN/m² 时，式中的系数 1.4 应为 1.3；

2. 施工控制等级划分要求应符合《砌体工程施工质量验收规范》GB 50203 的规定。

2）当砌体结构作为一个刚体，需验算整体稳定性时，例如倾覆、滑移、漂浮等，应按下列公式进行验算：

$$\gamma_0(1.2S_{G2k}+1.4S_{Q1k}+\sum_{i=2}^{n}S_{Q1k})\leqslant 0.8S_{G1k} \qquad (8.1\text{-}8)$$

式中 $S_{G1k}$——起有利作用的永久荷载标准值的效应；

$S_{G2k}$——起不利作用的永久荷载标准值的效应。

在多数情况下，砌体结构是以承受自重力为主的结构。近年来的工程实践表明，原设计规范中的设计表达式对以承受自重为主结构的可靠度要求偏低。为改变这一状况，新规范修订时增加了以承受自重为主的内力组合，永久荷载的分项系数采用 1.35，可变荷载的分项系数采用 1.4，并乘以组合系数 $\psi_C$。

## 8.2 无筋砌体受压构件

混合结构房屋的窗间墙和砖柱承受上部传来的竖向荷载和自

身重量，一般都属于无筋砌体受压构件。当压力作用于构件截面重心时，为轴心受压构件；不是作用于截面重心，但在截面的一根对称轴上时，为偏心受压构件。如果构件上作用有轴心压力 $N$ 同时作用有弯矩 $M$ 时，也可视为偏心受压构件，其偏心距 $e=M/N$。

### 8.2.1 受压短柱

先讨论受压短柱的受力情况，此时可不考虑构件纵向弯曲对承载力的影响。当纵向压力作用在截面重心时，砌体截面的应力是均匀分布的，破坏时截面所能承受的最大压应力也就是砌体的轴心抗压强度。当纵向压力具有较小偏心时，截面的压应力为不均匀分布，破坏将从压应力较大一侧开始，该侧的压应变和应力均比轴心受压时略有增加[图 8.2-1($a$)]。当偏心距增大，应力较小边可能出现拉应力[图 8.2-1($b$)]，一旦拉应力超过砌体沿通缝的抗拉强度时，将出现水平裂缝，实际的受压截面将减小。此时，受压区压力的合力将与所施加的偏心压力保持平衡[图 8.2-1($c$)]（图中 $\sigma_1$、$\sigma_2$、$\sigma_3$ 为不同偏心距下砌体中边缘最大压应力）。

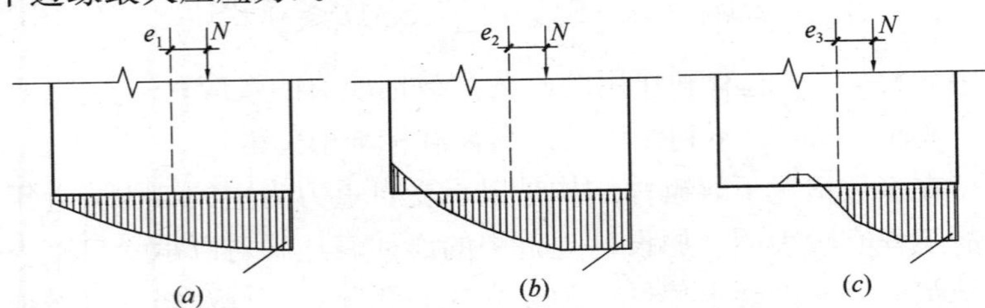


图 8.2-1　砌体偏心受压构件截面内应力分布

对比不同偏心受压短柱试验发现，随着偏心距的增大，构件所能承担的纵向压力明显下降。

四川省建筑科学研究院对偏压短柱做过大量的试验，有矩形、T 形、十字形和环形截面。试验表明偏压短柱的承载力可用下式表达：

$$N_u = \varphi_1 A f \tag{8.2-1}$$

式中 $\varphi_1$ ——偏心受压构件与轴心受压构件承载能力的比值，称为偏心影响系数；

$A$——构件截面面积；

$f$——砌体抗压强度设计值。

经试验研究得到偏心影响系数 $\varphi_1$ 与 $e/i$ 的关系式如下：

$$\varphi_1 = \frac{1}{1+(e+i)^2} \tag{8.2-2}$$

式中 $e$——轴向力偏心矩；

$i$——截面的回转半径，$i=\sqrt{\frac{I}{A}}$，$I$ 为截面沿偏心方向的惯性矩，$A$ 为截面面积。对于矩形截面 $i=\frac{h}{\sqrt{12}}$，则矩形截面的 $\varphi_1$ 可写成：

$$\varphi_1 = \frac{1}{1+12\left(\frac{e}{h}\right)^2} \tag{8.2-3}$$

式中 $h$——矩形截面在偏心方向的边长。当截面为 T 形或其他形状时，可用折算厚度 $h_T \approx 3.5i$ 代替 $h$，仍按式(8.2-3)计算。

### 8.2.2 受压长柱

下面再讨论受压长柱的情况，这时，纵向弯曲的影响已不可忽视。

《砌体结构设计规范》GB 50003—2001 采用了附加偏心距法，即在偏压短柱的偏心影响系数中将偏心距增加一项由纵向弯曲产生的附加偏心距 $e_i$(图 8.2-1)。即：

$$\varphi = \frac{1}{1+(e+e_i)^2/i^2} \tag{8.2-4}$$

附加偏心距 $e_i$ 可以根据下列边界条件确定，即 $e_i=0$ 时 $\varphi=\varphi_0$，$\varphi_0$ 为轴心受压的纵向弯曲系数。以 $e_i=0$ 代入式(8.2-4)，得

$$\varphi_0 = \frac{1}{1+\left(\frac{e}{i}\right)^2} \tag{8.2-5}$$

由此得

$$e_i = i\sqrt{\frac{1}{\varphi_0}-1} \tag{8.2-6}$$

对于矩形截面，有：

$$e_i = \frac{h}{\sqrt{12}}\sqrt{\frac{1}{\varphi_0}-1} \tag{8.2-7}$$

将式(8.2-7)代入式(8.2-4)则得

$$\varphi = \frac{1}{1+12\left[\frac{e}{h}+\frac{h}{\sqrt{12}}\sqrt{\frac{1}{12}\left(\frac{1}{\varphi_0}-1\right)}\right]^2} \tag{8.2-8}$$

这样，受压长柱的承载力可表达为

$$N \leqslant \varphi A f \tag{8.2-9}$$

式中 $N$——轴向力设计值；

$\varphi$——高厚比 $\beta$ 和轴向力的偏心距 $e$ 对受压构件承载力的影响系数。

轴心受压构件的纵向弯曲系数 $\varphi_0$ 可按下式计算：

$$\varphi_0 = \frac{1}{1+\alpha\beta^2} \tag{8.2-10}$$

式中 $\alpha$——与砂浆强度等级有关的系数，当砂浆强度等级大于等于 M15 时，$\alpha=0.0015$；当砂浆强度等级为 M2.5 时，$\alpha=0.0020$；当砂浆强度为零时，$\alpha=0.0090$。

为了反映不同砌体类型受压性能的差异，《砌体结构设计规范》GB 50003—2001 规定计算影响系数 $\varphi$ 时，应先对构件高厚比 $\beta$ 乘以修正系数 $\gamma_\beta$，混凝土多孔砖砌体可采用混凝土小型空心砌块砌体修正系数 $\gamma_\beta=1.1$。

将式(8.2-10)代入式(8.2-8)可得系数 $\varphi$ 的最终计算公式：

$$\varphi = \frac{1}{1+12\left[\frac{e}{h}+\beta\sqrt{\frac{\alpha}{12}}\right]^2} \tag{8.2-11}$$

受压构件的高厚比 $\beta$ 是指构件的计算高度 $H_0$ 与截面在偏心方向的高度 $h$ 的比值，即：

$$\beta=\frac{H_0}{h} \tag{8.2-12}$$

各类常用受压构件的计算高度 $H_0$ 可按表 8.2-1 采用。表 8.2-1 中，$s$ 为相邻横墙间的距离；$H_\mu$ 为变截面柱的上段高度；$H_l$ 为变截面柱的下段高度；$H$ 为构件高度，在房屋中即楼板或其他水平支点间的距离，在单层房屋或多层房屋的底层，构件下端的支点，一般可以取基础顶面，当基础埋置较深时，可取室内地坪或室外地坪下 300～500mm；山墙的 $H$ 值，可取层高加山墙端尖高度的山墙壁柱的 1/2，山墙壁柱的 $H$ 值可取壁柱处的山墙高度。

**受压构件的计算高度 $H_0$** 表 8.2-1

| 房屋类别 | | | 柱 | | 带壁柱墙或周边拉结的墙 | | |
|---|---|---|---|---|---|---|---|
| | | | 排架方向 | 垂直排架方向 | $s>2H$ | $2H\geqslant s>H$ | $s\leqslant H$ |
| 无吊车的单层和多层房屋 | 单跨 | 弹性方案 | $1.5H$ | $1.0H$ | $1.5H$ | | |
| | | 刚弹性方案 | $1.2H$ | $1.0H$ | $1.2H$ | | |
| | 多跨 | 弹性方案 | $1.25H$ | $1.0H$ | $1.25H$ | | |
| | | 刚弹性方案 | $1.10H$ | $1.0H$ | $1.1H$ | | |
| | 刚性方案 | | $1.0H$ | $1.0H$ | $1.0H$ | $0.4s+0.2H$ | $0.6s$ |

注：1. 表中 $H_\mu$ 为变截面柱的上段高度；$H_l$ 为变截面柱的下段高度；

2. 对于上端为自由端的构件，$H_0=2H$；

3. 独立砖柱，当无柱间支撑时，柱在垂直排架方向的 $H_0$ 应按表中数值乘以 1.25 后采用；

4. $s$ 为房屋横墙间距；

5. 自承重墙的计算高度应根据周边支承或拉接条件确定。

考虑到砌体结构房屋现已不用于有吊车房屋，故表 8.2-1 中只列出了无吊车的单层和多层房屋类别。

公式(8.2-11)相当麻烦，因此设计时也可直接查表 8.2-2～

表 8.2-4。偏心受压构件的偏心距过大，构件的承载力明显下降，从经济性和合理性角度看都不宜采用，此外，偏心距过大可能使截面受拉边出现过大的水平裂缝。因此，《砌体结构设计规范》GB 50003—2001 规定轴向力偏心距 $e$ 不应超过 0.6y，$y$ 是截面重心到受压边缘的距离。并且《砌体结构设计规范》GB 50003—2001 规定轴向力的偏心距 $e$ 按内力设计值计算。

**影响系数 $\varphi$**(砂浆强度≥M5)　　**表 8.2-2**

| $\beta$ | $\frac{e}{h}$ 或 $\frac{e}{h_T}$ | | | | | | | | | | | | |
|---|---|---|---|---|---|---|---|---|---|---|---|---|---|
| | 0 | 0.025 | 0.05 | 0.075 | 0.1 | 0.125 | 0.15 | 0.175 | 0.2 | 0.225 | 0.25 | 0.275 | 0.3 |
| ≤3 | 1 | 0.99 | 0.97 | 0.94 | 0.89 | 0.84 | 0.79 | 0.73 | 0.68 | 0.62 | 0.57 | 0.52 | 0.48 |
| 4 | 0.98 | 0.95 | 0.90 | 0.85 | 0.80 | 0.74 | 0.69 | 0.64 | 0.58 | 0.53 | 0.49 | 0.45 | 0.41 |
| 6 | 0.95 | 0.91 | 0.86 | 0.81 | 0.75 | 0.69 | 0.64 | 0.59 | 0.54 | 0.49 | 0.45 | 0.42 | 0.38 |
| 8 | 0.91 | 0.86 | 0.81 | 0.76 | 0.70 | 0.64 | 0.59 | 0.54 | 0.50 | 0.46 | 0.42 | 0.39 | 0.36 |
| 10 | 0.87 | 0.82 | 0.76 | 0.71 | 0.65 | 0.60 | 0.55 | 0.50 | 0.46 | 0.42 | 0.39 | 0.36 | 0.33 |
| 12 | 0.82 | 0.77 | 0.71 | 0.66 | 0.60 | 0.55 | 0.51 | 0.47 | 0.43 | 0.39 | 0.36 | 0.33 | 0.31 |
| 14 | 0.77 | 0.72 | 0.66 | 0.61 | 0.56 | 0.51 | 0.47 | 0.43 | 0.40 | 0.36 | 0.34 | 0.31 | 0.29 |
| 16 | 0.72 | 0.67 | 0.61 | 0.56 | 0.52 | 0.47 | 0.44 | 0.40 | 0.37 | 0.34 | 0.31 | 0.29 | 0.27 |
| 18 | 0.67 | 0.62 | 0.57 | 0.52 | 0.48 | 0.44 | 0.40 | 0.37 | 0.34 | 0.31 | 0.29 | 0.27 | 0.25 |
| 20 | 0.62 | 0.57 | 0.53 | 0.48 | 0.44 | 0.40 | 0.37 | 0.34 | 0.32 | 0.29 | 0.27 | 0.25 | 0.23 |
| 22 | 0.58 | 0.53 | 0.49 | 0.45 | 0.41 | 0.38 | 0.35 | 0.32 | 0.30 | 0.27 | 0.25 | 0.24 | 0.22 |
| 24 | 0.54 | 0.49 | 0.45 | 0.41 | 0.38 | 0.35 | 0.32 | 0.30 | 0.28 | 0.26 | 0.24 | 0.22 | 0.21 |
| 26 | 0.50 | 0.46 | 0.42 | 0.38 | 0.35 | 0.33 | 0.30 | 0.28 | 0.26 | 0.24 | 0.22 | 0.21 | 0.19 |
| 28 | 0.46 | 0.42 | 0.39 | 0.36 | 0.33 | 0.30 | 0.28 | 0.26 | 0.24 | 0.22 | 0.21 | 0.19 | 0.18 |
| 30 | 0.42 | 0.39 | 0.36 | 0.33 | 0.31 | 0.28 | 0.26 | 0.24 | 0.22 | 0.21 | 0.20 | 0.18 | 0.17 |

**影响系数 $\varphi$**(砂浆强度≥M2.5)　　**表 8.2-3**

| $\beta$ | $\frac{e}{h}$ 或 $\frac{e}{h_T}$ | | | | | | | | | | | | |
|---|---|---|---|---|---|---|---|---|---|---|---|---|---|
| | 0 | 0.025 | 0.05 | 0.075 | 0.1 | 0.125 | 0.15 | 0.175 | 0.2 | 0.225 | 0.25 | 0.275 | 0.3 |
| ≤3 | 1 | 0.99 | 0.97 | 0.94 | 0.89 | 0.84 | 0.79 | 0.73 | 0.68 | 0.62 | 0.57 | 0.52 | 0.48 |
| 4 | 0.97 | 0.94 | 0.89 | 0.84 | 0.78 | 0.73 | 0.67 | 0.62 | 0.57 | 0.52 | 0.48 | 0.44 | 0.40 |
| 6 | 0.93 | 0.89 | 0.84 | 0.78 | 0.73 | 0.67 | 0.62 | 0.57 | 0.52 | 0.48 | 0.44 | 0.40 | 0.37 |
| 8 | 0.89 | 0.84 | 0.78 | 0.72 | 0.67 | 0.62 | 0.57 | 0.52 | 0.48 | 0.44 | 0.40 | 0.37 | 0.34 |
| 10 | 0.83 | 0.78 | 0.72 | 0.67 | 0.61 | 0.56 | 0.52 | 0.47 | 0.43 | 0.40 | 0.37 | 0.34 | 0.31 |

续表

| $\beta$ | $\frac{e}{h}$ 或 $\frac{e}{h_T}$ | | | | | | | | | | | | |
|---|---|---|---|---|---|---|---|---|---|---|---|---|---|
| | 0 | 0.025 | 0.05 | 0.075 | 0.1 | 0.125 | 0.15 | 0.175 | 0.2 | 0.225 | 0.25 | 0.275 | 0.3 |
| 12 | 0.78 | 0.72 | 0.67 | 0.61 | 0.56 | 0.52 | 0.47 | 0.43 | 0.40 | 0.37 | 0.34 | 0.31 | 0.29 |
| 14 | 0.72 | 0.66 | 0.61 | 0.56 | 0.51 | 0.47 | 0.43 | 0.40 | 0.36 | 0.34 | 0.31 | 0.29 | 0.27 |
| 16 | 0.66 | 0.61 | 0.56 | 0.51 | 0.47 | 0.43 | 0.40 | 0.36 | 0.34 | 0.31 | 0.29 | 0.26 | 0.25 |
| 18 | 0.61 | 0.56 | 0.51 | 0.47 | 0.43 | 0.40 | 0.36 | 0.33 | 0.31 | 0.29 | 0.26 | 0.24 | 0.23 |
| 20 | 0.56 | 0.51 | 0.47 | 0.43 | 0.39 | 0.36 | 0.33 | 0.31 | 0.28 | 0.26 | 0.24 | 0.23 | 0.21 |
| 22 | 0.51 | 0.47 | 0.43 | 0.39 | 0.36 | 0.33 | 0.31 | 0.28 | 0.26 | 0.24 | 0.23 | 0.21 | 0.20 |
| 24 | 0.46 | 0.43 | 0.39 | 0.36 | 0.33 | 0.31 | 0.28 | 0.26 | 0.24 | 0.23 | 0.21 | 0.20 | 0.18 |
| 26 | 0.42 | 0.39 | 0.36 | 0.33 | 0.31 | 0.28 | 0.26 | 0.24 | 0.22 | 0.21 | 0.20 | 0.18 | 0.17 |
| 28 | 0.39 | 0.36 | 0.33 | 0.30 | 0.28 | 0.26 | 0.24 | 0.22 | 0.21 | 0.20 | 0.18 | 0.17 | 0.16 |
| 30 | 0.36 | 0.33 | 0.30 | 0.28 | 0.26 | 0.24 | 0.22 | 0.21 | 0.20 | 0.18 | 0.17 | 0.16 | 0.15 |

**影响系数 $\varphi$**(砂浆强度 0) **表 8.2-4**

| $\beta$ | $\frac{e}{h}$ 或 $\frac{e}{h_T}$ | | | | | | | | | | | | |
|---|---|---|---|---|---|---|---|---|---|---|---|---|---|
| | 0 | 0.025 | 0.05 | 0.075 | 0.1 | 0.125 | 0.15 | 0.175 | 0.2 | 0.225 | 0.25 | 0.275 | 0.3 |
| ≤3 | 1 | 0.99 | 0.97 | 0.94 | 0.89 | 0.84 | 0.79 | 0.73 | 0.68 | 0.62 | 0.57 | 0.52 | 0.48 |
| 4 | 0.87 | 0.82 | 0.77 | 0.71 | 0.66 | 0.60 | 0.55 | 0.51 | 0.46 | 0.43 | 0.39 | 0.36 | 0.33 |
| 6 | 0.76 | 0.70 | 0.65 | 0.59 | 0.54 | 0.50 | 0.46 | 0.42 | 0.39 | 0.36 | 0.33 | 0.30 | 0.28 |
| 8 | 0.63 | 0.58 | 0.54 | 0.49 | 0.45 | 0.41 | 0.38 | 0.35 | 0.32 | 0.30 | 0.28 | 0.25 | 0.24 |
| 10 | 0.53 | 0.48 | 0.44 | 0.41 | 0.37 | 0.34 | 0.32 | 0.29 | 0.27 | 0.25 | 0.23 | 0.22 | 0.20 |
| 12 | 0.44 | 0.40 | 0.37 | 0.34 | 0.31 | 0.29 | 0.27 | 0.25 | 0.23 | 0.21 | 0.20 | 0.19 | 0.17 |
| 14 | 0.36 | 0.33 | 0.31 | 0.28 | 0.26 | 0.24 | 0.23 | 0.21 | 0.20 | 0.18 | 0.17 | 0.16 | 0.15 |
| 16 | 0.3 | 0.28 | 0.26 | 0.24 | 0.22 | 0.21 | 0.19 | 0.18 | 0.17 | 0.16 | 0.15 | 0.14 | 0.13 |
| 18 | 0.26 | 0.24 | 0.22 | 0.21 | 0.19 | 0.18 | 0.17 | 0.16 | 0.15 | 0.14 | 0.13 | 0.12 | 0.12 |
| 20 | 0.22 | 0.20 | 0.19 | 0.18 | 0.17 | 0.16 | 0.15 | 0.14 | 0.13 | 0.12 | 0.12 | 0.11 | 0.10 |
| 22 | 0.19 | 0.18 | 0.16 | 0.15 | 0.14 | 0.14 | 0.13 | 0.12 | 0.12 | 0.11 | 0.10 | 0.10 | 0.09 |
| 24 | 0.16 | 0.15 | 0.14 | 0.13 | 0.13 | 0.13 | 0.11 | 0.10 | 0.10 | 0.10 | 0.09 | 0.09 | 0.08 |
| 26 | 0.14 | 0.13 | 0.13 | 0.12 | 0.11 | 0.11 | 0.10 | 0.09 | 0.09 | 0.09 | 0.08 | 0.08 | 0.07 |
| 28 | 0.12 | 0.12 | 0.11 | 0.11 | 0.10 | 0.10 | 0.09 | 0.08 | 0.08 | 0.08 | 0.08 | 0.07 | 0.07 |
| 30 | 0.11 | 0.10 | 0.10 | 0.09 | 0.09 | 0.09 | 0.08 | 0.07 | 0.07 | 0.07 | 0.07 | 0.07 | 0.06 |

注：砂浆强度 0 是指施工阶段砂浆尚未硬化的新砌砌体，可按砂浆强度为 0 确定其砌体强度；还有冬期施工冻结法砌墙，在解冻期，也取砂浆强度为 0。

### 8.2.3 双向偏心受压构件承载力计算

砌体双向偏心受压是工程上可能遇到的受力形式，过去研究较少，规范也未能提供计算方法，《砌体结构设计规范》GB 50003—2001 补充了这方面的规定。

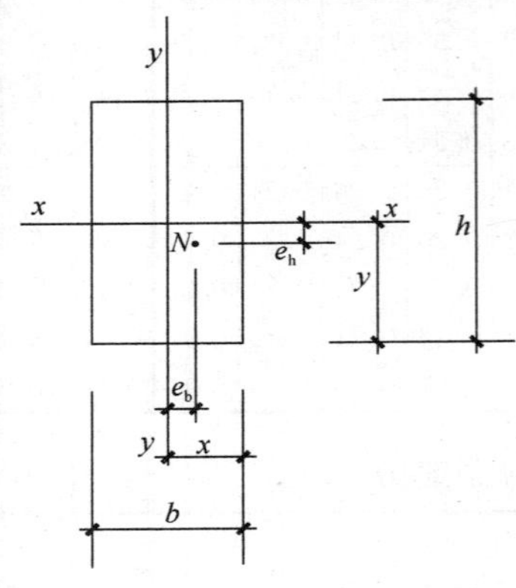


图 8.2-2 双向偏心示意图

长柱双向偏心受压的试验表明，偏心距 $e_h$、$e_b$ 的大小（图 8.2-2）对砌体竖向、水平向裂缝的出现、发展及破坏形态有着不同的影响。

当两个方向的偏心距均很小时（偏心率 $e_h/h$，$e_b/b$ 小于 0.2。其中 $b$ 为构件截面宽度；$h$ 为截面高度；$e_h$、$e_b$ 分别为两个方向的偏心距），砌体从受力、开裂以至破坏均类似于轴心受压构件的三个受力阶段。

当一个方向偏心距很大（偏心率达 0.4），而另一个方向偏心距很小（偏心率小于 0.1）时，砌体的受力性能与单向偏心受压类似。当两个方向的偏心率达 0.2～0.3 时，砌体内水平裂缝和竖向裂缝几乎同时出现。当两个方向偏心率达 0.3～0.4 时，砌体内水平裂缝较竖向裂缝出现早。

试验表明，砌体接近破坏时，截面四个边缘的实测应变值接近线性分布。根据短柱试验结果和单向偏压相似，可得出双向偏压影响系数计算公式（矩形截面）：

$$a=\frac{1}{1+12\left(\frac{e_b}{b}\right)^2+12\left(\frac{e_h}{h}\right)^2} \tag{8.2-13}$$

和单向偏压一样通过附加偏心距法可得双向偏心受压构件承载力的影响系数计算公式：

$$a = \frac{1}{1+12\left[\left(\frac{e_b + e_{ib}}{b}\right)^2 + \left(\frac{e_b + e_{ih}}{h}\right)^2\right]} \tag{8.2-14}$$

沿 $h$ 方向产生单向偏压时，有

$$a = \frac{1}{1+12\left(\frac{e_b + e_{ib}}{b}\right)^2} \tag{8.2-15}$$

当 $e=0$ 时 $\varphi = \varphi_0$，则得

$$e_{ih} = \frac{h}{\sqrt{12}}\sqrt{\frac{1}{\varphi_0} - 1} \tag{8.2-16}$$

同样，沿 $b$ 方向偏压时，可得：

$$e_{ib} = \frac{h}{\sqrt{12}}\sqrt{\frac{1}{\varphi_0} - 1} \tag{8.2-17}$$

根据试验结果进行修正，则得：

$$e_{ib} = \frac{h}{\sqrt{12}}\sqrt{\frac{1}{\varphi_0} - 1}\left(\frac{e_h/h}{e_h/h + e_b/b}\right) \tag{8.2-18}$$

$$e_{ib} = \frac{h}{\sqrt{12}}\sqrt{\frac{1}{\varphi_0} - 1}\left(\frac{e_b/b}{e_h/h + e_b/b}\right) \tag{8.2-19}$$

这样，砌体双向偏心受压构件的承载力可按下式计算：

$$N \leqslant \varphi A f \tag{8.2-20}$$

式中 $N$——由荷载设计值产生的双向偏心轴向力；

$\varphi$——双向偏心受压时的承载力影响系数按式（8.2-17）～式（8.2-19）计算，或查表 8.2-2～表 8.2-4；

$A$——构件截面面积；

$f$——砌体抗压强度设计值。

值得注意的是，无筋砌体双向偏心受压构件一旦出现水平裂缝，截面受拉边立即退出工作，受压面积减小，构件刚度降低，纵向弯曲的不利影响随之增大。因此，当荷载偏心距很大时，不但构件承载力低，也不安全。所以，《砌体结构设计规范》GB 50003—2001 对双向偏心受压构件的偏心距给予限制，$e_h$、$e_b$ 分

别不宜大于 0.25$h$ 和 0.25$b$。

此外，当一个方向的偏心率（$e_h/h$ 或 $e_b/b$）不大于另一方向的偏心率的 5%时，可简化按另一个方向的单向偏心受压计算，其误差不大于 5%。

## 8.3 混凝土多孔砖砌体局部受压

### 8.3.1 砌体局部受压的特点

局部受压是砌体结构中常见的一种受力状态，其特点在于轴向力仅作用于砌体的部分截面上。当砌体截面上作用局部均匀压力时（如承受上部柱或墙传来压力的基础顶面），称为局部均匀受压；当砌体截面上作用局部非均匀压力时（如支承梁或屋架的墙柱在梁或屋架端部支承处的砌体顶面），则称为局部不均匀受压。

试验研究结果表明，砌体局部受压大致有三种破坏形态：

（1）因纵向裂缝发展而引起的破坏

这种破坏的特点是，在局部压力的作用下，第一批裂缝大多发生在距加载垫板 1～2 皮砖以下的砌体内，随着局部压力的增加，裂缝数量增多，裂缝呈纵向或斜向分布，其中部分裂缝逐渐向上、向下延伸连成一条主要裂缝而引起破坏[图 8.3-1(*a*)]。在砌体的局部受压中，这是一种较常见也是较为基本的破坏形态。

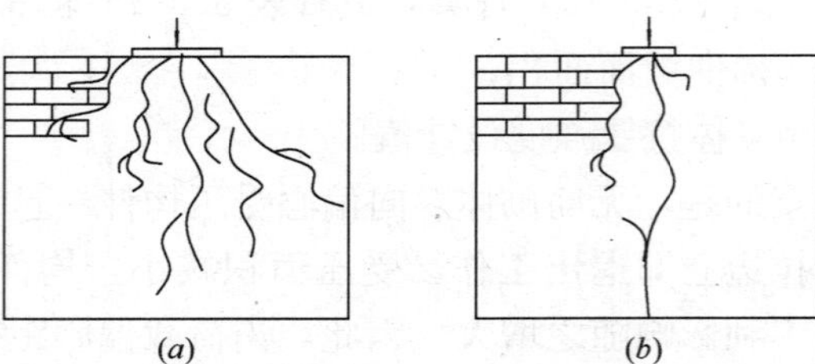


图 8.3-1 砌体局部均匀受压破坏形态

（*a*）因纵向裂缝发展而引起的破坏；（*b*）劈裂破坏

（2）劈裂破坏

当砌体面积与局部受压面积之比很大时，在局部压应力的作用下产生的纵向裂缝少而集中，砌体一旦出现纵向裂缝，很快就发生劈裂破坏，开裂荷载与破坏荷载很接近[图 8.3-1($b$)]。

（3）与垫板直接接触的砌体局部破坏

这种破坏在试验时很少出现，但在工程中当墙梁的梁高与跨度之比较大砌体强度较低时，有可能产生梁支承附近砌体被压碎的现象。局部受压时，直接受压的局部范围内的砌体抗压强度有较大程度的提高，一般认为这是由于存在“套箍强化”和“应力扩散”的作用。在局部压应力的作用下，局部受压的砌体在产生纵向变形的同时还产生横向变形，当局部受压部分的砌体四周或对边有砌体包围时，未直接受压的部分像套箍一样约束其横向变形，使与加载板接触的砌体处于三向受压或双向受压的应力状态，抗压能力大大提高。但“套箍强化”作用并不是在所有的局部受压情况都有，当局部受压面积位于构件边缘或端部时，“套箍强化”作用则不明显甚至没有，但按“应力扩散”的概念加以分析，只要在砌体内存在未直接承受压力的面积，就有应力扩散的现象，就可以在一定程度上提高砌体的抗压强度。砌体的局部受压破坏比较突然，工程中曾经出现过因砌体局部抗压强度不足而发生房屋倒塌的事故，故设计时应予注意。

### 8.3.2 砌体局部均匀受压

砌体局部均匀受压时的抗压强度可取为 $\gamma f$，$f$ 为砌体抗压强度设计值，$\gamma$ 称为砌体局部抗压强度提高系数。

砌体截面中受局部均匀压力时的承载力计算公式为：

$$N_l = \gamma f A_l \tag{8.3-1}$$

式中　$N_l$——局部受压面积上的轴向力设计值。

试验研究结果表明，$\gamma$ 的大小与周边约束局部受压面积的砌体截面面积的大小有关，可按下式确定：

$$\gamma = 1 + \xi\sqrt{\frac{A_0}{A_l} - 1} \tag{8.3-2}$$

式中 $\gamma$——砌体的局部抗压强度提高系数；

$A_0$——影响砌体的局部抗压强度的计算面积；

$A_l$——局部受压面积。

式中右边第一项可视为局部受压面积本身的砌体强度，第二项可视为非局部受压面积（$A_0-A_l$）所提供侧向压力的“套箍强化”作用和“应力扩散”作用的综合影响。根据中心局部受压的试验结果，$\xi$值可达 0.7～0.75，但当局部受压面积位于构件边缘或端部时，$\gamma$ 值将降低较多。针对工程中常遇到的墙段中部、端部或角部局部受压情况所做的系统试验的结果，《砌体结构设计规范》GB 50003—2001 规定砌体的局部抗压强度提高系数 $\gamma$ 统一按下式计算：

$$\gamma = 1 + 0.35\sqrt{\frac{A_0}{A_l} - 1} \tag{8.3-3}$$

式中，$A_0$ 可按图 8.3-2 确定。为了避免 $A_0/A_l$ 大于某一限值时会出现危险的劈裂破坏，规定对按式（8.3-3）计算所得的值 $\gamma$ 尚应符合下列规定：

1）在图 8.3-2（$a$）的情况，$\gamma \leqslant 2.5$；

2）在图 8.3-2（$b$）的情况，$\gamma \leqslant 2.0$；

3）在图 8.3-2（$c$）的情况，$\gamma \leqslant 1.5$；

4）在图 8.3-2（$d$）的情况，$\gamma \leqslant 1.25$；

5）对混凝土多孔砖灌孔砌体，除应满足 4）的情况外，尚应符合 $\gamma \leqslant 1.5$，当未灌孔时 $\gamma \leqslant 1.0$。

影响局部抗压强度的计算面积 $A_0$，可按图 8.3-2 确定。

1）图 8.3-2（$a$）的情况，$A_0=(\alpha+c+h)h$；

2）图 8.3-2（$b$）的情况，$A_0=(\alpha+h)h+(b+h_1-h)h_1$；

3）图 8.3-2（$c$）的情况，$A_0=(b+2h)h$；

4）图 8.3-2（$d$）的情况，$A_0=(\alpha+h)h$。

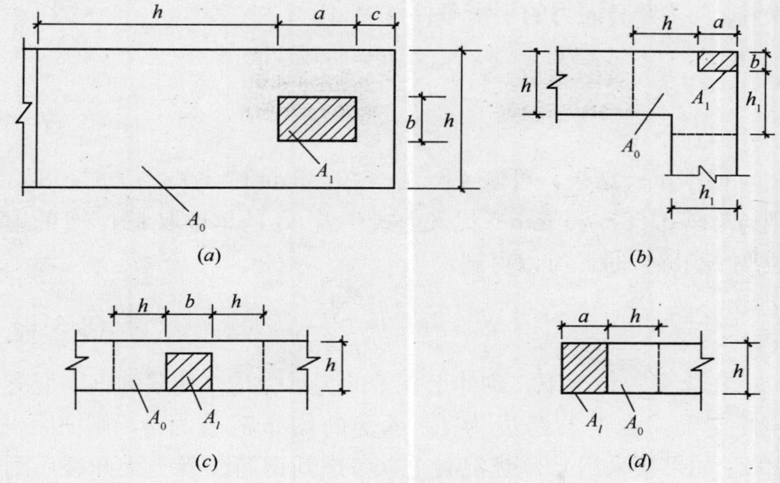


图 8.3-2　影响局部抗压强度的面积 $A_0$

## 8.3.3　梁端局部受压

(1) 梁端有效支承长度

梁端支承在砌体上时，由于梁的挠曲变形和支承处砌体压缩变形的影响，梁端的支承长度将由实际支承长度 $a$ 变为有效支承长度 $a_0$，因而砌体局部受压面积应为 $A_l = a_0 b$（$b$ 为梁的宽度），而且梁下砌体的局部压应力也非均匀分布（图 8.3-3）。

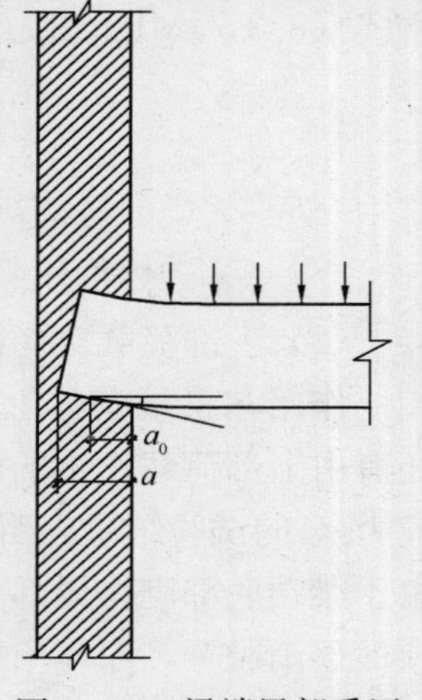


图 8.3-3　梁端局部受压

假定梁端砌体的变形和压应力按线性分布，对砌体边缘的位移为：

$y_{max} = a_0 \tan\theta$（$\theta$ 为梁端转角），其压应力为 $\sigma_{max} = k y_{max}$，$k$ 为梁端支承处砌体的压缩刚度系数。由于梁端砌体内实际的压应力为曲线分布，设压应力图形的完整系数为 $\eta$，取平均压应力为 $\sigma =$

$\eta k y_{\max}$。按照竖向力的平衡条件可得

$$N_l = \eta k y_{\max} a_0 b = \eta k a_0^2 b \tan\theta \tag{8.3-4}$$

$$a_0 = \sqrt{\frac{N_l}{\eta k b \tan\theta}} \tag{8.3-5}$$

根据试验结果，可取 $\eta k / f_m = 0.33\,\mathrm{mm}^{-1}$，$f_m/f = 2.082$，则 $\eta k = 0.687 f \quad \mathrm{mm}^{-1}$ 代入上式；当 $N_l$ 的单位取 kN，$f$ 的单位取 N/mm² 时，可以得到：

$$a_0 = 38\sqrt{\frac{N_l}{b f \tan\theta}} \tag{8.3-6}$$

在大多数情况下，砌体上支承的为承受均布荷载的钢筋混凝土简支梁。设梁的跨度为 $l$，承受的均布荷载为 $q$，则 $N_l = ql/2$；如果梁采用 C20 级混凝土，考虑到钢筋混凝土梁开裂后刚度下降，近似取刚度：

$$B = 0.3E_C I_C = 0.3 \times 2.55 \times 10^4 \times bh^3/12 = 637.5bh^3$$

$b$、$h$ 分别为梁的宽度和高度（单位取 mm），若 $B$ 按 kN/mm 计，则：

$$\tan\theta = \frac{ql^3 \times 1000}{24 \times 0.3E_C I_C} = \frac{1000ql^3}{24 \times 637.5bh^3} \tag{8.3-7}$$

将式（8.3-7）代入式（8.3-6），并近似取 $l/h = 11$，可得：

$$a_0 = 10\sqrt{\frac{h}{f}} \tag{8.3-8}$$

式中 $h$——梁的截面高度（mm）；

$f$——砌体抗压强度设计值（N/mm²）。

（2）上部荷载对局部抗压的影响

作用在梁端砌体上的轴向压力除了有梁端支承压力 $N_l$ 外，还有由上部荷载产生的轴向力 $N_0$。对在梁上砌体作用有均匀压应力 $\sigma_0$ 的试验结果表明，如果 $\sigma_0/f_m$ 不大，当梁上荷载增加时，由于梁端底部砌体局部变形较大，原压在梁端顶面上的砌体与梁顶面逐渐脱开，原作用于这部分砌体的上部荷载逐渐通过砌体内形成的卸载内拱卸至两边砌体（图 8.3-4），砌体内部应力产生

内力重分布；当砌体临近破坏时可将原压在梁端上的上部荷载压力全部卸去，这时梁顶面与砌体完全脱开，试验时可以观察到有水平裂缝出现。$\sigma_0$ 的存在和扩散作用对梁下部砌体有横向约束作用，对砌体的局部受压是有利的。但如果 $\sigma_0/f_m$ 较大，上部砌体向下变形较大，梁端顶部与砌体的接触面也增大，这时梁顶面不再与砌体脱开，内拱作用逐渐减小。

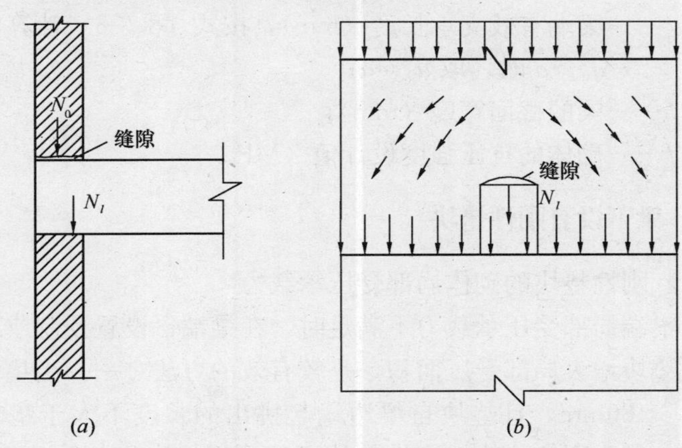


图 8.3-4　上部荷载对局部抗压的影响

内拱的卸载作用还与 $A_0/A_l$ 的大小有关，根据试验结果，当 $A_0/A_l>2$ 时，可以不考虑上部荷载对砌体局部抗压强度的影响。为偏于安全，《砌体结构设计规范》GB 50003—2001 规定当 $A_0/A_l\geqslant 3$ 时，不考虑上部荷载的影响。

（3）梁端支承处砌体的局部受压承载力计算

根据试验结果，梁端支承处砌体的局部受压承载力应按下列公式计算：

$$\psi N_0 + N_l \leqslant \eta\gamma f A_l \quad (8.3\text{-}9)$$

$$\psi = 1.5 - 0.5\frac{A_0}{A_l} \quad (8.3\text{-}10)$$

$$N_0 = \sigma_0 A \quad (8.3\text{-}11)$$

$$A_l = a_0 b \quad (8.3\text{-}12)$$

式中 $\psi$——上部荷载的折减系数，当 $A_0/A_l \geqslant 3$ 时，取 $\psi=0$；

$N_0$——局部受压面积内上部轴向力设计值（N）；

$N_l$——梁端荷载设计值产生的支承压力（N）；

$\sigma_0$——上部平均压应力设计值（$N/mm^2$）；

$\eta$——梁端底面应力图形的完整系数，一般可取 0.7，对于过梁和墙梁可取 1.0；

$a_0$——梁端有效支承长度（mm），按式（8.3-8）计算，当 $a_0>a$ 时，取 $a_0=a$；

$b$——梁的截面宽度（mm）；

$f$——砌体的抗压强度设计值（MPa）。

### 8.3.4 梁下设有刚性垫块

（1）刚性垫块的砌体局部受压承载力

当梁端局部受压承载力不满足时，在梁端下设置预制或现浇混凝土垫块增大局部受压面积，是较有效的方法之一。当垫块的高度 $t_b \geqslant 180$mm，且垫块自梁边缘起挑出的长度不大于垫块的高度时，称为刚性垫块。刚性垫块不但可以增大局部受压面积，还可使梁端压力能较好地传至砌体表面。试验表明，垫块底面积以外的砌体对局部抗压强度仍能提供有利的影响，但考虑到垫块底面压应力分布不均匀，偏于安全取垫块外砌体面积的有利影响系数 $\gamma_1=0.8\gamma$（$\gamma$ 为砌体的局部抗压强度提高系数）。试验还表明，刚性垫块下砌体的局部受压可采用砌体偏心受压的公式计算。

在梁端下设有预制或现浇刚性垫块的砌体局部受压承载力按下列公式计算：

$$N_0 + N_l \leqslant \varphi\gamma_1 f A_b \tag{8.3-13}$$

$$N_0 = \sigma_0 A_b \tag{8.3-14}$$

$$A_b = a_b b_b \tag{8.3-15}$$

式中 $N_0$——垫块面积 $A_b$ 内上部轴向力设计值（N）；

$\varphi$——垫块上 $N_0$ 及 $N_l$ 合力的影响系数，应采用表 8.2-2～表 8.2-4 中当 $\beta$ 小于等于 3 时的 $\varphi$ 值；

$\gamma_1$——垫块外砌体面积的有利影响系数，$\gamma_1$ 应为 $0.8\gamma$，但不小于 1，$\gamma$ 为砌体局部抗压强度提高系数，按式（8.3-3）以 $A_b$ 代替 $A_l$ 计算得出；

$A_b$——垫块面积（$mm^2$）；

$a_b$——垫块伸入墙内的长度（mm）；

$b_b$——垫块的宽度（mm）。

（2）刚性垫块的构造应符合下列规定：

1）刚性垫块的高度不小于 180mm，自梁边算起的垫块挑出长度不大于垫块高度 $t_b$（图 8.3-5）；

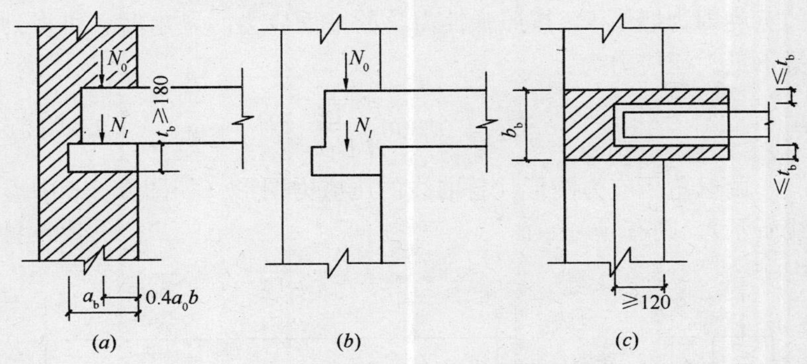


图 8.3-5　梁端下的刚性垫块

2）在带壁柱墙的壁柱内设刚性垫块时，其计算面积应取壁柱范围内的面积，而不应计算翼缘部分，同时壁柱上垫块伸入翼墙内的长度不应小于 120mm；

3）当现浇垫块与梁端整体浇筑时，垫块可在梁高范围内设置。

（3）刚性垫块上表面梁端有效支承长度

刚性垫块上表面梁端有效支承长度 $a_0$ 按下式确定：

$$a_0 = \delta_1\sqrt{\frac{h}{f}} \qquad (8.3\text{-}16)$$

式中　$\delta_1$——刚性垫块 $a_0$ 计算公式的系数，按表 8.3-1 采用。垫块上 $N_l$ 合力点位置可取 $0.4a_0$ 处。

**系数 $\delta_1$ 值表**　　　　**表 8.3-1**

| $\sigma_0/f$ | 0 | 0.2 | 0.4 | 0.6 | 0.8 |
|---|---|---|---|---|---|
| $\delta_1$ | 5.4 | 5.7 | 6.0 | 6.9 | 7.8 |

注：表中其间的数值可采用插入法求得。

## 8.3.5　梁下设有长度大于 $\pi h_0$ 的钢筋混凝土垫梁

当梁下设有长度大于 $\pi h_0$ 的钢筋混凝土垫梁时，由于垫梁是柔性的，当垫梁置于墙上，在屋面梁或楼面梁的作用下，相当于承受集中荷载的“弹性地基”上的无限长梁。此时，“弹性地基”的宽度即为墙厚 $h$，按照弹性力学的平面应力问题求解，可得到梁下最大压应力为：

$$\sigma_{y,max} = 0.306\sqrt[3]{\frac{Eh}{E_b I_b}}\frac{N_l}{b_b} \tag{8.3-17}$$

用三角压应力图形代替曲线的压应力图形（如图 8.3-6 中虚线所示），则有

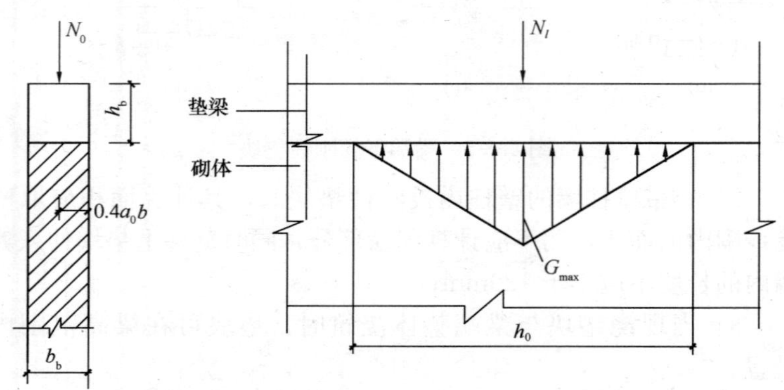


图 8.3-6　垫梁局部受压

$$N_l = \frac{1}{2}\pi h_0 b_b \sigma_{y,max} \tag{8.3-18}$$

将式（8.3-18）代入式（8.3-17），则得到垫梁的折算高度 $h_0$ 为：

$$h_0 \approx 2\sqrt[3]{\frac{E_b I_b}{Eh}} \tag{8.3-19}$$

式中 $E_b$、$I_b$——分别为垫梁的弹性模量和截面惯性矩；

$b_b$、$h_b$——分别为垫梁的宽度和高度；

$E$——砌体的弹性模量。

由于垫梁下应力不均匀，最大应力发生在局部范围内。根据试验，当为钢筋混凝土垫梁时，最大压应力 $\sigma_{y,max}$ 与砌体抗压强度 $f_m$ 之比为 1.5～1.6，当梁出现裂缝，刚度降低时，应力更为集中。《砌体结构设计规范》GB 50003－2001 建议取下式验算：

$$\sigma_{y,max} \leqslant 1.5f \tag{8.3-20}$$

考虑垫梁 $\pi b_b h_0/2$ 范围内上部荷载设计值产生的轴力 $N_0$，则有

$$N_0 + N_l \leqslant \frac{\pi b_b h_0}{2} \times 1.5f = 2.365 b_b h_0 f \approx 2.4 b_b h_0 f \tag{8.3-21}$$

《砌体结构设计规范》GB 50003—2001 中考虑荷载沿墙方向分布不均匀的影响后，规定梁下设有长度大于 $\pi h_0$ 垫梁下的砌体局部受压承载力应按下列公式计算：

$$N_0 + N_l \leqslant 2.4 b_b h_0 f \tag{8.3-22}$$

$$N_0 = \frac{\pi b_b h_0 \sigma_0}{2} \tag{8.3-23}$$

$$h_0 = \sqrt[3]{\frac{E_b I_b}{Eh}} \tag{8.3-24}$$

式中 $N_0$——垫梁上部轴向力设计值（N）；

$b_b$、$h_b$——分别为垫梁在墙厚方向的宽度和垫梁的高度（mm）；

$\delta_2$——当荷载沿墙厚方向均匀分布时 $\delta_2$ 取 1.0，不均匀时 $\delta_2$ 可取 0.8；

$h_0$——垫梁的折算高度（mm）；

$E_b$、$I_b$——分别为垫梁的混凝土弹性模量和截面惯性矩；

$E$——砌体的弹性模量；

$h$——墙厚（mm）。

## 8.4 砌体受拉、受弯、受剪构件

### 8.4.1 轴心受拉构件

砌体的抗拉能力很低，工程上很少采用砌体轴心受拉构件。如容积较小的圆形水池或筒仓，在液体或松散物料的侧向压力作用下，壁内只产生环向拉力，可采用砌体结构。

轴心受拉构件的承载力，应按下式计算：

$$N_t < f_t A \tag{8.4-1}$$

式中 $N_t$——轴心拉力设计值；

$f_t$——砌体轴心抗拉强度设计值；

$A$——砌体截面面积。

### 8.4.2 受弯构件

砌体结构中的受弯构件如过梁、挡土墙等，在弯短作用下，砌体可能沿齿缝、沿多孔砖和竖向灰缝截面或沿通缠截面发生弯曲受拉破坏；或在支座处由于剪力过大而发生受剪破坏。因此，受弯构件应进行受弯和受剪承载力计算。

（1）受弯承载力

受弯承载力按下式计算：

$$M < f_{tm} W \tag{8.4-2}$$

式中 $M$——弯矩设计值；

$f_{tm}$——砌体弯曲抗拉强度设计值；

$W$——截面抵抗矩，对矩形截面 $W = bh^2/6$。

（2）受剪承载力

受剪承载力按下式计算：

$$V < f_v bZ \tag{8.4-3}$$

$$Z = \frac{I}{S}$$

式中 $V$——剪力设计值；

$f_v$——砌体的抗剪强度设计值；

$Z$——内力臂，当截面为矩形时取 $Z$ 等于 $2h/3$；

$I$——截面惯性；

$S$——截面面积矩；

$b$、$h$——截面宽度和高度。

### 8.4.3 受剪构件

试验研究表明，当构件水平截面上作用有压应力时，由于灰缝粘结强度和摩擦力的共同作用，砌体抗剪承载力有明显的提高，因此计算时应考虑剪、压的复合作用。

砌体沿通缝或沿阶梯截面破坏时受剪构件的承载力按下式计算：

$$V < (f_v + \alpha\mu\sigma_0)A \tag{8.4-4}$$

当 $\gamma_G = 1.2$ 时，$\mu = 0.26 - 0.082\frac{\sigma_0}{f}$

当 $\gamma_G = 1.35$ 时，$\mu = 0.23 - 0.065\frac{\sigma_0}{f}$

式中 $V$——截面剪力设计值；

$f_v$——砌体的抗剪设计值；

$\alpha$——修正系数，对混凝土多孔砖砌体，$\alpha = 0.64(\gamma_G = 1.2)$；$\alpha = 0.66(\gamma_G = 1.35)$；

$\mu$——剪压复合受力影响系数，$\alpha$ 与 $\mu$ 的乘积可查表 8.4-1；

$\sigma_0$——永久荷载设计值产生的水平截面平均压应力。

**$\alpha$与$\mu$的乘积** **表 8.4-1**

| $\gamma_G$ | $\sigma_0/f$ | | | | | | | |
|---|---|---|---|---|---|---|---|---|
| | 0.1 | 0.2 | 0.3 | 0.4 | 0.5 | 0.6 | 0.7 | 0.8 |
| 1.2 | 0.16 | 0.16 | 0.15 | 0.15 | 0.14 | 0.13 | 0.13 | 0.11 |
| 1.35 | 0.15 | 0.14 | 0.14 | 0.13 | 0.13 | 0.13 | 0.12 | 0.12 |

# 第 9 章　混凝土多孔砖砌体房屋的墙柱设计

## 9.1　混凝土多孔砖砌体房屋的结构布置和承重体系

砌体结构房屋的承重体系按其结构布置方式的不同可分为：①横墙承重体系；②纵墙承重体系；③纵横墙承重体系；④内框架或底层框架承重体系。各种承重体系不仅使传力途径发生改变，而且还影响房屋使用空间的大小。

### 9.1.1　横墙承重体系

当屋、楼盖上的荷载绝大部分传给房屋横墙，即房屋承重墙是横墙时，相应的承重体系称为横墙承重体系，如图 9.1-1 所示。

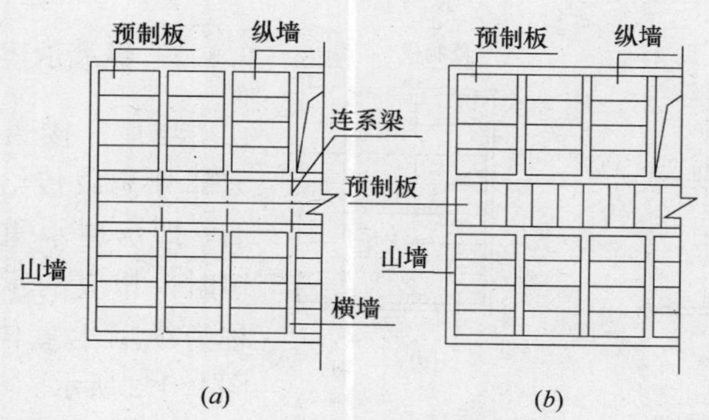


图 9.1-1　横墙承重体系

横墙承重体系的屋（楼）面荷载传力途径为：

屋（楼）面荷载→板→横墙→横墙基础→地基。

图 9.1-1（*a*）中，大部分楼面荷载由预制板直接传给横

墙，少量荷载由预制板传到连系梁上，再由连系梁传给纵横墙体；图 9.1-1（$b$）中，绝大部分楼面荷载由预制板直接传给横墙。可以看出，无论哪一种布置方式，房屋承重墙主要是横墙。

横墙承重体系与其他承重体系比较，具有如下特点：

1）房屋横墙间距小、数量多。由于房屋横墙间距较小，将预制板两端直接铺设在横墙上是较为合理的屋、楼盖布置方式，所形成的房屋开间相对较小（一般为 3～4.5m）。由于横向承重墙数量较多，房屋横向刚度加大，对于平面长宽比较大的房屋，有助于弥补房屋整体横向刚度的不足。与纵墙承重体系相比，横墙承重体系对于抵抗风荷载、地震作用较为有利。

2）外纵墙不承重，承载力有富余，开窗灵活、方便，开窗面积和位置不受限制。

3）屋、楼盖结构简单，施工方便。与纵墙承重相比，墙体材料用料较多，屋、楼盖用料较少。

横向承重体系适用于开间较小、开间尺寸相差不大的旅馆、宿舍等民用建筑。

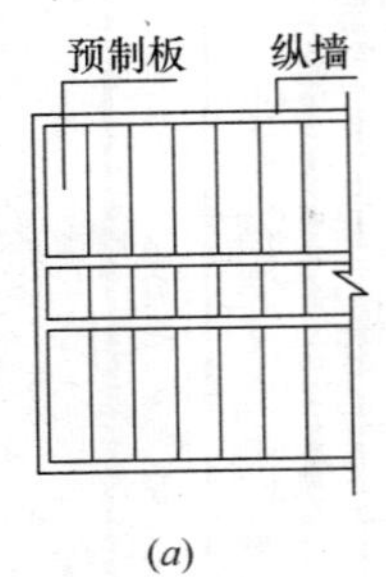

(*a*)

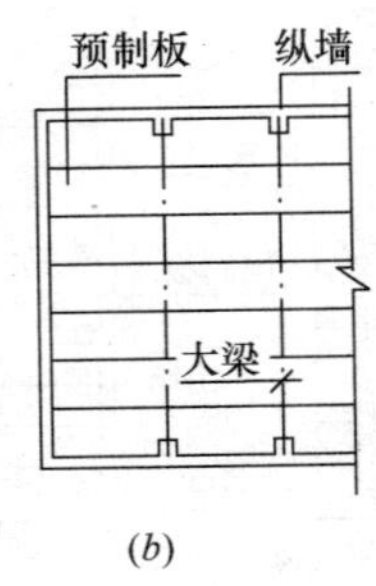

(*b*)

图 9.1-2 纵墙承重体系

### 9.1.2 纵墙承重体系

当屋、楼盖上的绝大部分荷载传给房屋纵墙，即房屋承重墙是纵墙时，相应的承重体系称为纵墙承重体系，如图 9.1-2 所示。

纵墙承重体系的屋（楼）面荷载传力途径为：

$$\text{屋（楼）面荷载}\rightarrow\begin{matrix}\text{板}\\ \text{板}\rightarrow\text{梁}\end{matrix}\rightarrow\text{纵墙}\rightarrow\text{纵墙基础}\rightarrow\text{地基。}$$

图 9.1-2（$a$）中，房间进深不大时，将预制板直接搁置在

纵墙上，全部楼面荷载由纵墙承受；图 9.1-2（*b*）中，预制板搁置在屋（楼）面大梁上，梁搁置在房屋纵墙上，屋（楼）面荷载绝大部分传给房屋纵墙。可见，房屋承重墙主要是纵墙。

与横墙承重体系相反，纵墙承重体系具有如下特点：

1）房屋横墙间距大、数量少。当纵墙间距大时，房间可以有大空间，平面布置灵活。由于横墙数量较少，房屋整体横向刚度相对较弱。因此，在抗震地区和风荷载较大的沿海地区，房屋横向应布置适当数量的横向墙片（横向砌体剪力墙）。

2）由于外纵墙承重，墙体荷载大，开窗面积受到一定限制。

3）与横墙承重体系相比，墙体材料用料较少，屋、楼盖用料较多。

纵墙承重体系适用于使用上要求较大空间的教学楼、图书馆，以及空旷的中小型工业厂房、仓库、食堂等单层房屋。

### 9.1.3 纵横墙承重体系

当屋、楼盖上的荷载一部分传给房屋横墙，另一部分传给房屋纵墙，即房屋的承重墙既有横墙又有纵墙，相应的承重体系称为纵横墙承重体系，如图 9.1-3 所示。

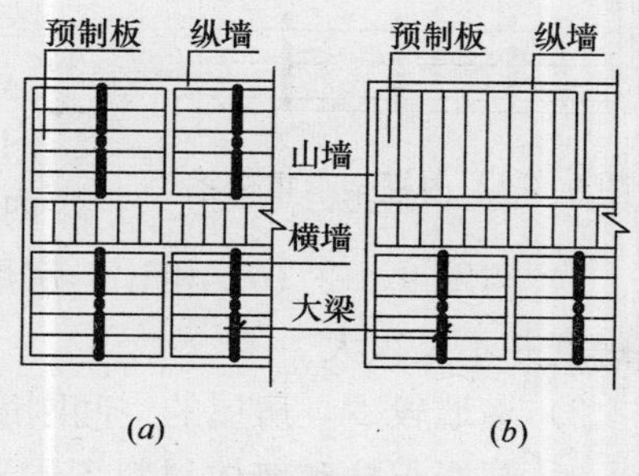

图 9.1-3　纵横墙承重体系

纵横墙承重体系的屋（楼）面荷载传力途径为：

屋（楼）面荷载→板→（梁→）$\begin{matrix}\text{纵墙}\\\text{横墙}\end{matrix}$→$\begin{matrix}\text{纵墙基础}\\\text{横墙基础}\end{matrix}$→地基。

纵横墙承重体系具有如下特点：

1）房间空间介于前述两种体系之间。

2）房屋纵横两向都有承重墙，当房屋纵横两向墙体数量及平面尺寸接近时，房屋两个方向的刚度接近，有利于抗震、抗风。

3）与前述两种体系相比，纵横墙均承重，墙体材料利用率高，墙体应力也比较均匀。

纵横墙承重体系既可以使房间拥有较大的使用空间，又有较好的空间刚度，适用于教学楼、办公楼、医院及点式住宅等建筑。

### 9.1.4 内框架承重体系和底层框架承重体系

（1）内框架承重体系

屋、楼盖主梁支承在外墙上，并与房屋内部所设的混凝土柱形成框架结构时，这样的承重体系称为内框架承重体系，见图 9.1-4。

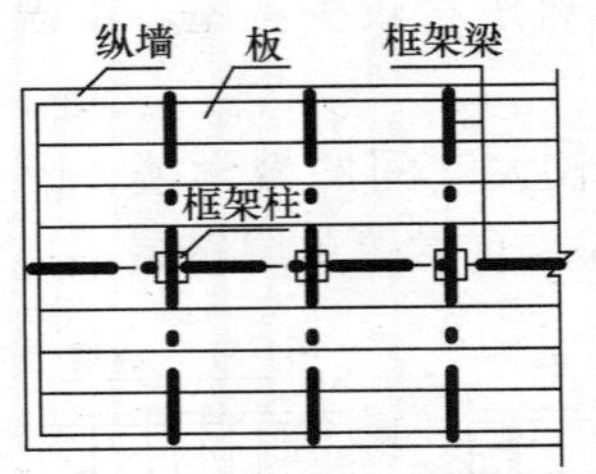


图 9.1-4 内框架承重体系

内框架承重体系的屋（楼）面荷载传力途径为：

屋（楼）面荷载→板→内框架梁→ 外纵墙 / 内框架柱 → 纵墙基础 / 柱基础 →地基。

内框架承重体系具有如下特点：

1）与图 9.1-2（*b*）相比，房屋具有同样的大空间，而且梁的跨度并不是很大。

2）横墙较少，房屋的空间刚度较差。

3）混凝土柱和墙体材料不同，压缩性不一致，且基础沉降也不易一致，如果设计不当，结构容易产生不均匀竖向变形，使结构产生较大的附加内力，设计时应特别注意。

4）由于框架和墙体的变形性能相差较大，地震时易由于变形不协调而破坏。

内框架承重体系适用于层数不多的工业厂房、仓库和商店等需要较大空间的房屋。内框架承重体系也可以与其他承重体系结合，用于房屋的门厅、会议室等，这样构成了混合承重体系。

（2）底层框架承重体系

对于商住楼等建筑，使用上要求底层采用大空间的框架结构，上部则采用砌体结构，形成下部一层或两层混凝土框架承托上部多层砌体结构，这样的承重体系称为底层框架承重体系，如图 9.1-5 所示。

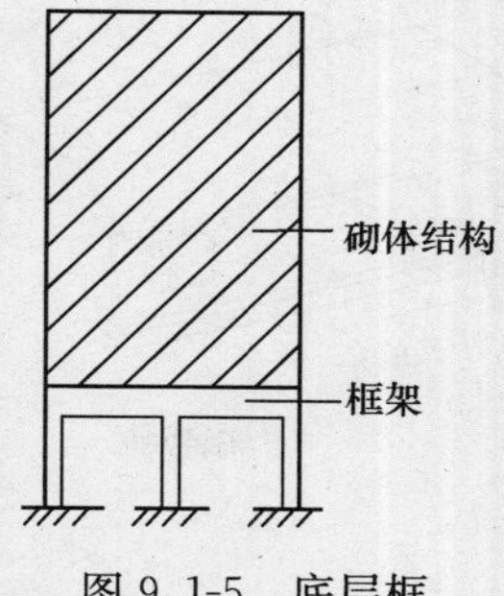

图 9.1-5　底层框架承重体系

这种承重体系的传力途径是：

上部砌体结构的墙体重量和楼面荷载→框架梁→框架柱→基础→地基。

这种体系的下部刚度小，结构薄弱，在抗震、抗风地区应布置适当数量的纵、横向墙体。

## 9.2　房屋的静力计算方案

砌体结构房屋的墙、柱设计就是要确定墙、柱内力，然后进行截面承载力计算。确定墙、柱内力时，首先要确定荷载作用下的墙、柱计算简图，以便按力学方法计算墙、柱内力。不同的计算简图取决于房屋的静力计算方案。也就是说，房屋静力计算方案是确定房屋计算简图，确定墙、柱内力的依据。

### 9.2.1　房屋静力计算简图

房屋计算简图既要符合结构的实际受力情况，又要尽可能使计算简单。因此必须研究结构的受力情况，忽略次要因素，抓住影响结构受力的主要因素，这是确定计算简图的原则。以下介绍砌体房屋的静力计算方案及其计算简图。

先以图 9.2-1 所示的单层房屋说明计算简图的确定方法。为了说明问题，假设图中的单层房屋两端没有山墙，中间也不设横墙。

考察房屋在风荷载作用下的顶点横向水平位移（顶点侧移）可见，由于房屋承受纵向均布荷载；房屋的横向刚度沿纵向没有变化，顶点侧移沿房屋纵向处处相等，都等于 $u_p$。显然，这样

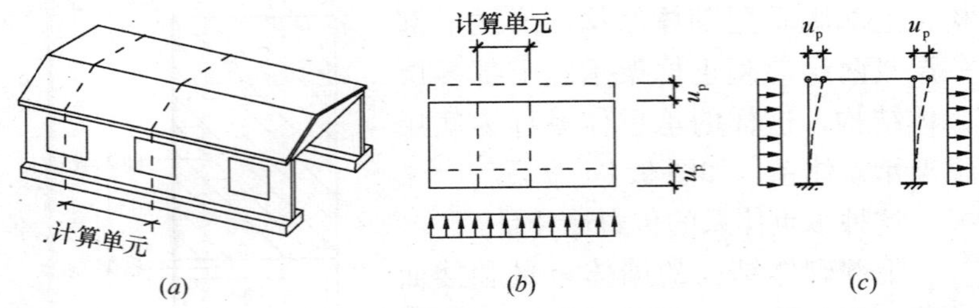


图 9.2-1　无山墙房屋计算方法

的房屋，其纵墙计算可化为平面问题来处理。一般取一个开间作为计算单元，计算单元按平面排架计算。之所以认为梁柱铰接，是考虑到屋盖搁置在纵墙上，对纵墙无转动约束。

两端无山墙的房屋，其风荷载的传力途径是：纵墙→纵墙基础→地基。

如果在上例中两端设有山墙，情况就发生变化（图 9.2-2）。例如，在风荷载作用下，房屋的顶点侧移如图 9.2-2（$b$）所示，可见房屋的顶点侧移较 $u_p$ 要小且沿房屋纵向变化。事实上，纵墙底部支承在基础上，顶部支承在屋盖上；屋盖两端看作是支承

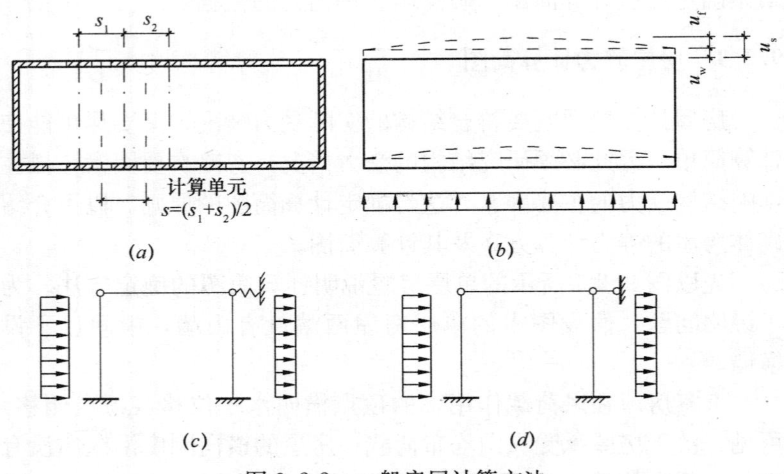


图 9.2-2　一般房屋计算方法

在山墙顶的一根水平放置的梁；山墙是支承在地基上的悬臂柱。此时风荷载的传力途径发生了变化，是：

$$纵墙\rightarrow \begin{matrix}屋（楼）盖\\纵墙基础\end{matrix}\rightarrow横墙\rightarrow横墙基础\rightarrow地基。$$

由于山墙具有一定刚度，顶点侧移有限；屋盖也具有一定平面刚度，受荷后将产生弯曲变形，故房屋的顶点侧移较 $u_{\mathrm{p}}$ 要小且沿房屋纵向变化。由此，房屋的受力体系已不是平面受力体系，而是纵墙通过屋盖和山墙组成了空间受力体系。

工程设计中，这种情况仍然化为平面问题处理。计算墙柱内力时，按前述方法取出一个计算单元，但应考虑房屋空间受力的影响。我们把房屋空间受力对平面计算单元的影响称为房屋的空间作用。房屋的空间作用在下面两种情况下都是存在的：①房屋的横向刚度沿纵向变化；②房屋的荷载沿纵向变化。

设 $u_{\mathrm{s}}$ 为计算单元顶点侧移，$u_{\mathrm{f}}$ 为屋盖的平面内弯曲变形；$u_{\mathrm{w}}$ 为山墙顶点侧移，显然，$u_{\mathrm{s}}=u_{\mathrm{f}}+u_{\mathrm{w}}$。我们定义房屋空间性能影响系数 $\eta$ 为：

$$\eta=\frac{u_{\mathrm{s}}}{u_{\mathrm{p}}} \qquad (9.2\text{-}1)$$

式中 $u_{\mathrm{s}}$——计算单元顶点侧移；

$u_{\mathrm{p}}$——无山墙房屋顶点侧移。

显然，$\eta$ 值在 0～1 之间。

当 $\eta=1$ 时，情况与图 9.2-1 的例子相同，房屋无空间作用，计算单元的计算简图按平面排架计算［图 9.2-1（*c*）］。这种计算方法称为按弹性方案的计算方法，或称弹性方案。弹性方案房屋墙、柱在屋、楼盖处无侧移限制。工程设计上，当 $\eta$ 接近 1，即侧移很大时，也按弹性方案计算。

当 $\eta=0$ 时，计算单元无顶点侧移，房屋的空间作用很大，计算单元的计算简图比拟为顶点加水平限侧连杆的平面排架［图 9.2-2（*d*）］。这种计算称为刚性方案。刚性方案房屋墙、柱在屋、楼盖处有连杆，侧移值为 0。同样，工程设计上，当 $\eta$ 很小，即侧移很小时，也按刚性方案计算。

当 $\eta$ 介于上述值之间时，房屋的空间作用也介于二者之间，计算单元的计算简图比拟为顶点加一水平弹簧的平面排架，如图 9.2-2（$c$）所示。这种计算称为刚弹性方案。刚弹性方案房屋墙、柱在屋盖处有弹簧，侧移介于刚性方案和弹性方案之间。

由于 $\eta$ 值不易计算，按 $\eta$ 值确定结构的静力计算方案不便于设计。考察影响 $\eta$ 值的主要因素有：①屋、楼盖刚度，它主要取决于屋、楼盖类型；②横墙间距；③横墙刚度，它主要取决于横墙厚度、横墙高长比、横墙有无开洞。因此，《砌体结构设计规范》GB 50003 根据屋（楼）的类别和房屋的横墙间距来确定房屋的静力计算方案，见表 9.2-1，且对刚性和刚弹性方案房屋的横墙作出了要求。

**房屋的静力计算方案** **表 9.2-1**

| | 屋盖或楼盖类别 | 刚性方案 | 刚弹性方案 | 弹性方案 |
|---|---|---|---|---|
| 1 | 整体式、装配整体和装配式无檩体系钢筋混凝土屋盖或钢筋混凝土楼盖 | $s<32$ | $32\leqslant s\leqslant 72$ | $s>72$ |
| 2 | 装配式有檩体系钢筋混凝土屋盖、轻钢屋盖和有密铺望板的木屋盖或木楼盖 | $s<20$ | $20\leqslant s\leqslant 48$ | $s>48$ |
| 3 | 瓦材屋面的木屋盖和轻钢屋盖 | $s<16$ | $16\leqslant s\leqslant 36$ | $s>36$ |

注：1. 表中 $s$ 为房屋横墙间距，其长度单位为 m；

2. 对无山墙或伸缩缝处无横墙的房屋，应按弹性方案考虑。

### 9.2.2 刚性、刚弹性方案房屋的横墙要求

为了保证横墙具有一定的刚度，在荷载作用下不致变形过大，《砌体结构设计规范》GB 50003 规定了作为刚性和刚弹性方案房屋的横墙应符合下列要求：

1）横墙中开有洞口时，洞口的水平截面面积不应超过横墙截面面积的 50%；

2）横墙的厚度不宜小于 180mm；

3）单层房屋的横墙长度不宜小于其高度，多层房屋的横墙长度不宜小于 $H/2$（$H$ 为横墙总高度）。

当横墙不能符合上述要求时，应对横墙的刚度进行验算。如其最大水平位移值 $u_{max} \leqslant H/4000$ 时，仍可视作刚性或刚弹性方案房屋的横墙。

凡刚度符合 $u_{max} \leqslant H/4000$ 要求的一段横墙或其他结构构件（如框架等），也可视作刚性或刚弹性方案房屋的横墙。

单层房屋横墙在水平集中力 $P_1$ 作用下的最大水平位移 $u_{max}$，由弯曲变形和剪切变形两部分组成。

当门窗洞口的水平截面面积不超过横墙全截面面积的 75% 时，$u_{max}$ 可按下式计算：

$$u_{max}=\frac{P_1H^3}{3EI}+\frac{\tau}{G}H=\frac{mPH^3}{6EI}+\frac{2mPH}{EA} \quad (9.2\text{-}2a)$$

式中 $P_1$——作用于横墙顶端的水平集中力，$P_1=mP/2$，此处，$P=W+R$；

$m$——与该横墙相邻的两横墙的开间数（图 9.2-3）；

$W$——每开间中作用于屋架下弦、由屋面风荷载（包括屋盖下弦以上一段女儿墙上的风荷载）产生的集中风力；

$R$——假定排架无侧移时，每开间柱顶反力；

$H$——横墙高度；

$E$——砌体的弹性模量；

$I$——横墙的惯性矩，为简化计算，近似地取横墙毛截面惯性矩，当横墙与纵墙连接时可按工字形或［形截面考虑；与横墙共同工作的纵墙部分的计算长度 $s$，每边近似地取 $s=0.3H$；

$\tau$——水平截面上的剪应力，$\tau=\xi\frac{P}{A}$；

$\xi$——应力分布不均匀系数，可近似取 $\xi=2.0$；

$A$——横墙水平截面面积，可近似取毛截面面积；

$G$——砖砌体剪切模量，$G=0.5E$。

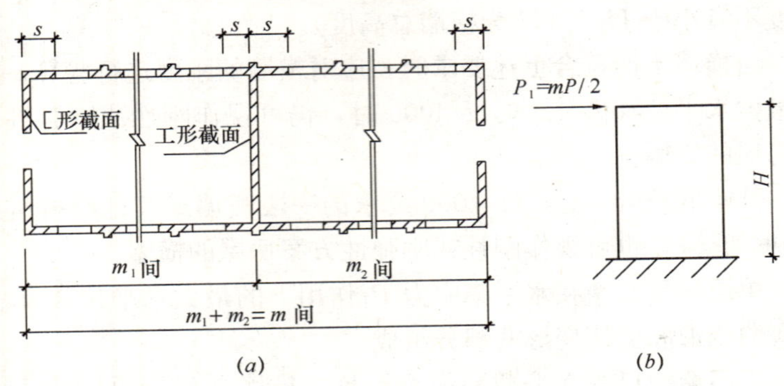


图 9.2-3　横墙 $u_{max}$ 计算

多层房屋也可仿照上述方法进行计算：

$$u_{\max}=\frac{m}{6EI}\sum_{i=1}^{n}P_iH_i^3+\frac{2m}{EA}\sum_{i=1}^{n}P_iH_i \qquad (9.2\text{-}2b)$$

式中　$n$——房屋总层数；

$P_i$——假定每开间框架各层均为不动铰支座时，第 $i$ 层的支座反力；

$H_i$——第 $i$ 层楼面至基础上顶面的高度。

### 9.2.3　空间性能影响系数

单层房屋的空间性能影响系数 $\eta$ 可按下述方法求得：

假定屋盖为在水平面内支承于横墙上的剪切型弹性地基梁，在此，纵墙（柱）即为其弹性地基。按这一计算模型，由理论分析给出空间性能影响系数为：

$$\eta=\frac{u_s}{u_p}=1-\frac{1}{\mathrm{ch}ks} \qquad (9.2\text{-}3)$$

式中　$u_s$——考虑空间作用时，外荷载作用下房屋排架顶点水平侧移的最大值；

$u_p$——在外荷载作用下，平面排架的顶点水平侧移；

$s$——横墙间距；

$k$——屋盖系统的弹性常数。

理论上计算 $k$ 是比较困难的。因此在《砌体结构设计规范》GB 50003 中，采用半经验、半理论的方法来确定 $k$ 值。首先以实测的 $u_s$ 及 $u_p$ 值反算出 $\eta$ 值，然后带入上述公式，求出各类屋盖系统的 $k$ 值，并对分散的 $k$ 值进行统计整理，取 $k=k_m+2\sigma$（$k_m$——$k$ 的平均值；$\sigma$——均方差），则可得出：

第 1 类屋盖，$k$=0.03；

第 2 类屋盖，$k$=0.05；

第 3 类屋盖，$k$=0.065。

以各类房屋的 $k$ 值和横墙间距 $s$ 代入式（9.2-3），就可计算出单层房屋的空间影响系数。应用时可按屋盖类别和横墙间距直接查表 9.2-2。上述规定的 $\eta$ 值与房屋的高度无关。

**房屋各层的空间性能影响系数 $\eta_i$** **表 9.2-2**

| 屋盖或楼盖类别 | 横墙间距 $s$（m） | | | | | | | |
|---|---|---|---|---|---|---|---|---|
| | 16 | 20 | 24 | 28 | 32 | 36 | 40 | 44 |
| 1 | — | — | — | — | 0.33 | 0.39 | 0.45 | 0.50 |
| 2 | — | 0.35 | 0.45 | 0.54 | 0.61 | 0.68 | 0.73 | 0.78 |
| 3 | 0.37 | 0.49 | 0.60 | 0.68 | 0.75 | 0.81 | — | — |
| 屋盖或楼盖类别 | 横墙间距 $s$（m） | | | | | | | |
| | 48 | 52 | 56 | 60 | 64 | 68 | 72 | |
| 1 | 0.55 | 0.60 | 0.64 | 0.68 | 0.71 | 0.74 | 0.77 | |
| 2 | 0.82 | — | — | — | — | — | — | — |
| 3 | — | — | — | — | — | — | — | — |

注：$i$ 取 1～$n$，$n$ 为房屋的层数。

实测与分析表明，多层房屋不仅存在沿房屋纵向各开间之间的相互作用（楼层内空间作用），而且还存在各层之间的相互作用（楼层间空间作用）。因此，多层房屋的空间性能影响系数 $\eta$ 为多系数。为方便工程设计的应用，《砌体结构设计规范》GB 50003 中采用综合空间性能影响系数如表 9.2-2 所示，其中 $\eta$ 值是偏于安全的。

以上讨论同样适用于横墙的静力计算方案确定，计算横墙时则为纵墙间距。

## 9.3 砌体房屋墙、柱设计

砌体结构房屋墙、柱设计应根据房屋的结构布置方案等因素，确定承重墙和自承重墙的厚度，使其满足墙、柱高厚比的要求；按照前节的方法确定房屋的静力计算方案；根据房屋的静力计算方案确定计算单元的承重墙、柱控制截面的内力；再进行承载力计算（包括局部受压承载力），使其满足承载力要求。此外砌体房屋墙、柱还应满足后节所述的砌体房屋构造要求。简言之，砌体房屋墙、柱应满足承载力和墙、柱构造两方面的要求。

### 9.3.1 刚性方案房屋墙、柱设计

由上节分析可知，刚性方案房屋空间作用大，墙、柱顶端位移很小，屋、楼盖可视作墙、柱顶端的不动铰支座。

（1）单层刚性方案房屋承重纵墙计算

1）计算单元

计算单元应取荷载较大、截面削弱较多的有代表性的墙段。一般取一个开间作为计算单元，计算单元的宽度为 $s=(s_1+s_2)/2$［图 9.2-2（$a$）］，其中 $s_1$、$s_2$为开间宽。计算单元一经确定，计算单元将承受其宽度范围内的全部荷载；考虑到竖向集中荷载（屋面梁传来）作用下墙体应力的不均匀性，即离集中荷载越远，墙体应力越小，参与工作的程度越小，因此，计算简图中的墙体计算截面宽度可按下列规定采用：

①对于带壁柱墙，可取壁柱宽加 2/3 墙高，但不大于窗间墙宽度和相邻壁柱间距离 $(s_1+s_2)/2$。

②对于无壁柱墙，可取 2/3 墙高，但不大于窗间墙宽度和相邻壁柱间距离 $(s_1+s_2)/2$。

简言之，计算简图中，荷载按计算单元宽度范围确定；墙体计算截面宽度按等宽考虑并取较小值。

单层刚性方案房屋承重纵墙计算采用下列假定：

①纵墙、柱下端在基础顶面处固接。除非地基变形很大，否则这样的假定是符合实际情况的。

②纵墙、柱上端与屋面梁或屋架铰接，并且视屋面梁或屋架为纵墙、柱上端的不动铰支座。

按照上述假定，每片纵墙可以按下端固接、上端支承在不动铰支座的竖向构件单独进行计算（图 9.3-1）。高度一般为基础顶面至梁底（或屋架底）之间的距离。

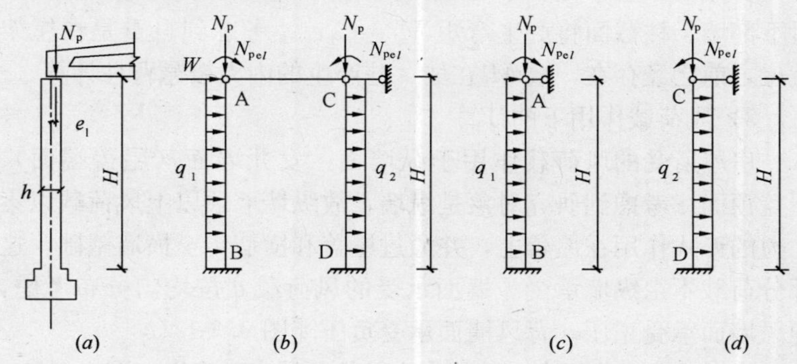


图 9.3-1 刚性方案房屋计算简图

2）竖向荷载作用下的计算

竖向荷载包括屋盖荷载和墙、柱自重。

屋盖荷载包括屋盖构件自重，屋面活荷载（或雪荷载）。屋盖荷载通过屋架或屋面梁作用于墙、柱顶端。由于屋架支承反力 $N_p$ 作用点对于墙体截面形心线往往有一个偏心距 $e'_l$（$e_l$ 的取值见多层刚性方案房屋承重纵墙计算），所以作用于墙体顶端的屋盖荷载可视为由轴心压力 $N_p$ 和弯矩 $M = N_p e_l$ 组成，这时，其内力为（图 9.3-2）：

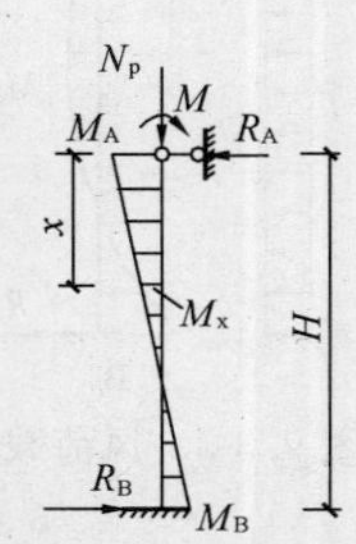


图 9.3-2 竖向荷载作用下墙柱内力

$$\left.\begin{aligned} R_A &= R_B = \frac{3M}{2H} \\ M_A &= M \\ M_B &= -\frac{M}{2} \\ M_x &= \frac{M}{2}\left(2-3\,\frac{x}{H}\right) \end{aligned}\right\} \quad (9.3\text{-}1)$$

墙、柱自重按砌体的实际自重（包括墙面粉刷和门窗重）计算，作用于墙、柱截面形心线上（假定重力密度均匀，截面形心即为重心）。当墙、柱为等截面时，自重不会产生弯矩。但当墙、柱为变截面且上下截面形心线距离为 $e_0$ 时，上部墙、柱自重 $G_1$ 对下部墙、柱截面将产生弯矩 $M_1=G_1e_0$。考虑到自重是在屋架就位之前已经存在，故 $M_1$ 在墙、柱产生的内力按悬臂柱计算。

3）风荷载作用下的计算

房屋所受的风荷载作用于纵墙面、女儿墙面（屋盖端面）、屋盖顶面。考虑到研究对象是纵墙，故纵墙墙顶以上风荷载以集中力的形式作用在屋盖上，并通过屋盖和横墙传至横墙基础，这部分荷载不由纵墙承受。墙面承受的风荷载 $q$ 按均匀分布考虑，迎风墙面承受正压，背风墙面承受负压［图 9.3-1（$b$）］。

均布荷载 $q$ 作用下，墙体内力及柱顶约束反力为（图 9.3-3）：

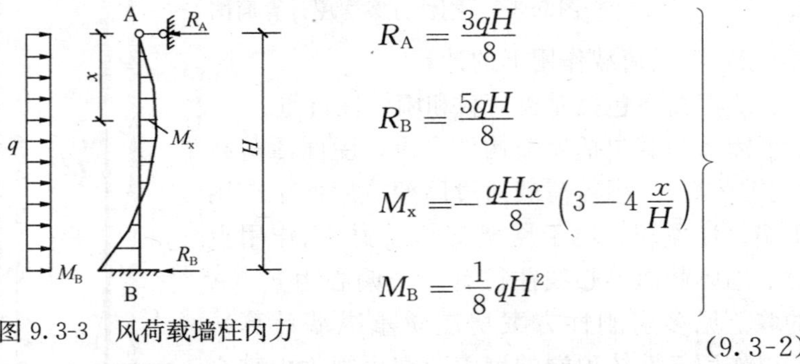


图 9.3-3　风荷载墙柱内力

$$\left.\begin{aligned} R_A &= \frac{3qH}{8} \\ R_B &= \frac{5qH}{8} \\ M_x &= -\frac{qHx}{8}\left(3-4\,\frac{x}{H}\right) \\ M_B &= \frac{1}{8}qH^2 \end{aligned}\right\} \quad (9.3\text{-}2)$$

当 $x=3/8H$ 时，$M_{max}=-9qH^2/128$。迎风面 $q=q_1$；背风面 $q=q_2$。

截面承载力验算时，应根据使用过程中可能同时作用的荷载效应进行组合，并取控制截面的最不利内力进行验算。

4）纵墙承载力验算控制截面

选取控制截面可以基于承载力计算公式去考虑，原则上轴力大、弯矩大、偏心距大、截面面积小的作为控制截面。单层房屋纵墙控制截面一般为基础顶面、墙顶和墙中部弯矩最大处。对于变截面墙、柱，还应视情况在变截面处增加两个控制截面，分别在变截面上、下位置。

墙上有梁时，还应验算梁下砌体局部受压承载力。

（2）多层刚性方案房屋承重纵墙计算

1）计算单元的选取

与单层房屋一样，计算单元应取荷载较大、截面削弱较多的墙段。一般取一个开间作为计算单元，其宽度为 $s=(s_1+s_2)/2$（图 9.3-4）。计算单元将承受其宽度范围内的全部荷载。

计算简图中的墙体计算截面宽度可按下列规定采用：

①对于带壁柱墙，有门窗洞时，可取窗间墙宽度；无门窗洞时，取壁柱宽加 2/3 壁柱高（层高），但不超过开间宽 $(s_1+s_2)/2$。

②对于无壁柱墙，有门窗洞时，可取窗间墙宽度；无门窗洞时，取 2/3 层高，但不超过开间宽 $(s_1+s_2)/2$。

2）竖向荷载作用下的计算

竖向荷载作用下，多层房屋的墙、柱如同一根竖向放置的连续梁，而各层楼盖及基础则是连续梁的支点。

考虑到楼盖的梁板嵌砌在承重墙内，墙、柱截面因此而被削弱，被削弱的截面所能传递的弯矩相对有限。因此为简化计算，多层刚性方案房屋在竖向荷载作用下，墙、柱在每层高度范围内，可近似地视作两端铰支的竖向构件（图 9.3-5）。在基础顶面处也按铰接考虑是因为多层房屋基础顶面处墙、柱轴力远比弯矩要大，偏心距相对较小，按铰接计算墙、柱承载力的误差较小。底层高度一般取二层楼板顶面至基础顶面之间距离（当基础埋置较深且有刚性地坪时，可取室外地面下 500mm 处），其余各层高度取层高。

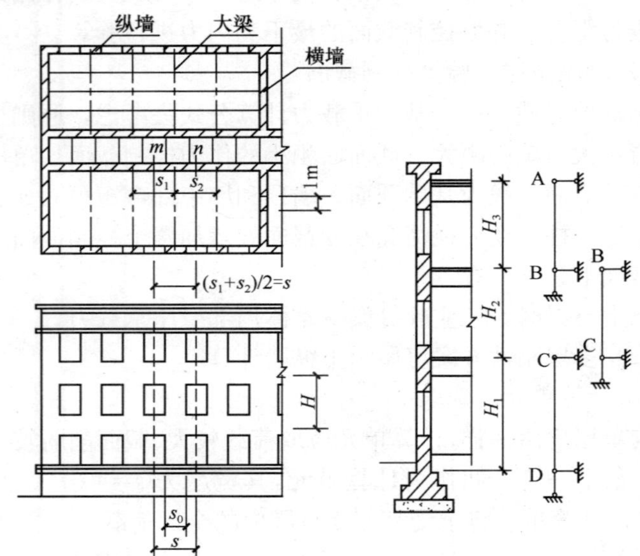


图 9.3-4　计算单元　　　图 9.3-5　纵墙计算简图

这样每层墙、柱可以取出来进行分别计算（图 9.3-6）。墙、柱承受的竖向荷载包括：①上面楼层传来的荷载 $N_u$；②本层墙顶楼盖传来的荷载 $N_l$；③本层墙、柱自重 $G$。其中 $N_u$ 作用于上一层的墙、柱的截面形心处；当梁支承于墙上时，梁端支承压力 $N_l$ 到墙内边的距离取 $0.4a_0$，其中 $a_0$ 为有效支承长度；$G$ 作用于本层墙、柱的截面形心处。需要注意的是，当底层墙向一侧加厚时，上层墙的截面形心对底层墙的截面形心将有一个偏心距 $e_0$，计算底层墙、柱时注意 $N_u$ 的加载位置［图 9.3-6（$b$)］。

当上、下层墙厚度相同时，由图 9.3-6（$a$）可算得上部截面Ⅰ-Ⅰ的轴力和弯矩分别为：

$$N_{\mathrm{I}} = N_u + N_l, M_{\mathrm{I}} = N_l e_l \quad (9.3\text{-}3)$$

其中 $e_l$ 为 $N_l$ 对墙截面形心的偏心距；下部截面Ⅱ-Ⅱ的轴力为：

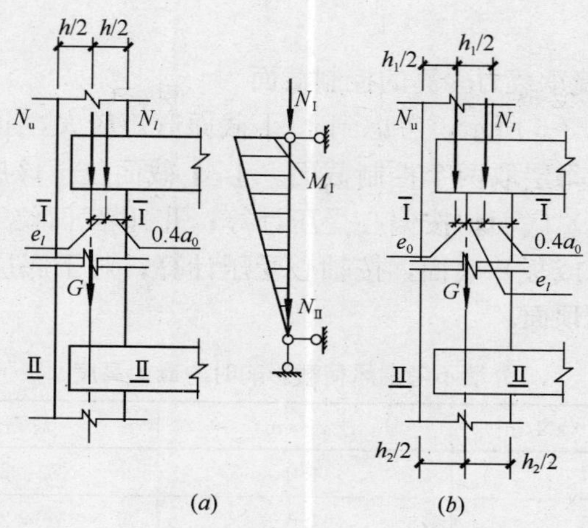


图 9.3-6 墙体荷载与内力

$$N_{\mathrm{II}} = N_{\mathrm{I}} + G = N_{\mathrm{u}} + N_l + G \qquad (9.3\text{-}4)$$

当上、下层墙厚度不同时，$N_{\mathrm{u}}$对下层墙产生弯矩，此时，由图 9.3-6（$b$）可得：

$$M_{\mathrm{I}} = N_l e_l - N_{\mathrm{u}} e_0 \qquad (9.3\text{-}5)$$

其中 $e_0$ 为 $N_{\mathrm{u}}$对下层墙截面形心的偏心距。$e_l$和 $e_0$ 的正方向如图 9.3-6（$b$）所示。

3）水平荷载作用下的计算

水平荷载作用下，墙、柱可视作竖向连续梁。为简化计算，每层墙、柱进一步简化为两端固定的单跨竖向梁，故在风荷载作用下，支承处的墙、柱弯矩为：

$$M = \frac{1}{12} q H_i^2 \qquad (9.3\text{-}6)$$

式中 $q$——计算单元每 1m 墙高上的风荷载；

$H_i$——层高。

《砌体结构设计规范》GB 50003 规定，刚性方案多层房屋的外墙符合下列要求时，静力计算可不考虑风荷载的影响，仅按竖向荷载进行计算：①洞口水平截面面积不超过全截面面积的2/3；②层高和总高不超过表 9.3-1 的规定；③屋面自重不小于

0.8kN/m²。

4）纵墙承载力验算的控制截面

如图 9.3-6 所示，考虑到Ⅰ-Ⅰ截面弯矩较大，Ⅱ-Ⅱ截面轴力较大，故每层取两个控制截面。Ⅰ-Ⅰ截面位于该层墙体顶部大梁（或板）底面，按偏心受压计算；Ⅱ-Ⅱ截面位于该层墙体下部大梁（或板）底面，按轴心受压计算；对于底层墙，Ⅱ-Ⅱ截面取基础顶面。

**外墙不考虑风荷载影响时的最大高度　　表 9.3-1**

| 基本风压值（kN/m²） | 层高（m） | 总高（m） |
|---|---|---|
| 0.4 | 4.0 | 28 |
| 0.5 | 4.0 | 24 |
| 0.6 | 4.0 | 18 |
| 0.7 | 3.5 | 18 |

虽然Ⅰ-Ⅰ、Ⅱ-Ⅱ控制截面不在门窗洞的位置，但为方便起见，墙体承载力计算截面仍按前述方法取用并按等截面考虑。

若多层砌体房屋中几层墙体的层高、计算截面和砌体的抗压强度都相同，只需计算其中的最下一层即可，但顶层上端截面偏心距较大，一般还需计算。

同样，墙上有梁时，还应验算梁下砌体局部受压承载力。

（3）多层刚性方案房屋承重横墙计算

1）计算单元和计算简图

横墙的计算与纵墙类似。一般说来，纵墙长度较大，但其间距不大，符合表 9.2-1 中刚性方案房屋对横墙间距的要求（计算横墙时则为纵墙间距），故横墙计算可按刚性方案考虑。

横墙一般承受屋盖和楼盖直接传来的均布线荷载，通常可取宽度为 1m 的横墙作为计算单元（图 9.3-7），每层横墙视为两端铰支的竖向构件，支承于屋盖或楼盖上。每层构件的高度 $H$ 的取值与纵墙相同；但当顶层为坡顶时，其层高取为层高加山墙尖高的 1/2。

当有屋、楼盖大梁支承于横墙上时，和无洞口的纵墙一样，取横墙计算截面宽度为 $b+2H/3$（$H$ 为层高，$b$ 为壁柱宽），但不大于大梁间距离（$s_1+s_2$）/2；其上承受（$s_1+s_2$）/2 范围内的全部荷载。

当横墙上有洞口时应考虑洞口削弱的影响。

除山墙外，横墙承受其两边屋、楼盖传来的力 $N_l$、上层传来的轴力 $N_u$ 和本层墙自重 $G$（图 9.3-8），据此即可计算其内力。

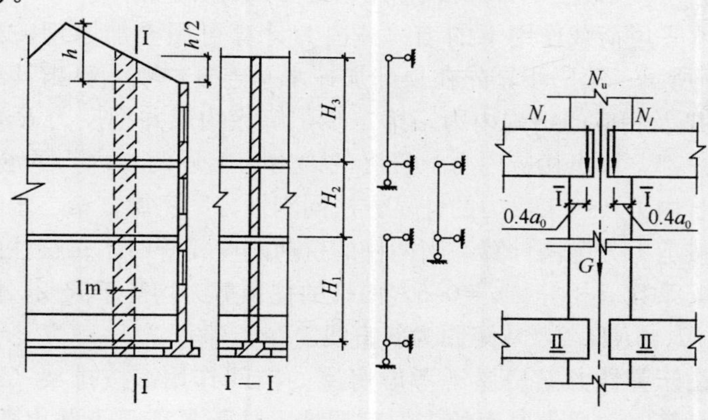


图 9.3-7　横墙计算简图　　图 9.3-8　横墙荷载

2）控制截面选取

承重横墙的控制截面一般取本层墙体的底部截面，此处轴力最大。若左右开间不等或楼面荷载不相等时，顶部截面将产生弯矩，则须验算此截面的偏心受压承载力。当支承梁时，还须验算砌体的局部受压承载力。

多层房屋中，当横墙的砌体材料及墙厚上下相同时，可只验算底层下部截面；如有改变则还要对材料或截面改变处进行验算。

### 9.3.2　弹性方案房屋墙、柱设计

当单层房屋楼盖类型和横墙间距符合表 9.2-1 中的弹性方案

房屋时，承重纵墙内力可按平面排架计算，计算简图已示于图9.2-1（$c$），计算单元的选取与单层刚性方案房屋相同。

墙、柱内力按竖向荷载和水平荷载分别计算，然后进行内力组合，取不利内力进行截面承载力计算。

竖向荷载作用下的墙、柱内力计算方法，取决于荷载和结构是否对称。当荷载和结构对称时，柱顶无侧移，可简化为顶端为不动铰时的情况，计算方法与刚性方案相同；当荷载或结构不对称时，可按下述水平风荷载作用下的方法计算。

水平风荷载作用下的墙、柱内力计算可用叠加原理，如图9.3-9所示。第一步，先在顶部加一水平连杆约束，算出其约束反力 $R$ 及相应的结构内力。第二步，解除约束并把反力 $R$ 反向加在顶部，算出相应内力。最终的内力为上述两步内力的叠加。第一步内力及约束反力的计算方法同刚性方案房屋，第二步的内力可按剪力分配法计算。当两柱的抗剪刚度相等时，每根柱的剪力分配系数 $\mu$ 相等，$\mu=0.5$，两柱的柱顶剪力均等于 $R/2$，柱底弯矩 $M_A=RH/2$，弯矩图为斜直线。

由于弹性方案房屋不考虑房屋的空间作用，按排架（或框架）计算时，通常厚度的多层房屋墙、柱不易满足承载力要求，故建议不用于多层房屋。

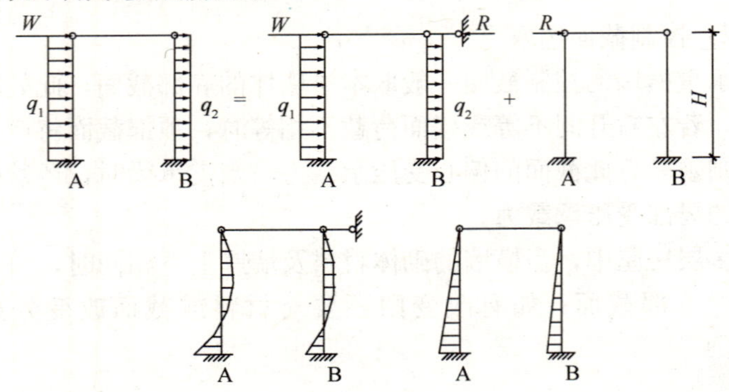


图 9.3-9　风荷载下内力计算

### 9.3.3 刚弹性方案砌体房屋墙、柱设计

刚弹性方案砌体房屋的顶点侧移介于刚性方案和弹性方案砌体房屋之间，墙、柱顶端可视作支承在有限侧移的屋盖或楼盖上，即支承在水平弹簧上。

(1) 单层刚弹性方案砌体房屋墙、柱计算

根据砌体房屋横墙和楼盖类别查表 9.2-1 确定为刚弹性方案砌体房屋时，需要考虑砌体房屋的空间作用，墙、柱内力计算按顶点加弹簧的平面排架计算。

先来阐述此种排架在顶点水平集中力 $W$ 作用下的内力计算方法。

在顶点水平集中力 $W$ 的作用下，弹簧反力为 $R$，顶点位移为 $\mu_s$ [图 9.3-10 ($b$)]。根据空间性能影响系数 $\eta$ 的定义知 $\mu_s=\eta\mu_p$ ($\mu_p$为排架在顶点水平集中力 $W$ 作用下的顶点位移)[图 9.3-10 ($a$)]。又由结构力学知，排架顶点位移与顶点荷载成比例，即

$$\frac{W-R}{W}=\frac{\mu_s}{\mu_p}=\frac{\eta\mu_p}{\mu_p}\eta \tag{9.3-7}$$

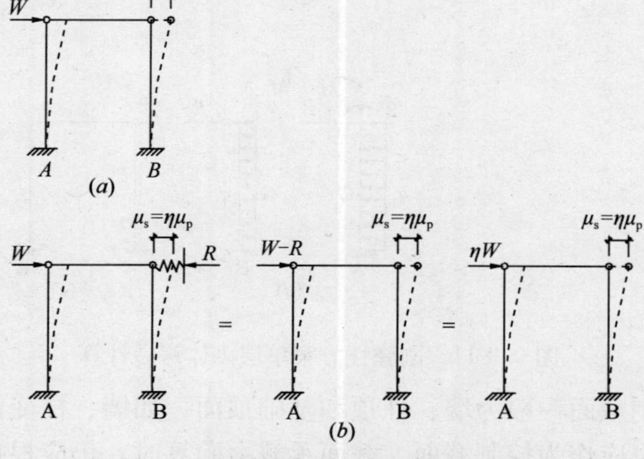


图 9.3-10 刚弹性方案砌体房屋计算原理

故

$$W - R = \eta W \tag{9.3-8}$$

式（9.3-8）表明，受顶点水平集中力 $W$ 作用的刚弹性方案砌体房屋，其位移和内力可按弹性方案砌体房屋计算，相应顶点水平集中力为 $\eta_W$。这样，将刚弹性方案砌体房屋转化成了弹性方案砌体房屋计算。

在竖向荷载作用下，当结构与荷载均为对称时，由于顶点处不产生水平位移，其内力计算与刚性方案相同。对于一般荷载情况，如图 9.3-11 所示，利用叠加原理，通过加连杆和去连杆的方法，归结为图 9.3-11（$b$）和图 9.3-11（$c$）这两种情况的叠加。图 9.3-11（$d$）为刚性方案的计算，可以进一步分解为各荷载单独作用的叠加［图 9.3-11（$b$）］；图 9.3-11（$c$）为刚弹性方案砌体房屋受顶点水平集中力，如前所述，它的计算可化为弹性方案计算［图 9.3-11（$e$）］。

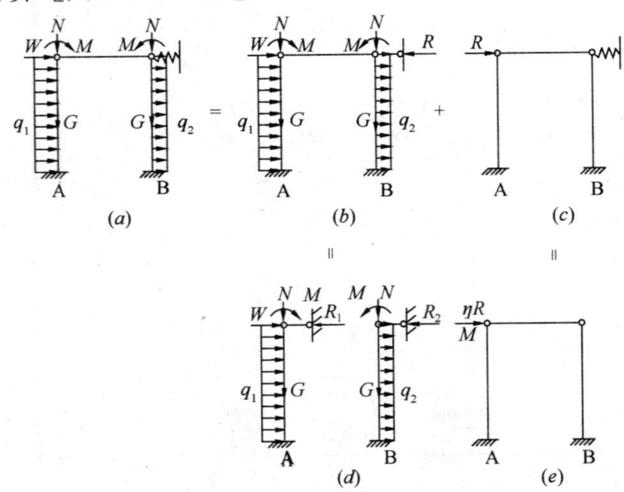


图 9.3-11　刚弹性方案单层砌体房屋计算

控制截面一般为墙、柱顶和基础顶面。如墙、柱变截面，变截面处也应作为控制截面。截面承载力验算时，仍应根据使用过程中可能出现的荷载组合，取其不利者进行验算。

(2) 多层刚弹性方案砌体房屋墙、柱计算

1) 多层刚弹性方案砌体房屋的空间作用分析

对称结构在对称竖向荷载作用下，各楼层无水平位移，可按刚性方案计算。一般荷载作用下，利用叠加原理通过加连杆和去连杆，归结为多层刚性砌体房屋［图 9.3-12 ($b$)］和受楼层集中力作用的刚弹性砌体房屋［图 9.3-12 ($c$)］这两种效应叠加。显然，多层砌体房屋空间作用体现在后一种受力情形下，故可分析它的空间作用。

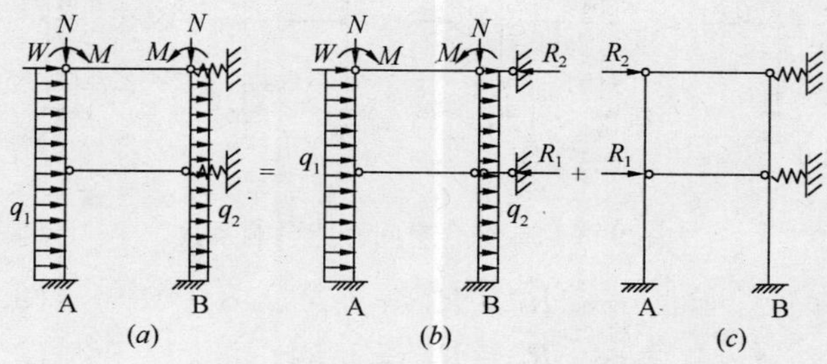


图 9.3-12　刚弹性方案多层砌体房屋计算

先仅以 $R_1$ 作用于一层楼顶。在 $R_2$ 作用下，一层和二层楼顶分别有弹性支反力 $R_{11}$ 和 $R_{12}$［图 9.3-13 ($a$)］。设作用于一层和二层楼顶的实际水平力为

$$R_1 - R_{11} = \eta_{11} R_1 \tag{9.3-9}$$

$$R_{21} = \eta_{21} R_2 \tag{9.3-10}$$

类似地，仅当 $R_2$ 作用于二层楼顶时，一层和二层楼顶的弹

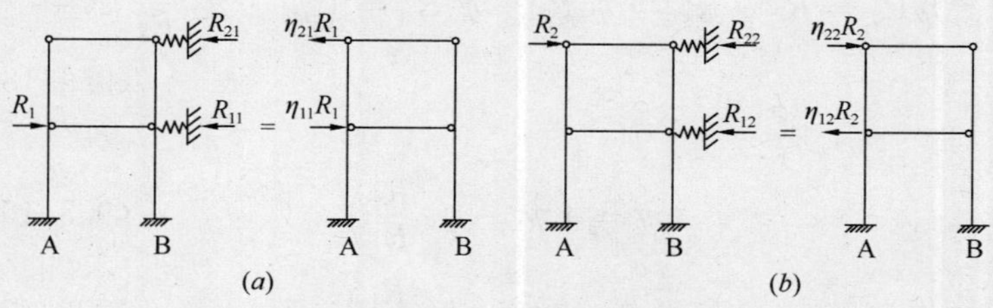


图 9.3-13　自、互空间作用系数

性支反力分别为 $R_{12}$ 和 $R_{22}$ ［图 9.3-13 ($b$)］。设作用在一层和二层楼顶的实际水平力为

$$R_{12} = \eta_{12} R_2 \tag{9.3-11}$$

$$R_2 - R_{22} = \eta_{22} R_2 \tag{9.3-12}$$

当 $R_1$、$R_2$ 同时作用在各自楼层上时（图 9.3-14），一层和二层楼顶的弹性支反力分别为 $R'_1$ 和 $R'_2$。设作用于一层和二层楼顶的实际水平力为

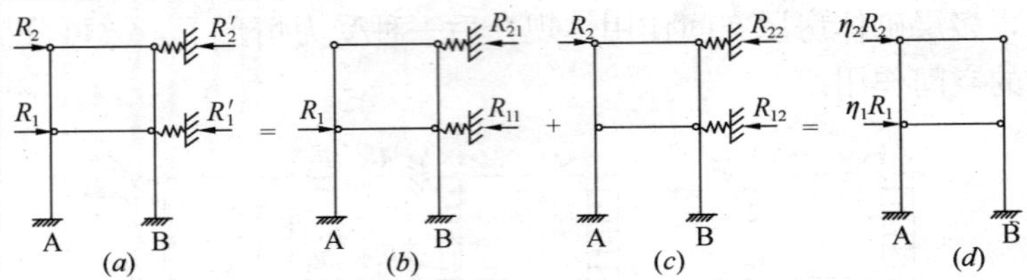


图 9.3-14　综合空间性能影响系数

$$R_1 - R'_1 = \eta_1 R_1 \tag{9.3-13}$$

$$R_2 - R'_2 = \eta_2 R_2 \tag{9.3-14}$$

由于

$$R'_1 = R_{11} + R_{12} = R_1 - \eta_{11} R_1 + \eta_{12} R_2 \tag{9.3-15}$$

$$R'_2 = R_{21} + R_{22} = R_2 + \eta_{21} R_1 - \eta_{22} R_2 \tag{9.3-16}$$

所以

$$\eta_1 R_1 = R_1 - R'_1 = \eta_{11} R_1 - \eta_{12} R_2 = \left(\eta_{11} - \eta_{12}\frac{R_2}{R_1}\right) R_1 \tag{9.3-17}$$

$$\eta_2 R_2 = R_2 - R'_2 = \eta_{22} R_2 - \eta_{21} R_1 = \left(\eta_{22} - \eta_{21}\frac{R_1}{R_2}\right) R_2 \tag{9.3-18}$$

即

$$\eta_1 = \left(\eta_{11} - \eta_{12}\frac{R_2}{R_1}\right) \tag{9.3-19}$$

$$\eta_2 = \left(\eta_{22} - \eta_{21}\frac{R_1}{R_2}\right) \tag{9.3-20}$$

称 $\eta_{11}$、$\eta_{22}$为自空间作用系数，它反映楼层内的空间作用大小，$\eta_{11}$、$\eta_{22}$越小，砌体房屋楼层间空间作用越大；称 $\eta_{12}$、$\eta_{21}$为互空间作用系数，它反映楼层间的空间作用大小，$\eta_{12}$、$\eta_{21}$越小，砌体房屋楼层间空间作用越大；称 $\eta_1$、$\eta_2$为综合空间性能影响系数。它们的值都小于 1。综合空间性能影响系数小于自空间性能影响系数说明：多层砌体房屋的空间作用大于单层砌体房屋的空间作用。这是因为多层砌体房屋不仅存在楼层内的空间作用，而且存在楼层间的空间作用。

式（9.3-13）表明，类似于单层砌体房屋，受楼层水平集中力 $R_i$作用的刚弹性多层砌体房屋，可转化为框架计算，相应楼层水平集中力为 $\eta_i R_i$。

为简化并偏于安全，《砌体结构设计规范》GB 50003 规定，多层砌体房屋的综合空间性能影响系数 $\eta_i$按单层砌体房屋的相应值（表 9.2-2）取用。

2）多层刚弹性方案砌体房屋静力计算方法

如前所述，一般荷载作用下，通过加连杆和去连杆，利用叠加原理将其计算转化为图 9.3-12 中（$b$）、（$c$）两种情况相加。

图 9.3-12（$b$）等同于刚性方案的计算，其竖向荷载和水平荷载作用下的墙体内力计算见刚性方案多层砌体房屋纵墙计算。仅考虑水平风荷载时，其水平连杆反力计算如下。

按式（9.3-6），除顶点支座弯矩为零外，其余各层支座弯矩近似为 $qH_i^2/12$，所以水平连杆支反力近似为

$$R_n = 0.4qH_n + W(\text{顶层}) \quad (9.3\text{-}21)$$

$$R_{n-1} = (0.6H_n + 0.5H_{n-1})q(\text{次顶层}) \quad (9.3\text{-}22)$$

$$R_i = (0.5H_i + 0.5H_{i-1})q(\text{其他层}) \quad (9.3\text{-}23)$$

而图 9.3-12（$c$）则可以转化为在对应楼层集中力 $\eta_i R_i$作用下的框架的计算［图 9.3-14（$d$）］。按剪力分配法计算时，第 $i$ 层第 $j$ 片墙的剪力 $V_j$按其线刚度 $K_j = E_j I_j / H_i$的大小进行分配，考虑平衡条件，即可求出每层墙上下两端的弯矩。

$$M_{nb}=0\text{（顶层墙上端）} \tag{9.3-24}$$

$$M_{nb}=\frac{K_{jn}}{\sum_{j=1}^{m}K_{jn}}\eta_n R_n H_n\text{（顶层墙下端，}m\text{ 为同一楼层墙数）} \tag{9.3-25}$$

$$M_{(n-1)\mu}=-M_{nb}\text{（次顶层上端）} \tag{9.3-26}$$

$$M_{(n-1)b}=\frac{K_{j(n-1)}}{\sum_{j=1}^{m}K_{j(n-1)}}(\eta_n R_n+\eta_{n-1}R_{n-1})H_{n-1}-M_{(n-1)u}\text{（次顶层下端）} \tag{9.3-27}$$

$$M_{i\mu}=-M_{(i+1)b}\text{（一般楼层墙上端）} \tag{9.3-28}$$

$$M_{ib}=\frac{K_{ji}}{\sum_{j=1}^{m}K_{ji}}\left(\eta_n R_n+\eta_{n-1}R_{n-1}+\eta_i\sum_{i}^{n-2}R_i\right)H_i-M_{iu}\text{（一般楼层下端）} \tag{9.3-29}$$

### 9.3.4 上柔下刚、上刚下柔砌体房屋墙、柱设计

（1）上柔下刚多层房屋

上柔下刚多层砌体房屋是指顶层为弹性或刚弹性方案，下面各层为刚性方案的砌体房屋。这类砌体房屋顶层常作食堂、会议室、俱乐部等用，下面各层常作办公室、宿舍等用。

这类砌体房屋刚柔两部分的互空间作用不大，因此，墙、柱内力分别按各自的静力计算方案计算。顶层可近似按单层砌体房屋进行分析，其空间性能影响系数 $\eta$ 按单层砌体房屋的取用。下面各层仍按刚性方案进行计算。但要注意，顶层墙底的内力仍要往下层墙体传递。

（2）上刚下柔多层房屋的计算

若房屋的底层属刚弹性方案，上面各层属刚性方案，此类房屋称为上刚下柔多层房屋。这类房屋底层常作食堂、会议室、俱乐部等用，上面各层常作办公室、宿舍等用。由于抗震性能差，目前用得少，尤其是不宜在地震区应用。

在水平荷载作用下的墙体内力计算，可采用下述步骤：

1）在各楼层处加水平连杆，计算相应的墙体内力和各连杆支反力 $R_i$[图 9.3-15(*a*)，(*b*)]，$R_i$ 简化计算见式(9.3-21)～式(9.3-23)。

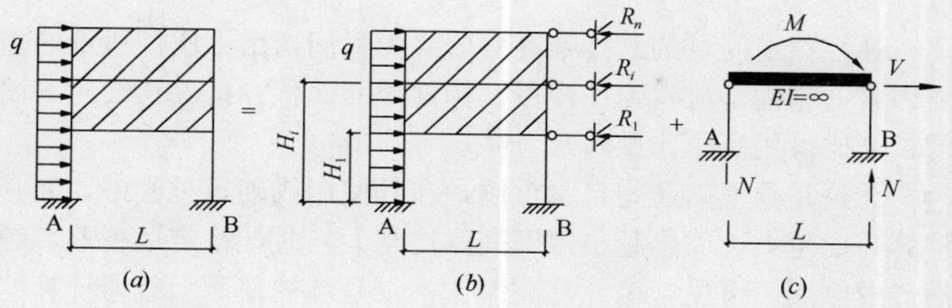


图 9.3-15　上刚下柔多层房屋计算

2）把上述求出的支反力 $R_i$ 反向作用于结构，以求底层的墙、柱内力。求底层墙柱内力时，把上面各层简化为刚度无穷大的横梁，与底层墙柱一起构成单层排架[图 9.3-15(*c*)]。按第一类屋盖和底层横墙间距来确定空间性能影响系数 $\eta$。此单层排架顶部作用的水平力 $V$ 为

$$V = \eta \sum_{i=1}^{n} R_i \tag{9.3-30}$$

单层排架顶部作用的力矩 $M$ 为

$$M = \sum_{i=1}^{n} R_i (H_i - H_1) \tag{9.3-31}$$

其中，$n$ 为总层数。求出在 $M$ 和 $V$ 作用下此单层排架的内力。对于底层为单跨的房屋，各墙的轴力为

$$N = \pm \frac{M}{L} \tag{9.3-32}$$

3）把上两步求得的内力叠加，即得原结构的内力。

## 9.4 混凝土多孔砖混合结构房屋的构造措施

### 9.4.1 墙、柱的允许高厚比

弹性稳定问题的欧拉临界力公式为我们指出了压杆稳定的重要因素，它们是材料弹性模量、构件截面面积和构件长细比（墙的长细比可用高厚比反映）。

无论是承重墙还是自承重墙，在其使用或砌筑过程中，当其计算高度越大、墙厚越小（即高厚比越大）时，稳定性越差，越易造成倒塌。可见，墙、柱高厚比不仅是墙柱截面承载力计算的重要因素，也是影响墙、柱稳定性的重要因素。因此，《砌体结构设计规范》用验算墙、柱高厚比的方法来保证在施工和使用阶段墙、柱的稳定性，即要求墙、柱高厚比不超过允许高厚比。

事实上，影响墙、柱计算高度的因素更为复杂。除墙、柱高度外，它还与墙、柱的周边（上下、左右）约束、横墙间距、房屋刚度等有关。因此，墙、柱高厚比验算应考虑这些因素。

墙、柱高厚比验算包括两方面问题：一是允许高厚比 $[\beta]$；二是墙、柱高厚比的确定。

（1）允许高厚比 $[\beta]$

砂浆的强度等级直接影响砌体的弹性模量，进而影响墙、柱稳定性验算；毛石砌体的稳定性稍差；柱的稳定性较墙要小。将这些因素计入允许高厚比 $[\beta]$ 中，则《砌体结构设计规范》给出的墙、柱允许高厚比 $[\beta]$ 按表 9.4-1 采用。

**墙、柱的允许高厚比 $[\beta]$ 值　　表 9.4-1**

| 砂浆强度等级 | 墙 | 柱 |
|---|---|---|
| M2.5 | 22 | 15 |
| M5.0 | 24 | 16 |
| ≥M7.5 | 26 | 17 |

注：1. 组合砖砌体构件的允许高厚比，可按表中数值提高 20%，但不得大于 28；

2. 验算施工阶段砂浆尚未硬化的新砌砌体高厚比时，$[\beta]$ 对墙取 14，对柱取 11。

（2）墙、柱高厚比及其验算

理论分析和工程经验指出，与墙体可靠连接的横墙间距愈小，墙体的稳定性愈好；带壁柱墙和带构造柱墙的局部稳定性随壁柱间距、构造柱间距、圈梁间距的减小而提高；刚性方案房屋的墙、柱在屋、楼盖支承处侧移小，其稳定性好。这些因素计入墙、柱计算高度 $H_0$ 中。

墙、柱的计算高度 $H_0$，可根据房屋类别、构件支承条件等按表 8.2-1 采用。

墙、柱高厚比应按下式验算：

$$\beta = \frac{H_0}{h} \leqslant \mu_1 \mu_2 [\beta] \tag{9.4-1}$$

式中 $H_0$——墙、柱的计算高度，按表 8.2-1 取用；

$h$——墙厚或矩形柱与 $H_0$ 相对应的边长；

$\mu_1$——自承重墙允许高厚比的修正系数；

$\mu_2$——有门窗洞口墙允许高厚比的修正系数；

$[\beta]$——墙、柱允许高厚比，按表 9.4-1 取用。

当与墙连接的相邻两横墙间的距离 $s \leqslant \mu_1 \mu_2 [\beta] h$ 时，墙的高度不受高厚比的限制。

厚度 $h \leqslant 240$mm 的自承重墙，允许高厚比修正系数 $\mu_1$ 按下列规定采用：$h = 240$mm 时，$\mu_1 = 1.2$；$h \leqslant 90$mm 时，$\mu_1 = 1.5$；240mm $> h >$ 90mm 时，可按线性插入法取值。上端为自由端时，$\mu_1$ 还可提高 30%。

对有门窗洞口的墙，允许高厚比修正系数 $\mu_2$ 应按下式计算：

$$\mu_2 = 1 - 0.4 \frac{b_s}{s} \tag{9.4-2}$$

式中 $s$——相邻窗间墙或壁柱间的距离；

$b_s$——在宽度 $s$ 范围内的门窗洞口总宽度（图 9.4-1）。

当 $\mu_2$ 的计算值小于 0.7 时，应采用 0.7；当洞口高度等于或小于墙高的 1/5 时，可取 $\mu_2$ 等于 1.0。

带壁柱墙或带构造柱墙的高厚比验算应按两部分分别进行：

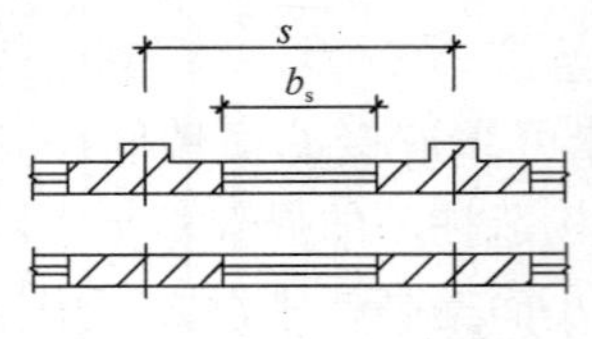


图 9.4-1　门窗洞口宽度及壁柱间距

①横墙之间整片墙的高厚比验算；②壁柱间墙或构造柱间墙的局部墙体高厚比验算。

带壁柱整片墙按公式（9.4-1）验算时，墙厚 $h$ 应改用带壁柱墙截面的折算厚度 $h_T$，$h_T$ 为 T 形截面与 $H_0$ 相对应的折算厚度，可近似按 $h_T = 3.5i$ 计算。$i$ 为截面的回转半径，$i = \sqrt{I/A}$，$I$、$A$ 分别为截面的惯性矩和面积。此时，T 形截面的计算宽度，可取壁柱宽加 2/3 墙高，但不大于窗间墙宽度和相邻壁柱间距离。墙的计算高度 $H_0$ 由相邻横墙间的距离 $s$ 按表 9.2-1 取用。

墙中设钢筋混凝土构造柱可以提高墙体在使用阶段的稳定性。当构造柱截面宽度不小于墙厚时，按公式（9.4-1）验算带构造柱墙的高厚比，此时公式中 $h$ 取墙厚；墙的计算高度 $H_0$ 由相邻横墙间的距离 $s$ 按表 9.2-1 取用。墙的允许高厚比 $[\beta]$ 可乘以提高系数 $\mu_c$：

$$\mu_c = 1 + \gamma \frac{b_c}{l} \tag{9.4-3}$$

式中　$\gamma$——系数，对混凝土多孔砖砌体取 1.5；

$b_c$——构造柱沿墙长方向的宽度；

$l$——构造柱的间距。

当 $b_c/l > 0.25$ 时取 $b_c/l = 0.25$，当 $b_c/l < 0.05$ 时取 $b_c/l = 0$。应当指出，考虑构造柱有利作用的高厚比验算不适用于施工阶段。

按公式（9.4-1）验算壁柱间墙或构造柱间墙的高厚比时，$s$ 应取相邻壁柱间或相邻构造柱间的距离。设有钢筋混凝土圈梁的带壁柱墙或带构造柱墙，当 $b/s \geqslant 1/30$ 时，圈梁可视作壁柱间墙或构造柱间墙的不动铰支点（$b$ 为圈梁宽度）。如不允许增加圈梁宽度，可按墙体平面外等刚度原则增加圈梁高度，以满足壁柱间墙或构造柱间墙不动铰支点的要求。

### 9.4.2 混凝土多孔砖砌体房屋一般构造要求

为了保证房屋的可靠性，除了按前述方法计算墙柱的截面承载力和验算墙柱高厚比之外，砌体房屋还应满足下列一般构造要求。

五层及五层以上房屋的墙，以及受振动或层高大于 6m 的墙、柱所用材料的最低强度等级为：混凝土多孔砖 MU10；砂浆 M5。对于安全等级为一级或设计使用年限大于 50 年的房屋，墙、柱所用材料的最低强度等级应至少提高一级。

地面以下或防潮层以下的砌体，潮湿房间的墙，所用材料的最低强度等级应符合表 9.4-2 的要求。

**地面以下或防潮层以下的砌体，潮湿房间墙所用材料的最低强度等级** **表 9.4-2**

| 基土的潮湿程度 | 混凝土多孔砖 | | 水泥砂浆 |
|---|---|---|---|
| | 严寒地区 | 一般地区 | |
| 稍潮湿的 | MU10 | MU10 | M5 |
| 很潮湿的 | MU15 | MU10 | M7.5 |
| 含水饱和的 | MU20 | MU15 | M10 |

注：1. 在冻胀地区，地面以下或防潮层以下的砌体，其孔洞应用水泥砂浆灌实；
2. 对安全等级为一级或设计使用年限大于 50 年的房屋，表中材料强度等级应至少提高一级。

承重的独立砖柱截面尺寸不应小于 240mm×370mm。

支承于混凝土多孔砖砌体的屋架跨度大于 6m 或梁跨度大于 4.8m 时，应在支承处砌体上设置混凝土或钢筋混凝土垫块；当墙中设有圈梁时，垫块与圈梁宜浇成整体。

支承于 240mm 厚砖墙，当梁的跨度大于或等于 6m（或支承于 180mm 厚砖墙，梁的跨度大于或等于 4.8m）时，其支承处宜加设壁柱，或采取其他加强措施。

预制钢筋混凝土板的支承长度，在墙上不宜小于 100mm；

在钢筋混凝土圈梁上不宜小于 80mm；当利用板端伸出钢筋拉结并用混凝土灌缝时，其支承长度可为 40mm，但板端缝宽不小于 80mm，灌缝混凝土不宜低于 C20。

支承在砖砌体墙、柱上的吊车梁、屋架及跨度大于或等于 9m 的预制梁的端部，应采用锚固件与墙、柱上的垫块锚固。

填充墙、隔墙应分别采取措施与周边构件可靠连接。

山墙处的壁柱宜砌至山墙顶部，屋面构件应与山墙可靠拉结。

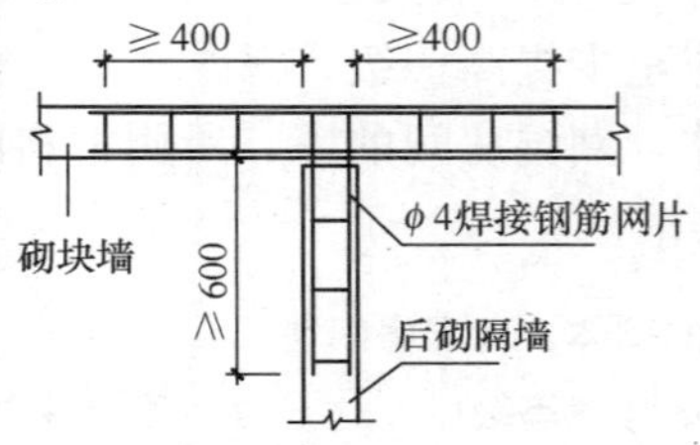

图 9.4-2 砌体墙与后砌隔墙交接处钢筋网片

墙与后砌隔墙交接处，应沿墙高每 500mm 在水平灰缝内设置不少于 2$\phi$4、横筋间距不应大于 200mm 的焊接钢筋网片（图 9.4-2）。

在砌体中留槽洞及埋设管道时，应遵守：①不应在截面长边小于 500mm 的承重墙体、独立柱内埋设管线；②不宜在墙体中穿行暗线或预留、开凿沟槽，无法避免时应采取必要的措施或按削弱后的截面验算墙体的承载力。

### 9.4.3 圈梁的设置及构造要求

砌体结构房屋中，在墙体内沿水平方向设置封闭状的现浇钢筋混凝土梁，称为圈梁。设在房屋檐口处的圈梁常称为檐口圈梁，设在基础顶面标高处的圈梁常称为基础圈梁。

(1) 圈梁的作用

1) 增加砌体结构房屋的空间整体性和刚度。对于横墙少的房屋，其作用尤其显著。圈梁还可在验算墙、柱高厚比时作为不动铰支承，以减小墙、柱计算高度，提高其稳定性能。

2) 建筑在软弱地基或地基承载力不均匀的砌体房屋，可能会因地基的不均匀沉降而在墙体中出现裂缝，设置圈梁后，可抑制墙体开裂的宽度或延迟开裂时间，还可有效地消除或减弱较大振动荷载对墙体产生的不利影响。

3）跨过门窗洞口的圈梁，配筋若不少于过梁时，可兼作过梁。当窗洞较宽，窗间墙较窄时，可设置连续过梁，其两端与圈梁相连时亦可起圈梁作用。

（2）圈梁的设置

圈梁设置的位置和数量通常取决于房屋的类型、层数、所受的振动荷载以及地基情况等因素。

1）车间、仓库、食堂等空旷的单层房屋，檐口标高为 5～8m（砖砌体房屋）或 4～5m（砌块及料石砌体房屋）时，应在檐口标高处设置一道圈梁，檐口标高大于 8m（砖砌体房屋）或 5m（砌块及料石砌体房屋）时，应增加设置数量。

有吊车或较大振动设备的单层工业房屋，除在檐口或窗顶标高处设置现浇钢筋混凝土圈梁外，尚应增加设置数量。

2）宿舍、办公楼等多层砌体民用房屋，且层数为 3～4 层时，应在底层、檐口标高处设置一道圈梁。当层数超过 4 层时，至少应在所有纵横墙上隔层设置。

多层砌体工业房屋，应每层设置现浇钢筋混凝土圈梁。

设置墙梁的多层砌体房屋应在托梁、墙梁顶面和檐口标高处设置现浇钢筋混凝土圈梁，其他楼层处应在所有纵横墙上每层设置。

3）建筑在软弱地基或不均匀地基上的砌体房屋，除按上述规定设置圈梁外，尚应符合《建筑地基基础设计规范》GB 50007—2002 的有关规定。

（3）圈梁的构造要求

圈梁的受力及内力分析比较复杂，目前尚难以进行计算，一般均按构造要求设置。

1）圈梁宜连续地设在同一水平面上，并形成封闭状；当圈梁被门窗洞口截断时，应在洞口上部增设相同截面的附加圈梁。附加圈梁与圈梁的搭接长度不应小于其中到中垂直间距的 2 倍，且不得小于 1m，如图 9.4-3 所示。

2）纵横墙交接处的圈梁应有可靠的连接。刚弹性和弹性方案房屋中的圈梁应与屋架、大梁等构件可靠连接。

3）钢筋混凝土圈梁的宽度宜与墙厚相同，当墙厚 $h \geq$ 240mm 时，其宽度不宜小于 $2h/3$。圈梁高度不应小于 120mm。纵向钢筋不应少于 4$\phi$10，绑扎接头的搭接长度按受拉钢筋考虑，箍筋间距不应大于 300mm。

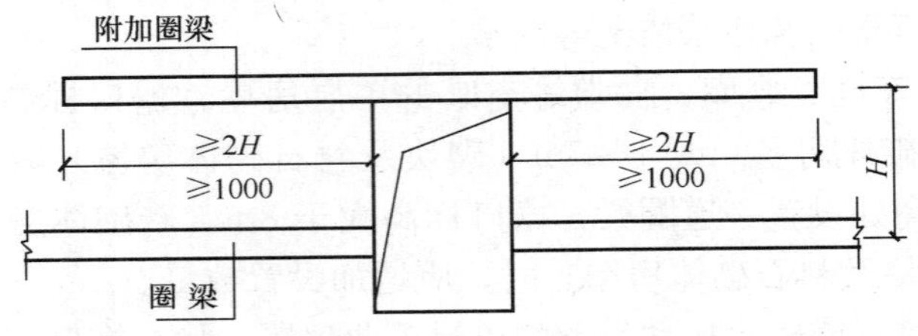


图 9.4-3　附加圈梁

4）圈梁兼作过梁时，过梁部分的钢筋应按计算用量另行增配。

由于预制混凝土楼（屋）盖普遍存在裂缝，因此目前许多地区大多采用现浇混凝土楼板。采用现浇钢筋混凝土楼（屋）盖的多层砌体结构房厚的层数超过 5 层时，除在檐口标高处设置一道圈梁外，可隔层设置圈梁，并与楼（屋）面板一起现浇。未设置圈梁的楼面板嵌入墙内的长度不应小于 120mm，并沿墙配置不少于 2$\phi$10 的纵向钢筋。

# 第 10 章　混凝土多孔砖砌体房屋裂缝控制

随着新型墙体材料的不断开发和应用，混凝土多孔砖建筑已得到了工程界普遍认可，但混凝土多孔砖墙体的开裂渗漏现象依然存在。有必要探讨混凝土多孔砖砌体房屋裂缝产生的原因和防止（或减轻）措施。

## 10.1　混凝土多孔砖自生收缩和干燥收缩

混凝土多孔砖砌体结构与现浇混凝土结构相比，最大的优势在于混凝土早期收缩在养护阶段已经完成，大大减少混凝土墙的收缩应力，而且这种砖方便砌筑，符合我国施工习惯。

这种砖通常使用水灰比为 0.2～0.3 的干硬性混凝土通过振动压制成型，其水灰比较小，自生收缩往往较普通现浇混凝土大，且持续时间长达多年。混凝土多孔砖一般在工厂养护 28d 出厂，其自生收缩往往还没全部完成，将对块材的总线干燥收缩系数带来影响。

### 10.1.1　混凝土多孔砖的收缩机理

混凝土多孔砖的收缩是指混凝土中所含水分的变化、化学反应及温度变化等因素引起的体积缩小，称为混凝土的收缩，包括初期（终凝前）的凝缩、硬化混凝土的干燥收缩、自生收缩、温度下降引起的冷缩以及因碳化引起的碳化收缩等，这里主要讨论干燥收缩和自生收缩问题。

（1）干燥收缩

置于未饱和空气中的混凝土因水分散失而引起的体积缩小变

形，称干燥收缩。解释干燥收缩机理主要有毛细管张力学说和表面吸附学说。

毛细管张力学说认为收缩与干燥过程中毛细管水的弯液面有关。由于毛细管内部的水分吸收或蒸发，弯液面的曲率发生变化，从而导致表面张力增大或减小，这种表面张力对毛细管管壁产生的压力也随之增大或减小，从而导致混凝土多孔砖发生体积膨胀或收缩。

表面吸附学说认为吸附水一旦从水泥凝胶上脱离，表面张力就要增加，胶粒被压缩。由于这种表面张力变化而引起固体颗粒体积变化，当颗粒大时就等于零，但对比表面积约为 $1000m^2/g$ 的极微小颗粒，其体积变化就不能忽视。

还有的学说认为，相对湿度一降低，胶粒间的吸附水和胶粒中的层间水一部分被蒸发，而且受胶粒相互之间引力的影响，缩短了颗粒之间的距离，产生新的化学结合。因为这种结合，即使凝胶再吸水也不会破坏，所以由于这种机理所产生的收缩，一部分是不可恢复的。

混凝土收缩不是单一机理可解释清楚的，而是多种原因重叠交错造成的。

(2) 自生收缩

混凝土的自生收缩是指混凝土硬化阶段（终凝以后），在恒温与外界无水分交换条件下混凝土宏观体积的减小。这种收缩是由化学作用引起的，是一种固有收缩。

影响混凝土自生收缩的因素主要有：水泥品种、水胶比、掺合料、外加剂和温度等。随着水胶比的减小，混凝土自生收缩增大，水胶比为 0.4 时，混凝土自生收缩占总收缩的 40%，水胶比为 0.3 时自生收缩占总收缩的 50%，而水胶比为 0.17 时（掺入 10%硅灰）则占 100%。

### 10.1.2 混凝土多孔砖的收缩试验

长沙理工大学做了大量混凝土多孔砖的收缩试验，从试验结果可以分析得到：

1）无包裹砖 127d 共失水 24.1kg/m³。开始由于较大毛细孔水的蒸发，失水速度较快，前 3d 失水 15.9kg/m³，占 127d 总失水量的 66%；后期失水较慢，主要是由于较小毛细孔的水和分子结合水的失去。混凝土多孔砖的收缩率前 3d 只占 127d 收缩率的 1.2%，表明混凝土自身收缩和后期分子结合水的失去对混凝土多孔砖的收缩影响更为明显（图 10.1-1）。

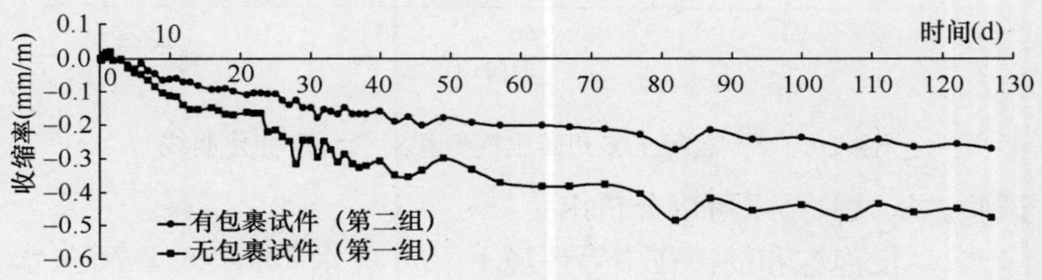


图 10.1-1 混凝土多孔砖自生收缩

2）有包裹砖的相对含水率在整个试验过程中基本维持不变，其收缩变形可理解为自生收缩（图 10.1-2）。其自生收缩产生的收缩率大约为无包裹混凝土砖的 50%～60%，混凝土多孔砖的自生收缩对砖的收缩率影响很大。

3）用无包裹混凝土砖收缩值（自生收缩）和有包裹混凝土砖的收缩值（总收缩）的比值来确定两者之间的关系。试验表明，这个比值在前 3d 以内的测值很小时，由于测量误差的原因，不太稳定，3d 后两者比值变化幅度非常小。第 4d 到 127d 的这个比值平均值为 0.556，标准差为 0.0677，变异系数为 0.122。

4）第 28d 时混凝土多孔砖（有包裹）的自生收缩值（第 27、28、29d 平均值 0.139mm/m）占第 116、122、127d 平均值（0.266mm/m）的 52%，即混凝土多孔砖出厂后自生收缩值仍然很大。

5）混凝土多孔砖早期的自生收缩速度较后期大，随着时间的推移，逐渐趋于稳定，但趋于稳定的时间会很长。

长沙理工大学做了混凝土多孔砖的含水率与干燥收缩的关系

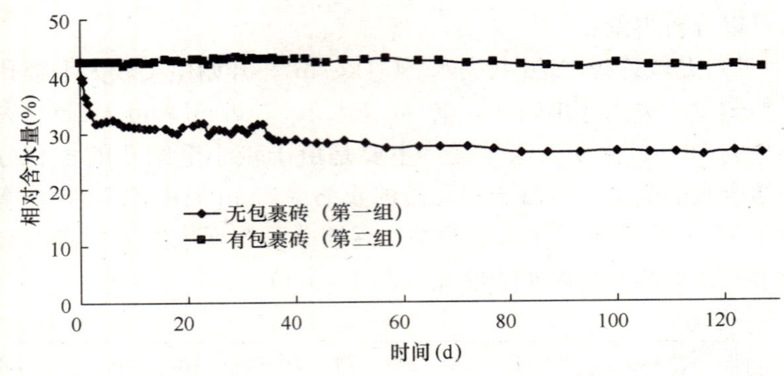


图 10.1-2　混凝土多孔砖出模后相对含水率变化曲线

试验。从试验结果可以分析出：

1）浸泡饱和的砖在中等环境下，3d 失水 62kg/m³，7d 失水 80kg/m³，96d 失水 101kg/m³。3d、7d 失水量分别是 96d 失水量的 62%和 80%，其收缩率分别是 96d 的 12%和 26%。这也反映出前期的表面水和孔隙水的蒸发对混凝土多孔砖的收缩影响较小，影响混凝土多孔砖收缩的主要是砖的自生收缩和分子结合水的失去。

2）在中等环境下，混凝土多孔砖的收缩大约在第 50d 左右基本稳定。相应的无包裹混凝土多孔砖自生收缩在出模后第 78d 也基本稳定，说明出厂后的砖第 50d 左右自生收缩和分子结合水蒸发造成的收缩基本稳定。

3）中等环境下混凝土多孔砖的平衡相对含水率约为 32%（相当于质量平衡含水率为 2.5%）。

长沙理工大学的混凝土多孔砖二次膨胀与收缩试验表明，混凝土多孔砖经历 96d 的干燥后，混凝土多孔砖从饱和到绝干收缩率为 0.656mm/m。再泡水至饱和状态测到膨胀值 0.383mm/m，第二次烘至绝干的收缩率为 0.342mm/m，第二次浸泡饱和的膨胀值 0.348mm/m，第三次烘至绝干的收缩率为 0.324mm/m。

## 10.2 裂缝产生的原因分析

调查表明，多孔砖建筑墙体的裂缝形态与普通砖建筑的墙体开裂形态相似，如荷载作用下的裂缝、沉降差异引起的裂缝、温度变化引起的裂缝以及变形不协调引起的裂缝等，混凝土多孔砖墙与普通砖墙裂缝位置、形态大同小异，只是混凝土多孔砖墙体对影响开裂的诸多因素的敏感程度要比砖砌体大。混凝土多孔砖墙体产生裂缝的原因是很复杂的，目前比较统一的观点是：混凝土多孔砖材料自身的问题、构造设计、砌筑施工、温度作用和地基沉降等多方面因素共同影响，形成墙体裂缝。

### 10.2.1 混凝土多孔砖材料自身的原因

1）混凝土多孔砖是由混凝土组成的。混凝土是一种复合材料，它是由骨料、水泥石、气体、水分等所组成的非均质材料胶结而成的，在温度、湿度变化条件下，混凝土逐步硬化，同时产生体积变形，这种变形是不均匀的；水泥石收缩较大，骨料收缩很小；一般来说，骨料与砂浆具有不同的热学参数，即它们的热膨胀系数是不相同的，骨料的热膨胀系数通常取 $0.7\times10^{-5}/℃$，混凝土的热膨胀系数通常取为 $1\times10^{-5}/℃$，不同类型骨料混凝土的热传导系数亦不同。它们之间的变形不是自由的，而是产生相互约束应力，当水泥砂浆的热膨胀系数大于骨料热膨胀系数时，界面上将产生拉应力，由此会造成开裂损伤。混凝土结构内由于水化热产生的温变、收缩等引起界面上的拉应力，当拉应力达到界面粘结强度时，界面上的某一薄弱环节将首先开裂，因而造成材料内部的开裂损伤。

2）黏土砖是烧结而成的，成品的干缩性极小，所以砖砌体房屋的收缩问题不予考虑。但是混凝土多孔砖则是混凝土拌合物经浇筑、振捣、养生而成的，混凝土在硬化过程中逐渐失水而干缩，其干缩量因材料和成型质量而异，并随时间增长而逐渐减小，普通混凝土小型多孔砖，在自然条件下，成型 28d 后，其收缩趋于稳定，一般线收缩率在 0.03%～0.035%之间，相对含水率也稳定在 54%～62%之间。混凝土砌体砌筑后，在正常条件下，其含水率继续下降，最低可达 10%左右，其干缩率可达 0.018%～0.027%，这种干缩会在一个相当长的时期延续，整个砌体处于徐变状态中，干缩后的材料受湿后仍会发生膨胀，脱水后材料会再次发生干缩变形，但其干缩率有所减小，约为第一次的 80%左右。这类干缩变形引起的裂缝在建筑上分布广、数量多、裂缝的程度也比较严重。因此混凝土多孔砖干缩而引起的墙体裂缝，在小型混凝土多孔砖房屋中是比较普遍的。在内外墙中于房屋各层均可能出现。干缩裂缝的形态一般有几种，其一是在墙体中部出现的阶梯裂缝；其二是环绕块材周边灰缝的裂缝；其三是在外墙（多发生在窗下墙）出现竖向均匀裂缝；其四是在山墙等大墙面由于收缩出现的竖向裂缝，有的是水平向裂缝。收缩裂缝一般多表现在下部几层，这是由于墙面的收缩变形受基础及横墙的约束所致，有的多孔砖房屋山墙大墙面中间部位出现了由底层直伸至三、四层的竖向裂缝。

3）混凝土中的胶凝物质在大气中 $CO_2$ 的作用下，会引起炭化收缩，导致混凝土自身开裂。多孔砖上墙后，由于自身的收缩，会引起墙体内部产生一定的应力，当这种应力大于墙体的抗拉与抗剪强度时，墙体就会产生开裂。

4）混凝土多孔砖是由混凝土制成的一种空心墙体材料，它具有混凝土脆性属性，在生产和运输过程中，因振动会产生细小的裂缝，上墙后在外界因素的作用下就会产生墙体上的宏观裂缝。

5）当前，混凝土多孔砖生产厂家所用设备的质量，良莠不齐，许多小厂的生产设备质量不过关。生产出的多孔砖强度低、密实度低、达不到质量要求。多孔砖本身强度达不到要求，几何尺寸误差太大，缺棱掉角，破碎，也是引起墙体开裂的原因之一。

### 10.2.2 构造设计的原因

1）混凝土多孔砖建筑设计中缺乏经验，对芯柱和钢筋网片以及拉结筋等也不认真考虑。

2）对易出现裂缝的薄弱部位考虑不周，抗裂缝措施不力，有的甚至连相同强度等级多孔砖和砖与同强度等级砂浆所构成的砌体的抗剪强度差异很大的情况也不知道。

3）设计时未考虑地基沉降差异，地基不均匀沉降常使墙体在翘曲作用下产生剪切，导致主拉应力过大而开裂。

### 10.2.3 砌筑施工方面的原因

1）由于混凝土多孔砖具有孔洞率大、砂浆结合面小的特点，混凝土多孔砖建筑的抗剪强度比黏土砖建筑差，所以规范规定水平灰缝饱满度不低于90%、竖缝不低于80%，均严于黏土砖的灰缝要求，施工时要求反砌，但施工时往往对灰缝砂浆饱满度控制不严，造成灰缝砂浆饱满度达不到要求。

2）施工现场对混凝土多孔砖堆放场地、遮雨措施等未能按规程要求落实，湿多孔砖随意上墙，片面追求进度，为图方便，同一高度的内外墙不同时砌筑，不留斜槎。

3）施工时，土建与水、电配合不好，造成在已砌好的墙上野蛮乱凿，多孔砖松动，为赶工期，砌筑完成后，马上进行抹灰，这些都会造成墙体的裂缝。

### 10.2.4 温差作用的原因

温度裂缝是造成混凝土多孔砖砌体早期裂缝的主要原因，目前我国建筑物的结构梁板的主要材料是混凝土，这两种材料因温度的变化会引起材料的胀缩变形，这种变形即为温度变形，当构件受到约束时，温度变形将在构件内产生应力，当温度变形引起的温度应力大于结构构件的抗拉应力时，构件就会产生温度裂缝。导致这种裂缝出现的主要原因是：如果屋面保温性能不佳，那么顶板的温度比其下的墙体高得多，而混凝土顶板的线胀系数为 $1.0\times10^{-5}$/℃～$1.5\times10^{-5}$℃，而混凝土多孔砖砌体线胀系数为 $10\times10^{-6}$/℃，两者相比混凝土的线胀系数大些，顶板和墙体间的变形差，在墙体中产生很大的拉力和剪力，剪应力在墙体内的分布为两端附近较大，中间渐小，顶层大，下部小。因此在混凝土平屋盖房屋顶层两端的墙体上，在与梁板交接处，在与混凝土柱交接处，容易出现裂缝。总之，在混凝土与混凝土多孔砖的交接处，因为两者的膨胀系数不同而热胀冷缩程度不同都容易产生温度应力，当这种应力大于容许应力将产生裂缝。

### 10.2.5 地基沉降的原因

混凝土多孔砖砌体对地基不均匀沉降非常敏感，这主要是因为混凝土多孔砖是由混凝土浇筑而成，而混凝土的抗剪和抗拉能力是很差的，一旦出现地基的不均匀沉降就只能依靠混凝土多孔砖之间的垂直砂浆来抵抗，砂浆和混凝土同属脆性材料，其抗压能力强，抗剪和抗拉能力差，由于混凝土多孔砖的厚度为190mm，如果在施工过程中，砌筑技术掌握不当，垂直砂浆容易不饱满，这使得混凝土多孔砖砌体的抗剪能力更低，所以混凝土多孔砖对于地基的不均匀沉降的敏感性要大于其他的砌体材料。

## 10.3 混凝土多孔砖砌体温度裂缝机理

砌体房屋中墙体的温度裂缝是常见的现象。导致砌体和屋面板出现温度裂缝的原因有很多，既有原材料质量低劣、施工质量不合格的原因，也有设计不合理、使用不当等原因。过大过多的裂缝不仅引起钢筋的锈蚀，造成房屋的渗漏，影响正常使用和建筑美观，同时也给居住者造成一种不安全的精神压力和较大的心理负担。温度裂缝的存在，不仅破坏结构的整体性，还降低结构的承载力、耐久性和抗震性能。

关于砌体结构墙体裂缝问题的计算，国内至今没有规范化的要求，《砌体结构设计规范》GB 50003 对砌体材料、强度等级及施工质量控制等级等都作了详细的规定和说明，但对温度裂缝控制仍没有一套系统的理论指导。如何防止砌体结构的墙体开裂，很大程度上仍依赖于广大工程技术人员的工程实践经验。有关砌体结构的温度裂缝及其抗裂措施等方面还有很多问题亟待解决，这在一定程度上制约了砌体结构的发展。因此，有必要进一步深入研究砌体结构温度裂缝的产生机理，温度裂缝的计算方法与温度裂缝控制措施。

影响混凝土多孔砖砌体建筑产生温度裂缝的因素较为复杂。既有外在因素的作用如建筑物所在地区温度的变化，又存在其内在因素如砖块墙体的抗剪与抗拉强度较黏土砖低，且竖缝大，砂浆的密实度一般较弱，应力较为集中，同时建筑物本身特点对温度裂缝的形成与发展也有重要的影响，比如屋盖类型、建筑物的长短、门窗洞口的位置与尺寸、墙体的整体性能等。

由于屋盖和墙体在建筑中空间位置不同，受太阳辐射程度不同，这样就在屋面和墙面上形成了不同的温度场分布，如在夏季屋面与内墙表面的温差在 30℃以上，导致屋盖和墙体存在很大的相对变形，从而使屋面板对墙顶产生很大的水平拉力 $F$，引起墙体内部产生拉应力和剪应力。墙体上任意一点除了承受屋面传来的应力 $\sigma_y$ 外，还承受屋盖和墙体相对变形引起的剪应力 $\tau$ 以及拉应力 $\sigma_x$，因此由力学分析可知，砖块墙体承受的最大主拉应力为：

$$\sigma_1 = \frac{\sigma_x + \sigma_y}{2} + \sqrt{\left(\frac{\sigma_x - \sigma_y}{2}\right)^2 + \tau^2}$$

同时由于混凝土多孔砖块抗剪强度与抗拉强度远比黏土砖墙低，当上述的最大主拉应力 $\sigma_1$ 超过了砖块墙体的抗拉强度极限时，墙体的温度裂缝就会产生。

砌体温度裂缝形式一般分为：竖向裂缝、水平裂缝和斜裂缝，尤其是顶层砌体墙体裂缝最多。

1）砌体竖向裂缝

在建筑平面设计时，设计人员由于未考虑温度对砌体建筑的影响，往往把建筑平面设计成“L”、“T”、“凹”等复杂的几何形式，导致同一朝向外墙不在同一直线上，由于不同方向上墙体温度应力的推拉作用，导致墙体垂直交叉面产生竖向裂缝。

当房屋纵向较长时，在房屋外纵墙的居中位置，此处的温度应力和砌体产生的纵向拉应力超过混凝土圈梁或砌体抗拉强度时，导致房屋外纵墙产生竖向裂缝。

2）砌体水平裂缝

在建筑剖面设计时，有些房屋屋面或楼面不在同一高度或错层，由于水平温度应力作用，导致错层处承重横墙产生水平裂缝。

在结构设计时，有些建筑物把圈梁放在窗顶，圈梁兼过梁。由于板的热胀冷缩，带动圈梁与板之间的砌体运动，使墙体沿圈梁顶四周产生水平裂缝。

采用砖砌女儿墙时，不论女儿墙长短，均会在屋面面层屋顶混凝土圈梁与砌体的水平面上，沿女儿墙水平方向产生长短不一的水平裂缝，影响房屋的立面外观，严重时，积聚在屋面天沟的污水通过外墙水平裂缝渗透到外墙，污染墙面。

房屋较长时，纵向墙体产生的温度应力超过两端山墙砌体强度时，导致两端山墙顶层墙体产生水平裂缝。

3）砌体斜向裂缝

当建筑物较长时，外墙和屋面热胀幅度较大，而内墙在室内温度变化较小，其膨胀幅度也较小。由于外墙和屋面与内膨胀幅度不一致，内墙往往又没有设圈梁，这就导致顶层端跨内纵墙出现斜裂缝，严重时顶层的地面、屋面也会出现裂缝。并影响到下一层。

4）顶层砌体墙体裂缝

屋面长时受阳光辐射，其温度较墙体高出许多，在一些地方盛夏时屋面温度是墙体的两倍左右，且在相同的条件下，钢筋混凝土的线膨胀系数是混凝土多孔砖砌体线膨胀系数的1.2倍左右。因此屋面温度膨胀变形大于墙体。当屋面保温隔热性能较差时，温度变形更为严重。

屋面变形受到墙体的约束，屋面板对墙体顶端产生水平推力，使墙体与屋盖的接触面受剪，剪力与屋盖挑檐或女儿墙的垂直压力构成了墙体的双向应力，当主拉应力大于墙体的抗拉强度，墙体便开裂了。沿墙分布的剪力大致为两端大，中部接近为零。由于端部正压应力小，其主拉应力接近剪应力，使横墙及内纵墙端部出现八字形裂缝。

由于屋面板膨胀，山墙给檐口圈梁以较大的推力，再加上檐口梁内外温差产生外拱，或内凹变形使圈梁底面与砖墙产生水平裂缝。屋面板的温度变形，也使外纵墙上应力集中处的门窗洞上角产生水平裂缝。

屋面板接缝处开裂是由于板面，板底的温差作用，屋面板就产生竖向起伏和水平变形。当屋面保温隔热性能不好时，屋面板受外界温度变化的影响更大，也就造成屋面板纵向接缝的开裂。

砌体结构房屋中各种材料的温度膨胀系数是不同的，钢筋混凝土楼板和砌体温度线膨胀系数的差异是砌体结构产生温度裂缝的重要原因。而在房屋结构中，各部分互为一体。当外界环境变化时，屋盖，楼板与砌体互相约束，其温度变形不协调，即产生附加应力，这是墙体产生温度裂缝的主要原因。当外界的环境高于主体施工期间的温度时，钢筋混凝土屋面板将产生膨胀变形，而膨胀受到砖砌体的约束，于是在屋面板产生压应力，在墙上产生拉应力、剪应力。当主拉应力或剪应力大于墙体的承载能力时就会在砌体上产生八字形斜向裂缝，或水平裂缝。当砌体的砂浆强度较高时，一般表现为正八字形斜向裂缝。当砖砌体砂浆强度较低时，一般表现为屋面板下沿砖缝水平裂缝。因屋面板沿长、宽方向离中轴线越远其相对位移越大，因此其产生的剪应力较大，裂缝越严重。顶层楼梯间外纵墙高厚比大，屋面板对墙体产生向外推力时，在外纵墙上产生较大的弯曲变形所致。通过对一些实际工程进行研究发现，砌体结构温度裂缝有以下规律：温度裂缝的发生和发展与主体施工的季节温差有关；温度裂缝与屋面刚度、整体性及顶层墙体刚度整体性有关；与砌体的线膨胀系数有关；裂缝与屋面、外墙的保温效果，屋面的防水效果等有关；温度裂缝还与屋面体系与墙体之间的约束情况有关，与室内的保温隔热及温度调节条件有关；与房屋的朝向、建筑物长度等皆有关系。

### 10.3.1　顶层外纵墙八字形裂缝的形成机理

由于平屋盖和墙体所受的气温和太阳辐射不同，温差很大，因此屋盖与墙体的变形差异很大，顶板对外纵墙产生很大的水平拉力。在这种情况下，就会产生如图 10.3-1 所示的纵墙八字形裂缝。

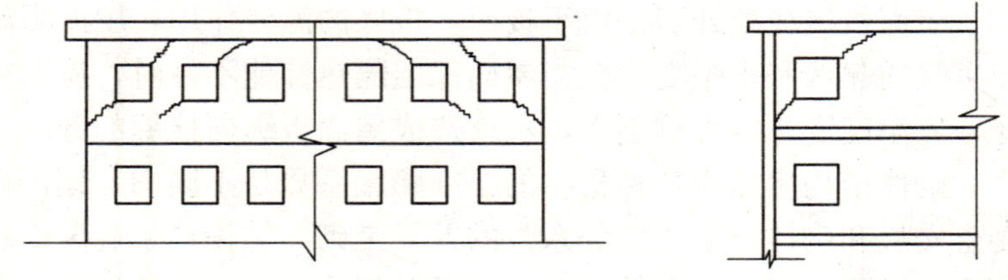

图 10.3-1　外纵墙八字形裂缝和端部开间窗角斜裂缝

经有限元及弹性力学近似法计算发现，顶层外纵墙的水平剪力从中间向两端部呈逐渐增大趋势，两端部水平剪力最大，而中间部位相对较小；墙体顶部的水平位移也是从中间向端部逐渐增大，在剪应力达到最大的区域其水平位移也明显较大。外纵墙水平剪应力沿长度方向分布如图 10.3-2 所示。顶层墙体在顶板的水平拉力和顶层屋面正压力的作用下就会出现上述八字形裂缝。在图 10.3-3 中，从墙体中取出一微元，在 $y$ 方向有屋面对墙体的正压力 $\sigma_y$，$x$ 方向有顶板对墙体的水平剪应力 $\tau_{xy}$，根据摩尔圆定理，就可以确定墙体各处的主拉应力的方向和大小。由于顶板对端部墙体的正压应力很小，则此区域的主拉应力 $\sigma_1$ 就等于该处墙体的水平剪应力 $\tau_{xy}$，主拉应力的方向与 $x$ 轴大致成 45°角。所以当外界的大气温度和太阳辐射比较强时，屋面膨胀对外纵墙产生较大的水平拉力，当水平拉力（主拉应力）达到砌体的抗拉强度极限时就会产生上述八字形裂缝。

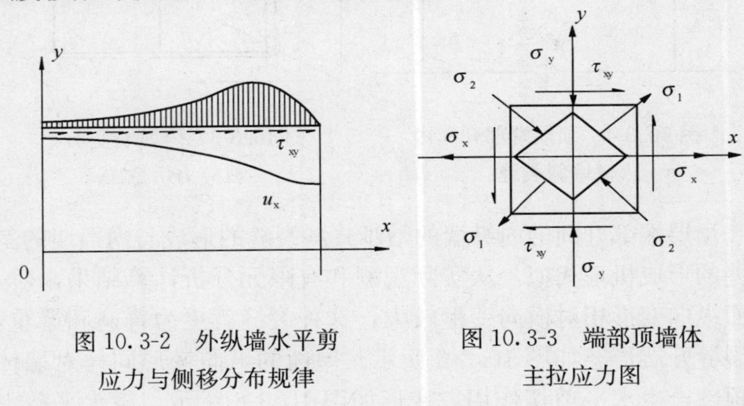


图 10.3-2　外纵墙水平剪应力与侧移分布规律

图 10.3-3　端部顶墙体主拉应力图

## 10.3.2　顶层端部开间内横墙和内纵墙阶梯形裂缝的形成机理

使用头两年内，混凝土多孔砖建筑的顶上两层的端部开间内横墙可能会出现如图 10.3-4 所示的斜裂缝加水平裂缝，有时也表现为圈梁下的水平裂缝。分析这种裂缝的产生主要受以下三个因素的影响：1）混凝土多孔砖墙体的抗剪强度虽比黏土砖高，但仍偏低，水平灰缝也是多孔砖墙体的相对薄弱环节，所以墙体上的温度裂缝大多是沿灰缝开展。2）屋面受温度作用产生横向膨胀，虽然横墙较纵墙短，但也会有一定的横向水平拉力；内横墙长度要比外纵墙小很多，其平面内刚度相比也小很多，同时，内横墙的变形与其长度的比值和纵墙的变形与其长度比值相差无几，即墙体的相对变形能力几乎是相当的，故内横墙也比较容易产生裂缝，其开展形态有所不同，如图 10.3-4 所示。3）屋面的纵向膨胀对顶上两层端部开间的内横墙顶部也会在平面外产生一定变形，这就对内横墙产生一个平面外弯曲作用。顶层内横墙在顶板水平拉力与正应力、平面外弯曲的联合作用下，就会形成图 10.3-5 所示的裂缝形态。

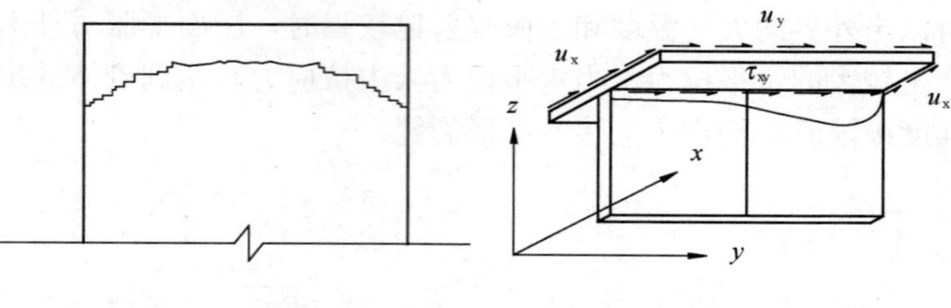


图 10.3-4　顶层端部开间内横墙斜裂缝

图 10.3-5　内横墙变形和剪应力示意图

顶层端部开间的内纵墙的踏步式斜裂缝的形成与内横墙的斜裂缝的形成机理相似，从实际观测和有限元分析计算结果来看，屋面纵向变形相对横向变形较大，这种裂缝就更为普遍和严重，其裂缝开展形态如图 10.3-6 所示。屋面的纵向变形同样对墙体的顶部产生水平剪切作用，变形如图 10.3-6 所示。该水平剪力对门洞左边的墙肢产生了弯曲的作用，当屋面与墙体的温差较大时，内纵墙左端就会产生沿灰缝延伸到门洞顶部的水平裂缝，较为严重时可能会与右端的斜裂缝连通，有时这种水平裂缝会向下发展成阶梯形裂缝。取左端墙肢上一点进行应力图分析，就很容易理解这种裂缝形成的原因，如图 10.3-7 所示。

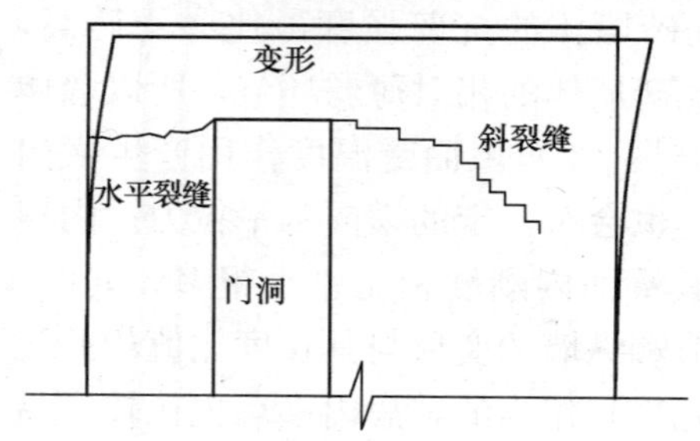


图 10.3-6　内纵墙裂缝开展形态

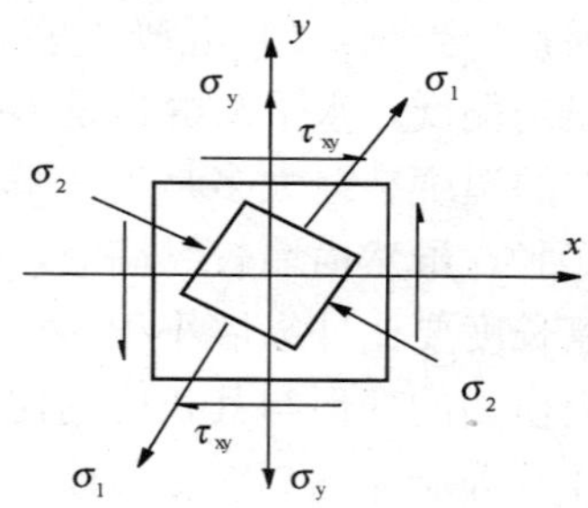


图 10.3-7　内纵墙左端一点应力图

### 10.3.3 圈梁上、下沿水平裂缝形成机理

圈梁裂缝形成和开展形态与圈梁设置方法有很大的关系。与屋盖整体现浇的圈梁，其变形与屋面板不一致，当屋面与墙体的差异变形相对较大时，由于圈梁与顶层墙体的坐浆连接不牢靠，就会产生沿圈梁下沿的水平裂缝，如图 10.3-8 所示。顶层圈梁上直接铺设屋面板，此时圈梁上下沿面的结合强度不同，当与屋面板的坐浆结合较为紧密时，圈梁下沿就可能产生沿灰缝的水平裂缝，反之则可能在圈梁的上沿产生水平裂缝，如图 10.3-8 所示。圈梁上砌一至二皮砖块后再铺设屋面板，此种办法实际上是通过砖块来作为过渡层，缓解了平面内刚度都相对较大的屋面和圈梁与墙体的结合体，能有效地防止圈梁上下墙体的开裂，但这两皮砖块很容易出现水平裂缝，如图 10.3-9 所示。

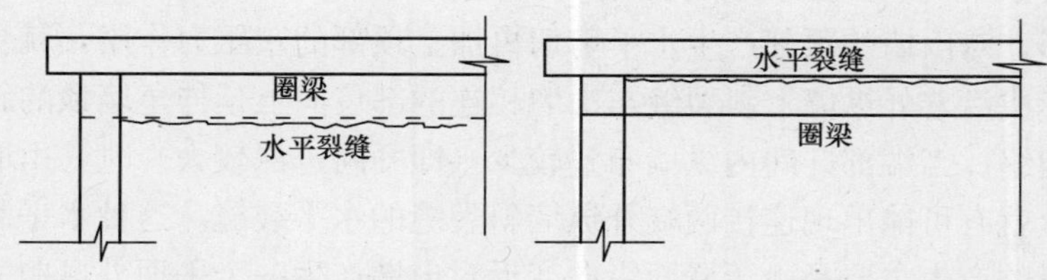


图 10.3-8 圈梁上下沿的水平裂缝开展形态

圈梁周围的这几种类型的水平裂缝，主要是屋面与圈梁、圈梁与顶层墙体之间的差异变形引起的，砂浆本身的抗剪强度很低；在屋面与圈梁对墙体的水平剪切作用下就会产生这样的水平裂缝。

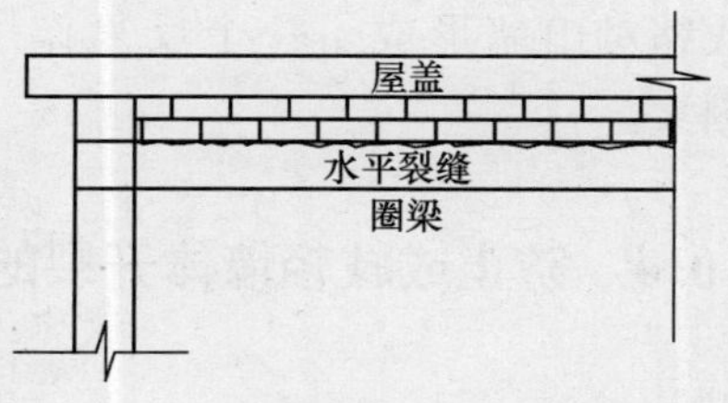


图 10.3-9 圈梁与屋面间铺设垫层的水平裂缝

### 10.3.4 顶层山墙裂缝的形成机理

通过实际的调研可以发现，在混凝土多孔砖建筑的山墙也会出现包角缝和连通缝，如图 10.3-10、图 10.3-11 所示。

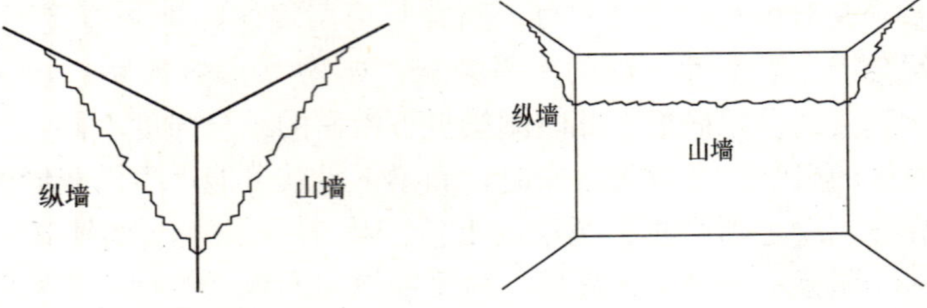


图 10.3-10　山墙与纵墙的包角缝　　图 10.3-11　山墙上的连通缝

山墙上的包角缝的形成与屋面横向变形对墙顶的水平剪切力有很大关系。由于太阳辐射和外界气温的影响，屋面横向产生变形，对山墙的顶部产生水平剪切再加上顶部的正压力作用，就会形成沿着外纵墙上斜裂缝与山墙相连的部位向上延伸至墙顶的斜裂缝。当端部开间内纵墙布置较少（即开间进深较大）时，山墙上就有可能出现连接两端外纵墙斜裂缝的水平裂缝。这种水平裂缝的产生主要是由于屋面纵向变形对山墙产生一个平面外弯曲的作用；外界的太阳辐射与气温的变化是很大的。屋面反复的膨胀收缩对山墙形成了一个反复作用，这是引起这种裂缝的关键因素。

## 10.4　防止或减轻墙体开裂的主要措施

### 10.4.1　生产环节的措施

目前，在生产领域存在生产设备质量不过关、质量体系不健全等问题，导致产出的混凝土多孔砖密实度达不到要求、几何尺寸差、缺棱掉角、含水率高、不进行防潮包装、龄期达不到要求等一系列问题。而砖本身质量的好坏与墙体开裂有很大的关系。所以，针对生产环节，要采取以下措施：

1）原材料一定要选用正规厂家生产的材料，同品种混凝土多孔砖的水泥、粗细骨料的堆积密度、粒径、级配等不出现大的变化，符合有关产品标准。

2）在生产工艺方面：要选用国家指定厂家生产的设备，对所有操作人员要定岗、定员，加强培训工作，确保产品质量，要经常检查模具的几何尺寸，严格控制模具的使用年限，当成型的砖尺寸超过允许的偏差时要及时更换模具，控制振动时间的长短、上料的均匀程度等，如掌握不好会出现蜂窝、麻面、小孔洞等，所以必须合理地控制振动成型的时间，提高产品质量。

3）产品的试验、检测方面：生产厂家的试验室是控制产品质量的主要部门，首先要保证试验人员取样的公正性，不用不合格的原材料。其次抓好产品质量的检验关，按有关规定对产品进行批量抽检，严格执行国家有关技术标准。包括：强度、密度及外观几何尺寸等各项指标，不合格的砖坚决不能出厂，砖出厂必须具有产品检验合格证。

4）混凝土多孔砖的养护是混凝土多孔砖生产的最后一道工序，砖成型后自然养护龄期必须不少于28d，蒸汽养护后静置龄期必须不少于20d，混凝土多孔砖强度达到设计强度的100%方可出厂。混凝土多孔砖在养护停放期间，必须保证不受雨淋，不受水浸，因此，必须做好存放场地的排水及遮盖避雨设施。如混凝土多孔砖运输过程中受雨淋或到施工现场受雨淋，应增加半个月的停放期后方可使用。混凝土多孔砖堆放高度不超过1.6m，如高度超高可能产生混凝土多孔砖之间受压破坏以致不能使用。

### 10.4.2 设计环节的措施

我国《砌体结构设计规范》GB 50003—2001根据住房商品化的要求，较大地加强了砌体结构房屋抗裂措施，特别是对新型墙材砌体结构的防裂、抗裂构造措施。为防止或减轻墙体开裂，根据规范并结合实际情况，设计环节应采取以下措施：

（1）设置伸缩缝

墙体因为温差和砌体干缩引起的拉应力和房屋的长度成正比，当房屋很长时，为了防止或减轻房屋在正常使用条件下，由温差和砌体干缩引起的墙体竖向裂缝，应在因温差和收缩变形可能引起应力集中、砌体产生裂缝的墙体中设置伸缩缝，如房屋平面转折处、体型变化处、房屋的中间部位以及房屋的错层处。伸缩缝的间距与屋盖、楼盖的类别、是否设置无保温层或隔热层等因素有关，可按表 10.4-1 采用。

（2）设置沉降缝

沉降缝与温度缝不同的是必须自基础起将两侧房屋在结构上完全分开。混合结构房屋的下列部位宜设置沉降缝：

1）建筑平面的转折部位；

2）高度差异或荷载差异处；

3）长高比过大的房屋的适当部位；

4）地基土的压缩有显著差异处；

5）基础类型不同处；

6）分期建造房屋的交界处。

沉降缝最小宽度的确定，要考虑避免相邻房屋因地基沉降不同产生倾斜引起相邻构件碰撞，因而与房屋的高度有关。沉降缝的最小宽度一般为：2～3 层房屋取 50～80mm；4～5 层房屋取 80～120mm；5 层以上房屋≥120mm。

**混凝土多孔砖砌体房屋伸缩缝的最大间距**（m）　**表 10.4-1**

| 屋盖或楼盖类型 | | 间距 |
|---|---|---|
| 整体式或装配整体式钢筋混凝土结构 | 有保温层或隔热层的屋盖、楼盖 | 45 |
| | 无保温层或隔热层的屋盖、楼盖 | 36 |
| 装配式无檩体系钢筋混凝土结构 | 有保温层或隔热层的屋盖 | 54 |
| | 无保温层或隔热层的屋盖 | 45 |

续表

| 屋盖或楼盖类型 | | 间距 |
|---|---|---|
| 装配式有檩体系钢筋混凝土结构 | 有保温层或隔热层的屋盖 | 67 |
| | 无保温层或隔热层的屋盖 | 54 |
| 瓦材屋盖、木屋盖或楼盖、轻钢屋盖 | | 80 |

注：1. 当有实践经验并采取有效措施时，可适当放宽；

2. 在钢筋混凝土屋面上挂瓦的屋盖应按钢筋混凝土屋盖采用；

3. 按本表设置的墙体伸缩缝，一般不能同时防止由于钢筋混凝土屋盖的温度变形和砌体干缩变形引起的墙体局部裂缝；

4. 温差较大且变化频繁地区和严寒地区不采暖的房屋及构筑物墙体的伸缩缝的最大间距，应按表中数值予以适当减小；

5. 墙体的伸缩缝应与结构的其他变形缝相重合，在进行立面处理时，必须保证缝隙的伸缩作用。

(3) 增强房屋的整体性和刚度

通过构造措施如设置圈梁、构造柱、灌芯插筋等，加强墙体的整体性和抗裂性，以减小墙体的变形，减少裂缝。常用措施如下：

1) 提高混凝土多孔砖和砂浆的强度，从而提高砌体的抗拉能力，由于砂浆是砌体中的薄弱环节，所以工程中也有用改性砂浆的，如纤维砂浆等。

2) 设置灰缝钢筋可显著提高砌体抗剪能力。

灰缝钢筋是为不经常产生的裂缝而设置的，灰缝钢筋的作用并不是为了消除混凝土多孔砖墙体的裂缝，而仅仅是为了防止产生明显的收缩裂缝，配筋只有在混凝土多孔砖开始开裂时才起作用。这时钢筋的存在对应力起到了重分布的作用，在灰缝中加筋可以减少裂缝间距和裂缝宽度，将无筋砌体中可能出现的宽大裂缝化为多条细小裂缝，出现平均分布的细裂缝。从而改善砌体的变形能力以适应顶板的伸缩变形，而灰缝中钢筋的存在使砌体开裂后仍然具有足够的抗剪强度以满足顶层砌体抗震要求。

3) 设置构造柱和添加芯柱。在墙体变形较大的部位设置构造柱和添加芯柱，增强墙体的稳定性和房屋的整体性。

4）设置圈梁。通过设置圈梁，增强墙体的整体性，从而限制墙体的变形。

5）在容易开裂的部位采取适当的措施，如在外纵墙的两端第一开间内沿窗洞口设置水平配筋带，在窗洞口两侧设置配筋芯柱。

6）在墙上开洞时，宜在开洞部位配筋或采用构造柱及圈梁加强。

（4）其他防止或减轻房屋墙体裂缝的措施

1）增大基础和圈梁的刚度；

2）在地基不均匀的情况下，门、窗过梁上方的水平灰缝内及窗台下的第一与第二灰缝中各设 $\phi$4 钢筋点焊网片或 2$\phi$6 钢筋，并伸入两边窗间墙内不小于 600mm；

3）采用钢筋混凝土窗台板，窗台板嵌入窗间墙内不小于 600mm；

4）墙体转角处和纵横墙交接处宜沿竖向每隔 400～500mm 设拉结钢筋，其数量为每 120mm 墙厚不少于 1$\phi$6 或焊接钢筋网片，埋入长度从墙的转角或交接处算起，每边不小于 600mm。

也可根据建筑物的具体情况，如场地土及地震设防烈度、基础结构布置型式、建筑物平面、外形等，综合采用上述抗裂措施。

### 10.4.3 施工环节的措施

1）严格保证混凝土多孔砖 28d 后才能出厂和上墙砌筑，保证混凝土多孔砖保养期。产品运输与堆放应避免磕碰，防止缺棱掉角。现场存放场地必须硬化，周边排水畅通，并有防止雨淋措施。不得使用被雨水淋湿的砖块。雨季时砖块应提前备料并置放于室内。混凝土多孔砖建筑的干缩裂缝对建筑物影响很大。而其中一个非常重要的环节就是要控制好混凝土多孔砖本身原有的含水率。除了生产企业要提高多孔砖内在质量包括控制其最大吸水率以外，非常重要的一条就是要保证混凝土多孔砖达到28d龄期再上墙，从实践来看，保证多孔砖龄期1个月以上上墙效果更佳。

2）混凝土多孔砖砌体宜采用多孔砖专用砂浆砌筑，砌筑砂浆或采用和易性好、粘结力强、稠度控制在50～70mm的混合砂浆或按现行国家标准《砌体结构设计规范》GB 50003—2001的规定执行的水泥砂浆。

3）墙体水平灰缝和竖缝必须饱满，增加砌体灰缝接触面，水平缝灰浆饱满度达到90%，竖缝灰浆饱满度应达到80%，严禁砌体出现瞎缝和透明缝；

4）在墙体薄弱和应力集中处宜设置控制缝，如墙体高度和厚度突变处、门窗洞口的一侧（图10.4-1）。控制缝间距不宜超过18m，并应做好室内墙面的盖缝粉刷。

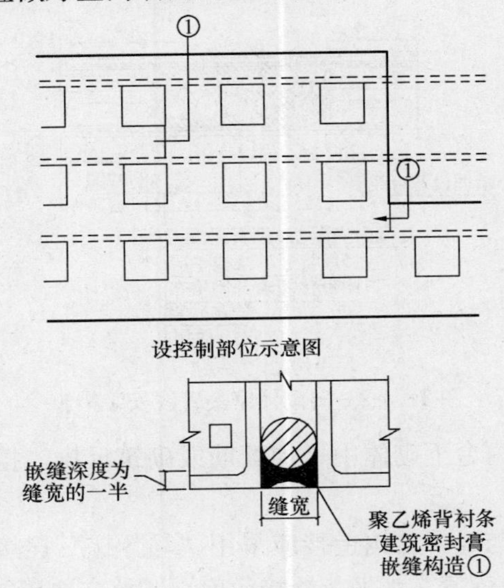


图10.4-1　控制缝构造

5）墙体内不得混砌黏土砖或其他墙体材料。镶砌时，应采用混凝土制品材料强度同等级的预制混凝土块。距梁板底部约

300mm 高的砖块墙体，至少应间隔 7d，待下部墙体变形稳定后再砌筑。最上一皮应采用混凝土实心砖斜砌挤紧，空隙处宜待 7d 后用砂浆填实。

6）保证顶层或最上两三层的砌体砂浆强度不小于 M7.5，增加墙体的抗剪抗拉能力，保证墙体的整体刚度。

7）外墙内侧设有暗管暗线时，应使用同种材料带纵槽或横槽的异形辅助多孔砖，施工时要密切和水电施工人员配合，砌墙时确保预留管、线槽位置的正确，禁止在外墙砌好后凿槽、凿孔等。另外外墙砌体不宜吊挂重物，设计上应考虑用跳板、阳台等安放空调设备。线管预埋密集的墙体（如住宅楼梯间墙），应在墙体砌筑时预先留出线槽，在管线预埋完毕后用 C20 细石混凝土浇灌填实（图 10.4-2），不得在砖块墙体砌筑完毕后切割槽打线槽。

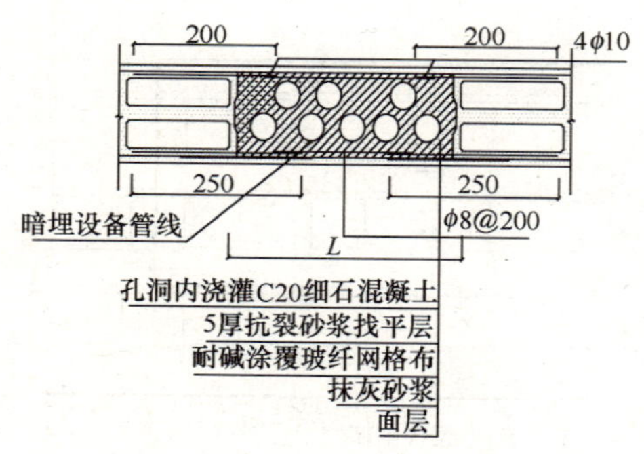


图 10.4-2　砖砌体密集管线安装措施

8）可在窗台下砌体中增加配筋或砌筑反拱，抵抗基础的反作用。

9）墙体与混凝土构造接应采用“马牙槎”连接并加设拉结筋。因多孔砖壁薄，水平灰缝接触面小、故应选用能保证设计强度，且塑性好的砂浆砌筑。砌筑时，多孔砖底面朝上，铺灰饱满，竖向灰缝应满灌，挤压严密，搭接合理。

10）外表面浅色处理。在外墙与屋盖的外表面刷白以后，可使其内表面降温，隔热指标 $G$ 值可提高 3 倍以上。

### 10.4.4 抹灰环节的防裂措施

对于多孔砖墙体，按照普通墙面进行抹灰，很容易造成墙面开裂。所以要改变传统的抹面做法，按照“逐层渐变、柔性抗裂”的原理进行抹灰，与传统的抹面做法不同，这种做法在构造设计上采用了逐层渐变的柔性抗裂技术路线。

1）其基本原理是：各构造层满足允许变形与限制变形相统一的原则，各层材料的性能满足随时分散和消解变形应力，各层弹性模量变化指标相匹配逐层渐变，外层的柔韧变形量高于内层的变形量。按照这一原理建立的柔性渐变抗裂体系，能够有效地吸收和消纳应力变形，能够解决外墙表面易出现有害裂缝的技术难题。

2）做面层时宜采用抗裂柔性耐水腻子，底层用呼吸性良好的高分子乳液弹性涂料，柔性耐水腻子与弹性底层涂料两者的配套使用，不仅满足面层的变形要求，而且还具有良好的防水、透气、耐冻融、装饰作用。

3）外墙抹灰宜待房屋结构封顶 15d 后进行，以使墙体有一个干缩稳定的过程，避免日后粉刷开裂；顶层内抹灰应待屋面保温、隔热架空板施工完后再进行，以减少温差效应；外墙抹面宜从次顶层开始往下，最后抹顶层，这对防止干缩裂缝的产生颇有效果。实践证明，采用这种抹灰工艺，对于防止墙体开裂有非常好的效果。

4）粉刷前墙面节点处理

①砖块墙体内设置暗管、暗线、暗盒应考虑采用开槽、钻孔，但不得引起砖块松动和开裂；在预埋暗线、暗管等的孔槽间隙，应先用砂浆分层填实，并沿缝长方向用抗裂砂浆粘贴耐碱涂覆玻纤网格布加强（图 10.4-3）。

②砖块墙体门窗洞口应采取下列措施：

门窗洞两边 200mm 范围内的砖块墙体宜采用不低于 MU10

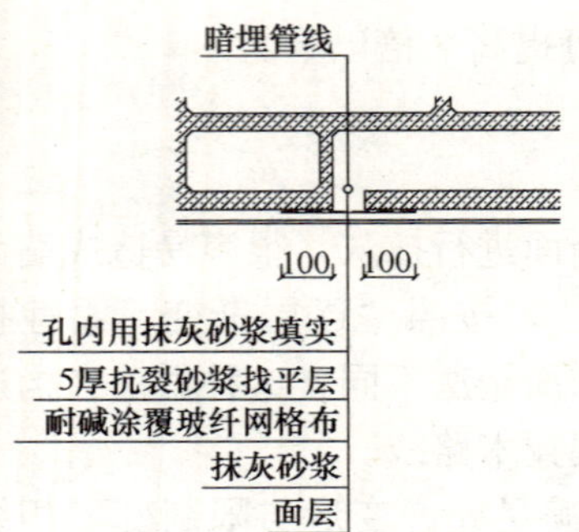


图 10.4-3　预埋管线处加强

的混凝土实心砖砌筑，如采用混凝土多孔砖，砖块孔洞应用不低于 M7.5 砂浆（或 C20 细石混凝土）填实。

门窗洞口四角（600mm×600mm）范围内用耐碱涂覆玻纤网格布加强（图 10.4-4）。窗台应加设现浇或预制钢筋混凝土压顶。门窗洞口上方应采用钢筋混凝土过梁。压顶和过梁入墙长度不小于 250mm，或锚入柱内；压顶和过梁的高度应符合砖块的模数。

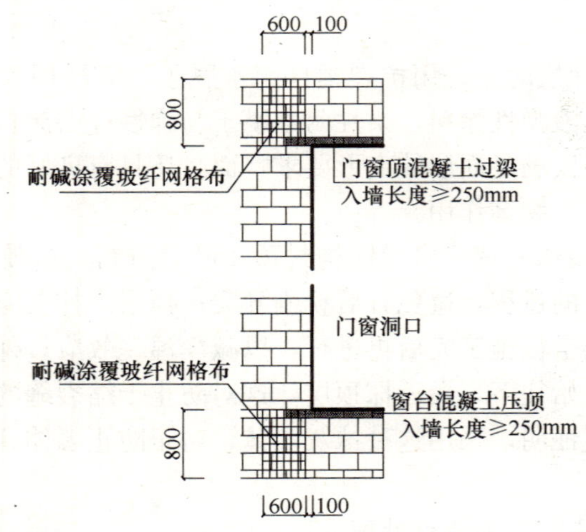


图 10.4-4　墙门窗洞防裂措施

③非承重砖块墙体与不同材料（如混凝土梁、柱、板）的界面应用耐碱涂覆玻纤网格布加强；在墙体与不同材料交接处，抹灰前沿缝长方向应先抹一道宽度为 300mm、厚度为 5mm 的抗裂砂浆（1：3 水泥砂浆掺入抗裂纤维，掺量为 0.9kg/$m^3$）找平层，再将宽度为 250mm 的耐碱涂覆玻纤网格布均匀压入砂浆层

中（图 10.4-5）。

④墙体基层表面的尘土、残渣污垢、油渍、隔离剂等应清理干净，墙面的灰缝、孔洞、凿槽填补密实，整平、清除浮灰，光滑部位应凿毛。

⑤抹灰前墙面不宜洒水，天气炎热干燥时可在操作前 1～2h 适度喷水。墙上的配电箱、盘、盒应做保护。

⑥为保证抹灰面与基层粘结牢固，抹灰前应对基层进行处理。可用细砂拌制 1∶0.5 水泥 108 胶浆对墙体表面（包括混凝土柱、梁、板）进行甩浆（宜喷浆处理），并及时养护，待浆面凝结达到一定的强度（≥1MPa）后方可进行抹灰。对填充墙与柱、梁、板相交处易形成抹灰裂缝、空鼓的部位，宜提前刷界面剂。

5）抹灰施工时

①抹灰宜在墙体砌筑完工 14d 后进行。房屋顶层内粉刷宜待屋面保温层、隔热层施工完毕后方可进行。

②外墙抹灰层应设置分格缝，分格条必须深入过渡层表面，分格缝间距不宜大于 3m，并采用高弹塑性、高粘结力、耐老化的密封材料镶嵌。

③门窗侧壁：门窗侧壁分层填实抹严后（木门窗框与墙体间隙用麻刀水泥砂浆或麻刀混合砂浆进行填补，塑钢与铝合金门窗与墙体间隙采用 PU 发泡剂进行填塞，并切割成深 5～8mm 槽后，内外再用砂浆填补密实），用抹子划出深、宽为 3mm×3mm 的沟槽，避免框体膨胀造成侧壁空鼓。需要打密封胶的框体周围，抹灰时应留出 5mm×7mm 的缝隙，以便嵌缝打胶。

④外墙抹灰底层宜采用抗裂砂浆。

⑤在进行框架填充墙抹灰时，如填充墙厚度小于梁、柱厚度时，应先抹墙面灰再抹梁面和柱面灰，以使钢筋混凝土梁、柱与填充墙交界面可能出现的裂缝隐藏在梁、柱抹灰层的内部；当填充墙与梁、柱同厚度时（如异形框架梁、柱），则可在填充墙与梁、柱交界处，用专用工具抹出凹槽，并嵌填柔性好的密封膏，

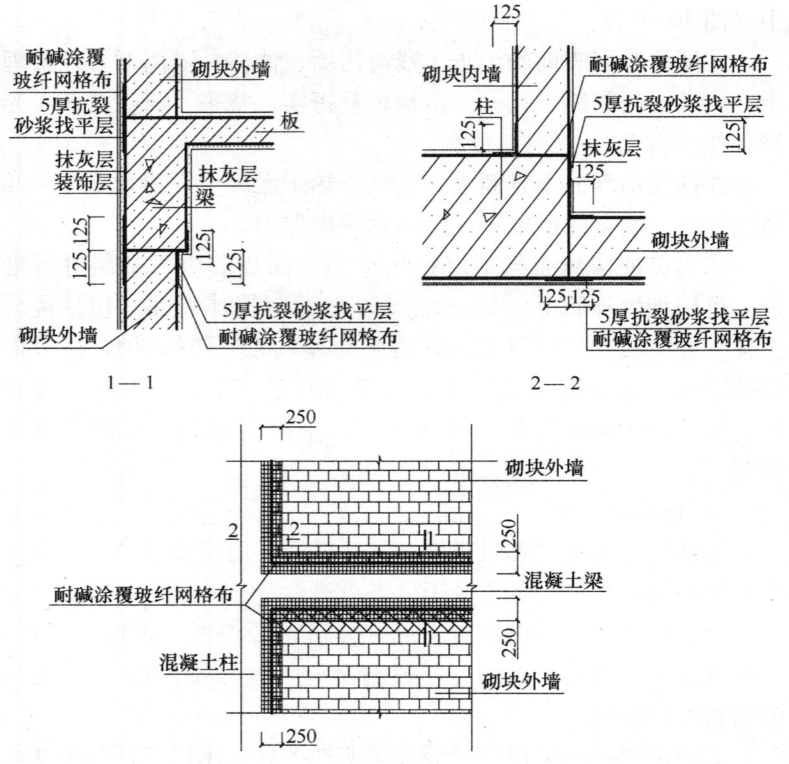


图 10.4-5 砖块墙体与混凝土梁（板）柱交接处加网示意

使可能出现的裂缝控制在凹槽内，或在上述部位设置耐碱涂覆玻纤网格布，防止在交界处灰层开裂。

优先选用专用抹灰砂浆，采用的抹灰砂浆应符合《混凝土小型空心砌块砌筑砂浆》JC 860—2000 的标准要求，其砂浆分层度不得大于 30mm，稠度宜为 60～90mm。

用于增强的玻纤网格布，应为耐碱涂覆玻纤网格布，网眼尺寸≤8mm×8mm，单位面积重量≥130g/m$^2$，耐碱断裂强力（经纬向）不小于 1000N/50mm，7d 耐碱强力保留率（经纬向）≥90%，并具有出厂合格证。

## 10.5 防止裂缝的局部措施

长期以来人们一直在寻找控制砌体结构裂缝的实用方法，《混凝土砖建筑技术规范》CECS 257：2009 针对混凝土多孔砖房屋产生裂缝的性质和容易出现裂缝的部位提出了系统的防裂措施，虽然尚不能做到具有非常明确的针对性，但确实对防止裂缝是比较有效的。

### 10.5.1 混凝土多孔砖房屋顶层墙体

温度裂缝往往出现在砌体房屋的顶层，这是因为屋盖和墙体在建筑中处于不同的部位、受太阳辐射的程度不同，气温对它们的影响差异很大。夏季屋面与内墙的温差可达到 30°以上。这样在屋面板和墙体之间的温差作用下，屋面板的温度变形大于墙体的温度变形，墙体就要约束屋面板的变形，反过来屋面板对墙体产很大的水平推力，使得墙体内部产生拉应力，这种应力超过墙体的抗拉强度极限时，就会产生温度裂缝。为了防止或减轻房屋顶层墙体的裂缝，可采取降低屋盖与墙体之间的温差，选择整体性及刚度较小的屋盖、减小屋盖与墙体之间的约束以及提高墙体本身的抗拉、抗剪强度等措施，可以根据具体情况采取下列措施：

1）采用装配式有檩体系钢筋混凝土屋盖和瓦材屋盖。

屋面的整体性愈小，屋面在温度变化时的水平位移也愈小，墙体所受的温度应力亦随之降低。

2）屋面应设置保温、隔热层。屋面保温（隔热）层的屋面刚性面层及砂浆找平层应设置分隔缝，分隔缝间距不宜大于 6m，并应与女儿墙隔开，其缝宽不应小于 30mm。

墙体中的温度应力与温差几乎呈直线性关系，屋盖设置保温、隔热层，可降低屋面板的温差，缩小屋盖与墙体的温差，从而可推迟或阻止顶层墙体裂缝的出现。

3）在钢筋混凝土屋面板与墙体圈梁的接触面处设置水平滑动层，水平滑动层可减小屋面与墙体之间的约束，两者之间的约束愈小，屋面温度变形对墙体的影响也就愈小。滑动层可采用两层油毡夹滑石粉或橡胶片等；对长纵墙，可仅在其两端的2～3个开间内设置，对横墙可只在其两端各 $l/4$ 范围内设置（$l$ 为横墙长度）。

4）现浇钢筋混凝土屋盖当房屋较长时，宜在屋盖设置分格缝，分格缝间距不宜大于20m。

5）当顶层屋面板下设置现浇钢筋混凝土圈梁并沿内外墙拉通时，圈梁高度不宜小于190mm，纵向钢筋不应少于4$\phi$12。房屋两端圈梁下的墙体内宜适当设置水平筋。

现浇钢筋混凝土圈梁可增加墙体的整体性和刚度，缩小屋盖与墙体之间刚度的差异。房屋两端墙体易出现水平裂缝或斜裂缝，在该部位墙体配置水平钢筋可提高墙体本身的抗拉或抗剪强度。

6）顶层墙体门窗洞口过梁上砌体每皮水平灰缝内设置2$\phi$4焊接钢筋网片，并应伸入过梁两端墙内不小于600mm。

门窗洞口过梁上的水平灰缝内配置钢筋网片或钢筋的作用与顶层挑梁下墙体内配置钢筋的作用相同，主要是为了提高墙体本身的抗拉或抗剪强度。

7）女儿墙应设置钢筋混凝土芯柱或构造柱，构造柱间距不宜大于4m（或每开间设置），插筋芯柱间距不宜大于600mm，构造柱或芯柱插筋应伸至女儿墙顶，并与现浇钢筋混凝土压顶整浇在一起。

8）加强顶层芯柱（或构造柱）与墙体的拉结，拉结钢筋网片的竖向间距不宜大于400mm，伸入墙体长度不宜小于1000mm。

9）当顶层房屋两端第一、二开间的内纵墙长度大于3m时，在墙中应加设钢筋混凝土芯柱，并设置横向水平钢筋网片。

10）房屋山墙可采取设置水平钢筋网片或在山墙中增设钢筋

混凝土芯柱或构造柱。在山墙内设置水平钢筋网片时，其间距不宜大于 500mm；在山墙内增设钢筋混凝土芯柱或构造柱时，其间距不宜大于 3m。

11）顶层横墙在窗口高度中部宜加设 3～4 道钢筋网片。

12）多孔砖房屋的顶层可在窗台下或窗台角处墙体内设置竖向控制缝，缝的间距宜为 8～12m。在墙体高度或厚度突然变化处也宜设置竖向控制缝，或采取其他可靠的防裂措施。竖向控制缝的构造和嵌缝材料应能满足墙体平面外传力和防护的要求。

### 10.5.2 混凝土多孔砖砌体房屋底层墙体

由于混凝土多孔砖的干缩变形性质，当上墙的多孔砖含水率过高时，墙体形成后多孔砖开始产生干缩变形，由于周围基础、圈梁、相邻墙体的约束的存在，限制它的变形，从而产生干缩应力，当应力过大超过砌体的抗拉强度极限时，就会产生裂缝。由于底层墙体受基础约束比较大，所以干缩裂缝往往出现下部几层。如山墙的大墙面出现竖向裂缝，或窗下墙出现竖向均匀裂缝。干缩应力是很大的，当干缩率为 0.2%时，收缩应力可达到 0.3MPa，远远超过一般砌体的抗拉强度。除此原因外，由于房屋底层墙体对地基不均匀沉降的敏感程度较其他楼层大，也容易出现裂缝。

可考虑采取以下措施：

1）增加基础和圈梁刚度。

2）基础部分多孔砖墙体在多孔砖孔洞中用 C24 混凝土灌实。

3）底层窗台下墙体设置通长钢筋网片，竖向间距不大于 400mm。

4）底层窗台采用现浇钢筋混凝土窗台板，窗台板伸入窗间墙内不小于 600mm。

这些都是为了提高墙体的抗拉或抗剪强度。

### 10.5.3 多孔砖砌体房屋顶层两端和底层第一、二开间门窗洞口处

混凝土多孔砖砌体房屋顶层两端和底层第一、二开间门窗洞口处因为应力集中以及混凝土多孔砖干缩变形较大，更容易在这些部位出现裂缝。实验和理论分析表明，在混凝土多孔砖砌体水平灰缝内配置钢筋网片或钢筋均可提高墙体的抗拉、抗剪强度。因此，为了防止或减轻这些部位的裂缝，可采取下列措施：

1）在门窗洞口上下的墙体水平灰缝中，设置 2$\phi$6 钢筋带。

2）在门窗洞口两边的墙体水平灰缝中，设置长度不小于 900mm、竖向间距为 400mm 的 2$\phi$4 焊接钢筋网片。

3）在顶层和底层设置通长钢筋混凝土窗台梁时，窗台梁的高度宜为块高的模数，纵筋不少于 4$\phi$10，钢箍宜为 $\phi$6@200，混凝土强度等级宜为 C20。

总之，混凝土多孔砖墙体裂缝的治理是一个系统工程，只有生产、设计、施工、科研、管理等部门协同工作，墙体开裂的问题才能够得到彻底解决。

# 第 11 章　混凝土多孔砖砌体房屋的抗震设计

地震对建筑物的破坏作用主要是由于地震波在土中传播引起强烈的地面运动而造成的。由地震引起的建筑物破坏情况主要有：受震破坏、地基失效引起的破坏和次生效应引起的破坏。混凝土多孔砖是最近十几年发展起来的新型墙体材料，目前混凝土多孔砖砌体结构房屋尚未发生受震害破坏的情况。其抗震设计基本与其他砌体结构相同。

在混凝土多孔砖砌体结构房屋的抗震设计中，应用计算理论对结构进行强度验算是一个重要的方面。此外，还应对房屋的体型、平面布置、材料、结构形式等进行合理选择，对构件间的连接采取加强措施，并从结构强度着手，使构件布局合理，从而获得整个房屋的最大抗震能力。

由于混凝土多孔砖砌体房屋为近十年发展起来的建筑体系，缺乏震害工程实例，建议不使用于 9 度地震设防区。

混凝土多孔砖砌体房屋抗震设计的一个主要方面是基于抗震的概念设计，抗震概念设计是根据地震时房屋破坏规律总结出来的若干原则，主要有以下几个方面：

1）所建房屋置于有利抗震设防的场地，地基土稳定，远离活动断层，同一建筑宜坐落在同一土层上。

2）平、立面布置规则、对称，结构的侧向刚度宜均匀变化。

3）平、立面上同一结构单元内选用同一结构形式及同一级的材料。

4）选择有利于抗震的结构体系，结构应有合理的地震力传力途径及明确的计算简图，结构宜多道设防。

## 11.1 多层混凝土多孔砖砌体结构房屋抗震设计的规定

砌体结构房屋抗震设计的适用范围，随国家经济的发展而不断改变。《建筑抗震设计规范》GBJ 11—89 规范删去了“底部内框架砖房”的结构形式；《建筑抗震设计规范》GB 50011—2001删去了混凝土中型砌块和粉煤炭中型砌块的规定，并将“内框架砖房”限制于多排柱内框架；《建筑抗震设计规范》GB 50011—2010 考虑到“内框架砖房”已很少使用且抗震性能较低，连“多排柱内框架砖房”相关内容也取消了，增加了混凝土多孔砖砌体结构的相关内容。

### 11.1.1 一般规定

1）抗震设防地区的多层混凝土多孔砖房屋，除应满足静力设计要求外，尚应按本章的规定进行抗震设计。

2）混凝土多孔砖房屋的抗震设计应符合下列要求：

①合理规划，选择对抗震有利的场地。

②保证结构的整体性，应按规定设置钢筋混凝土圈梁和构造柱，或采用配筋砌体等，使墙体之间、墙体和楼盖之间的连接部位具备必要的承载力和变形能力。

3）多层混凝土多孔砖房屋的结构体系，应符合下列要求：

①应采用横墙承重或纵横墙共同承重的结构体系。

②纵横墙的布置宜均匀对称，沿平面内宜对齐，沿竖向应上下连续；同一轴线上的窗间墙宽度宜均匀。

③房屋有下列情况之一时宜设置防震缝：

a. 房屋立面高差在 6m 以上；

b. 房屋有错层，且楼板高差大于层高的 1/4；

c. 各部分结构刚度、质量截然不同。

④楼梯间不宜设置在房屋的尽端和转角处。

⑤不应在房屋转角处设置转角窗。

⑥横墙较少、跨度较大的房屋，宜采用现浇钢筋混凝土楼、屋盖。

4）混凝土多孔砖的强度等级不应低于 MU10，砌筑砂浆强度等级不应低于 M5。

### 11.1.2 房屋总高度和层数的限制

砌体房屋的高度限制，是十分敏感且深受关注的规定。多层砖房的抗震能力，除依赖于横墙间距、砖和砂浆强度等级、结构的整体性和施工质量等因素外，还与房屋的总高度有直接的联系。

随着房屋高度的增大，地震作用也将增大，因而房屋的破坏将加重。震害调查表明，房屋的破坏程度随层数的增多而加重，六层房屋的震害较四、五层房屋明显加重，而二、三层房屋的震害又较四、五层房屋轻得多。基于混凝土多孔砖砌体材料的脆性性能和震害经验，限制其层数和高度是主要的抗震措施。

国外在地震区对砌体结构房屋的高度限制较严。不少国家在 7 度及以上地震区不允许采用无筋砌体结构，前苏联等国对配筋和无筋砌体结构的高度和层数作了相应的限制。结合我国具体情况，混凝土多孔砖砌体房屋的高度限制是指设置了构造柱的房屋高度。

1）一般情况下，多层混凝土多孔砖砌体结构房屋的层数和总高度不应超过表 11.1-1 的规定。

2）对医院、教学楼等横墙较少的多层混凝土多孔砖砌体房屋总高度，应比表 11.1-1 的规定降低 3m，层数相应减少一层，各层横墙很少的多层混凝土多孔砖砌体房屋，还应根据具体情况再适当降低总高度和减少层数。

横墙较少指同一层内开间大于 4.2m 的房间占该层总面积的 40％以上；其中，开间不大于 4.2m 的房间占该层总面积不到 20％且开间大于 4.8m 的房间占该层总面积的 50％以上为横墙很少。

**房屋的层数和总高度限制（m）　　表 11.1-1**

| 房屋类别 | 最小厚度(mm) | 烈度及设计基本地震加速度 | | | | | | | | | |
|---|---|---|---|---|---|---|---|---|---|---|---|
| | | 6 | | 7 | | | | 8 | | | |
| | | 0.05g | | 0.10g | | 0.15g | | 0.20g | | 0.30g | |
| | | 高度 | 层数 | 高度 | 层数 | 高度 | 层数 | 高度 | 层数 | 高度 | 层数 |
| 多层砌体 | 240 | 21 | 7 | 21 | 7 | 18 | 6 | 18 | 6 | 15 | 5 |
| | 190 | 21 | 7 | 18 | 6 | 15 | 5 | 15 | 5 | 12 | 4 |
| 底部框架-抗震墙 | 240 | 22 | 7 | 22 | 7 | 19 | 6 | 16 | 5 | — | — |
| | 190 | 22 | 7 | 19 | 6 | 16 | 5 | 13 | 4 | — | — |

注：1. 房屋的总高度指室外地面到檐口或屋面板顶的高度。半地下室可从地下室室内地面算起，全地下室和嵌固条件好的半地下室可从室外地面算起，带阁楼的坡屋面应算到山尖墙的 1/2 高度处；

2. 室内外高差大于 0.6m 时，房屋总高度可比表中数据适当增加，但不应多于 1m；

3. 乙类的多层砌体房屋仍按本地区设防烈度查表，其层数应减少一层且总高度应降低 3m；不应采用底部框架-抗震墙砌体房屋；

4. 表中底部框架-抗震墙砌体房屋的最小砌体墙厚系指上部砌体房屋部分。

3）混凝土多孔砖砌体承重房屋的层高不应超过 3.6m；当使用功能确有需要，采用约束砌体等加强措施时，层高也不应超过 3.9m。

底部框架-抗震墙砌体房屋的底部，层高不应超过 4.5m；当底层采用约束砌体抗震墙时，底层层高不应超过 4.2m。

约束砌体，大体上指间距接近层高的构造柱与圈梁组成的砌体、同时拉结网片符合相应的构造要求，可参见《建筑抗震设计规范》GB 50011—2010 第 7.3.14、7.5.4、7.5.5 条等。

4）横墙较少的多层住宅楼，当按下列规定采取加强措施并满足抗震承载力要求时，其高度和层数可仍按表 11.1-1 的规定采用。

①房屋的最大开间尺寸不宜大于 6.6m。

②一个结构单元内横墙错位数量不宜超过横墙总墙数的1/3，

且连续错位不宜多于两道，错位的墙体交接处均应增设构造柱，且楼、屋面板应采用现浇钢筋混凝土板。

③横墙和内纵墙上洞口的宽度不宜大于 1.5m，外纵墙上洞口的宽度不宜大于 2.1m 或开间尺寸的一半，内外墙上洞口位置不应影响内外纵墙和横墙的整体连接。

④所有纵横墙均应在楼、屋盖标高处设置加强的现浇钢筋混凝土圈梁，圈梁的截面高度不宜小于 150mm，上下纵筋各不应少于 $3\phi10$，箍筋不小于 $\phi6$，间距不大于 300mm。

⑤所有纵横墙交接处及横墙的中部均应增设满足下列要求的构造柱：在横墙内的柱距不宜大于 3.0m，在纵墙内的柱距不宜大于 4.2m，最小截面尺寸不宜小于 240mm × 240mm（墙厚 190mm 时为 240mm×190mm），配筋宜符合表 11.1-2 的要求。

**构造柱的纵筋和箍筋设计要求　　表 11.1-2**

<table>
<tr><th rowspan="2">位置</th><th colspan="3">纵向钢筋</th><th colspan="3">箍　筋</th></tr>
<tr><th>最大配筋率（%）</th><th>最小配筋率（%）</th><th>最小直径（mm）</th><th>加密区范围</th><th>加密区间距（mm）</th><th>最小直径（mm）</th></tr>
<tr><td>角柱</td><td>1.8</td><td>0.8</td><td>14</td><td>全高</td><td rowspan="3">100</td><td rowspan="3">6</td></tr>
<tr><td>边柱</td><td>1.8</td><td>0.8</td><td>14</td><td rowspan="2">上端 700mm<br>下端 500mm</td></tr>
<tr><td>中柱</td><td>1.4</td><td>0.6</td><td>12</td></tr>
</table>

⑥同一结构单元的楼、屋面板应设置在同一标高处。

⑦房屋的底层和顶层，在窗台板处宜设置现浇钢筋混凝土带，其厚度为 60mm，宽度不小于墙厚，纵向钢筋不少于 $3\phi6$，两端伸入墙体不宜小于 360mm。

表 11.1-1 的注 2 表明，房屋高度按有效数字控制。当室内外高差不大于 0.6m 时，房屋总高度限值按表中数据的有效数字控制，则意味着可比表中数据增加 0.4m；当室内外高差大于 0.6m 时，虽然房屋总高度允许比表中的数据增加不多于 1.0m，实际上其增加量只能少于 0.4m。

### 11.1.3 房屋高宽比的限制

混凝土多孔砖砌体结构的抗剪强度低，抗弯能力更差，因此房屋在地震作用下的破坏应是剪切型，以墙体的受剪承载力来抵抗水平地震作用，不得出现过大的弯曲变形。试验表明随着总高度与总宽度之比的增大，地震作用效应将增大，由整体弯曲在墙体中产生的附加应力也将增大，房屋的破坏将加重。

若砌体房屋考虑整体弯曲进行验算，目前的方法即使在7度时，超过3层就不满足要求，与大量的地震宏观调查结果不符。实际上，多层砌体房屋一般可以不做整体弯曲验算，但为了保证房屋的稳定性，减轻弯曲造成的破坏，限制其高宽比。多层混凝土多孔砖砌体房屋总高度与总宽度的最大比值宜符合表11.1-3的要求。

**多层混凝土多孔砖砌体房屋总高度与总宽度的最大比值　　表 11.1-3**

| 烈　度 | 6度 | 7度 | 8度 |
| --- | --- | --- | --- |
| 最大高宽比 | 2.5 | 2.5 | 2.0 |

房屋高宽比验算时，应遵循下列原则：

1）具有规则平面的房屋，按房屋的总宽度计算高宽比，不考虑平面上的局部突出。

2）外廊住宅、外廊中小学教学楼、外廊办公室，都是单面布置房间，外廊的柱或者外廊的外墙，因与之连系的楼板竖向刚度差，不能有效参与房屋的整体弯曲，因此，计算这类房屋的高宽比时，房屋的宽度不应包括外廊在内。

3）内廊房屋，由于横墙被内廊分成两片，整体作用很差，如果不是换算成相应的整体实体墙体确定高宽比，而仍取房屋的全宽计算高宽比，就应该比表11.1-3限值控制得再小一些。

4）对于复杂的房屋（如L形、工字形等），应取独立抗震单元的短边作为房屋的宽度。

5）当建筑平面接近正方形时（如点式、墩式建筑），其高宽比宜适当减小。

### 11.1.4 墙体的布置

墙体是承担地震作用的主要构件，墙体的布置和间距对房屋的空间刚度和整体性影响很大，因而对建筑物的抗震性能有重大影响。

（1）结构布置

结构布置应优先选用横墙承重或纵横墙共同承重的方案，纵横墙的布置应均匀对称，沿平面内宜对齐，沿竖向应上下连续，同一轴线上的窗间墙宽度宜均匀。

（2）材料及截面尺寸要求

1）混凝土多孔砖砌体材料应符合下列要求：

混凝土多孔砖的强度等级不应低于 MU10，其砌筑砂浆的强度等级不应低于 Mb7.5。

2）混凝土多孔砖砌体剪力墙的截面应符合下列要求：

①混凝土多孔砖剪力墙的厚度不应小于 240mm；

②剪力墙开洞洞口的水平截面积不应超过墙体水平截面面积的 50%。

（3）横墙间距

震害调查表明，在横向水平地震作用的影响下，如果楼盖有足够的刚度，横墙间距较密且有足够的承载力，则纵墙承受的地震作用是很小的，一般不至于出现水平裂缝。如果楼盖刚度较差或横墙间距很大或横墙承载能力不足而先行破坏，则纵墙承受的地震作用将较大，因而在纵墙上就会出现水平裂缝，裂缝的位置一般是在两横墙之间的中部或靠近先行破坏的横墙的一端。因此，对于横墙除了必须具有足够的抗震能力外，还必须使其间距能满足楼盖对传递水平地震作用所需的水平刚度的要求。也就是说，横墙间距必须根据楼盖的水平刚度给予一定的限制。多层混凝土多孔砖砌体房屋抗震横墙的间距，不应超过表 11.1-4 的要求。

房屋抗震横墙最大间距　　表 11.1-4

<table>
<tr><th colspan="2" rowspan="2">房屋和楼盖类别</th><th colspan="3">烈　度</th></tr>
<tr><th>6 度</th><th>7 度</th><th>8 度</th></tr>
<tr><td rowspan="3">多层砌体</td><td>现浇或装配整体式钢筋混凝土楼、屋盖</td><td>15</td><td>15</td><td>11</td></tr>
<tr><td>装配式钢筋混凝土楼、屋盖</td><td>11</td><td>11</td><td>9</td></tr>
<tr><td>木屋盖</td><td>9</td><td>9</td><td>4</td></tr>
<tr><td rowspan="2">底部框架-抗震墙</td><td>上部各层</td><td colspan="3">同多层砌体</td></tr>
<tr><td>底部或底部两层</td><td>18</td><td>15</td><td>11</td></tr>
</table>

注：1. 多层混凝土多孔砖房屋的顶层，除木屋盖外的最大横墙间距可适当放宽，但应采取相应的加强措施；

2. 混凝土多孔砖抗震横墙厚度为 190mm 时，最大横墙间距比表中数值减少 3m。

（4）墙段的局部尺寸

从表面上看，墙体的局部尺寸不当，有时仅造成局部破坏，并未影响房屋的整体安全，事实上，它往往降低了房屋总的承载能力。而且某些重要部位墙体的局部破坏往往牵动全局，直接引起房屋的倒塌。震害调查表明，沿房屋纵向地面运动的结果，常导致纵墙的薄弱部分——窗间墙的开裂。随着地震烈度的增高，地震荷载成倍地增长，窗间墙的破坏程度也越重。因此，按地震烈度控制墙面开洞率是必要的。震害调查还表明，地震期间由于沿房屋纵横两个方向地面运动的结果，转角处纵横两个墙面常出现斜裂缝，若地面运动强烈以及持续时间较长时，破裂后的角部块体就会因两个方向的往复错动而被挤出去引起倒塌。不仅房屋两端的四个外墙转角容易发生破坏，平面上其他凸出部位的外墙阳角同样易发生破坏，特别是当楼梯间设在端部时，破坏的情况更为严重。因此，房屋中混凝土多孔砖砌体墙段的局部尺寸限值宜符合表 11.1-5 的要求。

**房屋的局部尺寸限值（m）　　表 11.1-5**

| 部　　位 | 6度 | 7度 | 8度 |
|---|---|---|---|
| 承重窗间墙最小宽度 | 1.0 | 1.0 | 1.2 |
| 承重外墙尽端至门窗洞边的最小距离 | 1.0 | 1.0 | 1.2 |
| 非承重外墙尽端至门窗洞边的最小距离 | 1.0 | 1.0 | 1.0 |
| 内墙阳角至门窗洞边的最小距离 | 1.0 | 1.0 | 1.5 |
| 无锚固女儿墙（非出入口处）的最大高度 | 0.5 | 0.5 | 0.5 |

房屋局部尺寸的限制是在满足规范构造要求的前提下规定的，当承重墙尽端、非承重墙尽端和内墙阳角至门窗洞边的距离不满足要求时，在构造上应加强措施，如加大构造柱截面和配筋，增设构造柱或采用横墙配筋等；出入口处的女儿墙应该有锚固；多排柱房屋的纵向窗间墙宽度不应小于 1.5m。

### 11.1.5　房屋的平立面布置和防震缝的设置

当房屋的平面和立面布置不规则，亦即平面上凹凸曲折，立面上高低错落时，震害往往比较严重。这一方面是由于各部分的质量和刚度分布不均匀，地震时，房屋各部分产生较大的变形差异，使各部分连接处的变形突然变化而产生应力集中。另一方面是由于房屋的质量中心和刚度中心不重合，地震时，地震作用对刚度中心有较大的偏心距，因而不仅使房屋产生剪切和弯曲，而且还使房屋产生扭转，从而大大加剧了地震的破坏作用。对于凸出屋面的细长部位，还将由于鞭梢效应而使地震作用加大，凸出部位愈细长（即其平面面积与底部建筑物平面面积之比愈小，其凸出高度与底部建筑物高度之比愈大），引起的地震作用也愈大。所以，凸出屋面的屋顶间等，破坏往往较为严重。为此，房屋的平立面布置应遵循下列原则：

1）房屋的平、立面布置应尽可能简单。

在平面布置方面，应避免墙体局部凸出和凹进，若为 L 形或［形平面，应将转角交叉部分的墙体拉通，使水平地震作用能通过贯通的墙体传到相连的另一侧。若侧翼伸出较长（超过房屋的宽度），则应以防震缝分割成若干独立的单元，以免由于刚度中心和质量中心不一致而引起扭转振动以及在转角处因应力集中而导致破坏。在立面布置方面，应避免局部的凸出和错层，若必须布置局部凸出的建筑物时，应采取措施，在变截面处加强连接，或采用刚度较小的结构或减轻凸出部分结构的自重。

2）防震缝应沿房屋全高设置，两侧应布置墙体，基础可不设防震缝。防震缝的缝宽应根据地震烈度和房屋高度确定，一般取 70～100mm。

3）楼梯间不宜设置在房屋的尽端和转角处。烟道、风道、垃圾道等不应削弱墙体，当墙体被削弱时，应对墙体采取加强措施，不宜采用无竖向配筋的附墙烟囱及出屋面的烟囱。不宜采用无锚固的钢筋混凝土预制挑檐。

## 11.2　多层混凝土多孔砖砌体结构房屋抗震计算要点

### 11.2.1　计算简图和地震作用

地震时，多层混凝土多孔砖砌体房屋的破坏主要是由水平地震作用引起的。因此，对于多层混凝土多孔砖砌体房屋的抗震计算一般只考虑水平地震作用的影响，可不考虑竖向地震作用的影响。

多层混凝土多孔砖砌体房屋的高度不超过 22m，质量和刚度沿高度分布比较均匀，水平振动时以剪切变形为主，因此，在进行结构的抗震计算时，宜采用底部剪力法等简化方法。

当多层混凝土多孔砖砌体房屋的高宽比不大于表 11.1-3 的规定时，由整体弯曲而产生的附加应力不大。因此，可不做整体弯曲验算，而只验算房屋在横向和纵向水平地震作用影响下，横墙和纵墙在其自身平面内的抗剪能力。

（1）计算简图

多层混凝土多孔砖砌体房屋可视为嵌固于基础顶面竖立的悬臂梁，并将各层质量集中于各层楼盖处。计算简图中结构底部按下列规定取值：当基础埋置较浅时取为基础顶面；当基础埋置较深时，可取为室外地坪下 0.5m 处；当设有整体刚度很大的全地下室时，则取为地下室板顶部；当地下室整体刚度较小或为半地下室时，则取为地下室内地坪处。其计算简图如图 11.2-1 所示。

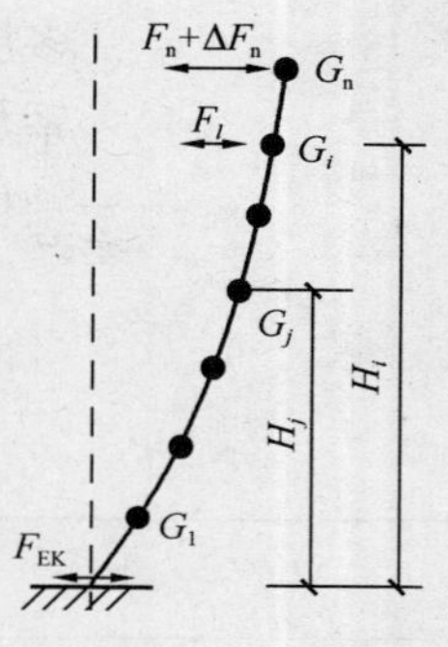

图 11.2-1 计算简图

集中在 $i$ 层楼盖处的重力荷载 $G_i$，有 $i$ 层楼盖自重和作用在该层楼面上的可变荷载，以及该楼层上下层墙体自重的一半。计算地震作用时，建筑的重力荷载代表值应取结构和构配件自重标准值和各可变荷载组合值之和。各可变荷载的组合值系数应按表 11.2-1 采用。

**可变荷载及其组合值系数** **表 11.2-1**

| 可变荷载种类 | | 组合值系数 |
|---|---|---|
| 雪荷载 | | 0.5 |
| 屋面积灰荷载 | | 0.5 |
| 屋面活荷载 | | 不计入 |
| 按实际情况考虑的楼面活荷载 | | 1.0 |
| 按等效均布荷载考虑的楼面活荷载 | 藏书库、档案室 | 0.8 |
| | 其他民用建筑 | 0.5 |

(2) 水平地震作用

1) 总水平地震作用标准值

结构总水平地震作用标准值应按下式确定

$$F_{EK} = \alpha_1 G_{eq} \tag{11.2-1}$$

式中 $F_{EK}$——结构总水平地震作用标准值；

$\alpha_1$——相当于结构基本自振周期的水平地震影响系数，

多层混凝土多孔砖砌体房屋可取水平地震影响系数最大值 $\alpha_{max}$，$\alpha_{max}$ 按表 11.2-2 采用；

$G_{eq}$ ——结构等效总重力荷载，按下式计算。

$$G_{eq}=0.85\sum_{i=1}^{n}G_i \quad (11.2\text{-}2)$$

**水平地震影响系数最大值** **表 11.2-2**

| 烈度 | 6 度 | 7 度 | 8 度 |
|---|---|---|---|
| $\alpha_{max}$ | 0.04 | 0.08(0.120) | 0.16(0.24) |

注：括号中数值分别用于设计基本地震加速度为 0.15$g$ 和 0.30$g$ 的地区。

2）沿高度 $i$ 质点的水平地震作用

$$F_i=\frac{G_iH_i}{\sum_{j=1}^{n}G_jH_j}F_{EK}\ (i=1,2,\cdots,n) \quad (11.2\text{-}3)$$

式中 $F_i$ ——质点 $i$ 的水平地震作用标准值；

$G_i$、$G_j$ ——分别为集中于质点 $i$、$j$ 的重力荷载代表值；

$H_i$、$H_j$ ——分别为质点 $i$、$j$ 的计算高度。

对于突出屋面的屋顶间、女儿墙、烟囱等的地震作用效应，宜乘以增大系数 3，但该增大部分不应往下传递，即计算房屋下层层间剪力时不考虑地震作用增大部分的影响。但与该突出部分相连的构件应予计入。

3）各楼层水平地震剪力标准值

$$V_{EKi}=\sum_{j=i}^{n}F_i\ (i=1,2,\cdots,n)>\lambda\sum_{j-i}^{n}G_j \quad (11.2\text{-}4)$$

式中 $V_{EKi}$ ——第 $i$ 层的楼层水平地震剪力标准值；

$\lambda$ ——剪力系数，不应小于表 11.2-3 规定的楼层最小地震剪力系数值，对竖向不规则结构的薄弱层，尚应乘以 1.15 的增大系数；

$G_j$ ——第 $j$ 层的重力荷载代表值。

楼层最小地震剪力系数值　　表 11.2-3

| 类　别 | 6度 | 7度 | 8度 |
|---|---|---|---|
| 扭转效应明显或基本周期小于 3.5s 的结构 | 0.008 | 0.016<br>(0.024) | 0.032<br>(0.048) |
| 基本周期大于 5.0s 的结构 | 0.06 | 0.012<br>(0.018) | 0.024<br>(0.036) |

注：1. 基本周期介于 3.5s 和 5s 之间的结构，按插入法取值；
2. 括号内数值分别用于设计基本地震加速度为 0.15$g$ 和 0.30$g$ 的地区。

### 11.2.2 楼层水平地震剪力在各墙间的分配

在多层混凝土多孔砖砌体房屋中，屋盖和楼盖如同水平隔板一样，将作用在房屋上的水平地震剪力传给各抗侧力构件。因此，随着楼、屋盖水平刚度的不同和抗侧力构件刚度的不同，分配给各抗侧力构件的水平地震力也不同。集中在各楼层墙体顶部的水平地震剪力应根据楼盖水平刚度的不同，按下列原则分配。

（1）横向水平地震剪力的分配

1）刚性楼盖

现浇和装配整体式钢筋混凝土楼、屋盖等刚性楼盖建筑，其各抗侧力构件所承担的水平地震作用效应与其抗侧力刚度成正比。因此，宜按抗侧力构件等效刚度的比例分配。由此可得到第 $i$ 层第 $k$ 道墙所承担的水平地震剪力为：

$$V_{im} = \frac{D_{im}}{\sum_{m=1}^{k} D_{im}} V_{\mathrm{EK}i} \tag{11.2-5}$$

式中　$D_{im}$ ——第 $i$ 层第 $k$ 道墙混凝土多孔砖砌体的剪切模量。

当楼层横向抗侧力墙体高度相同、高宽比均小于 1，采用的砌体材料强度等级相同时，则可按各道墙体的水平面积比例分配：

$$V_{im} = \frac{A_{im}}{\sum_{k=1}^{n} A_{ik}} V_{\mathrm{EK}i} \tag{11.2-6}$$

2）柔性楼盖

对于木楼盖、木屋盖等柔性楼盖建筑，可将楼、屋盖视为多跨简支梁，则各抗侧力构件所承担的水平地震剪力将按该抗侧力构件两侧相邻的抗侧力构件之间一半面积上的重力荷载代表值的比例分配，即

$$V_{im} = \frac{G_{im}}{\sum_{m=1}^{k} G_{im}} V_{\mathrm{EK}i} \tag{11.2-7}$$

式中　$G_{im}$ ——第 $i$ 层第 $k$ 道墙承担的重力荷载代表值。

当楼盖单位面积上的重力荷载代表值相等时，可按墙体从属荷载面积的比例进行分配：

$$V_{im} = \frac{F_{im}}{F_i} V_{\mathrm{EK}i} \tag{11.2-8}$$

式中　$F_{im}$ ——第 $i$ 层 $m$ 片横墙的从属面积，等于该墙体两侧相邻墙之间各一半建筑面积之和；

$F_i$ ——第 $i$ 层楼盖的建筑面积。

3）中等刚性楼盖

对于采用普通预制板的装配式钢筋混凝土等半刚性楼、屋盖的建筑，按下式进行分解：

$$V_{im} = \frac{1}{2}\left(\frac{D_{im}}{\sum_{m=1}^{k} D_{im}} + \frac{F_{im}}{\sum_{m=1}^{k} F_{im}}\right) V_{\mathrm{EK}i} \tag{11.2-9}$$

（2）纵向水平地震剪力的分配

当对纵向水平地震剪力进行计算时，由于楼盖沿纵向的水平刚度较横向的水平刚度大得多，故可将纵向水平地震剪力按墙体刚度比例分配给各纵墙。

$$V_{im} = \frac{D_{im}}{\sum_{m=1}^{k} D_{im.}} V_{\mathrm{EK}i} \tag{11.2-10}$$

1）刚度的计算应计及高宽比的影响。高宽比小于 1 时，可只考虑剪切变形；高宽比不大于 4 且不小于 1 时，应同时考虑弯

曲和剪切变形；高宽比大于 4 时，可不考虑刚度。墙段的高宽比指层高与墙长之比，对门窗洞边的小墙段指洞净高与洞侧墙宽之比。

2）墙段宜按门窗洞口划分，对小开口墙段按毛墙面计算的刚度，可根据开洞率乘以表 11.2-4 洞口影响系数。

**墙段洞口影响系数　　　表 11.2-4**

| 开洞率 | 0.10 | 0.20 | 0.30 |
|---|---|---|---|
| 影响系数 | 0.98 | 0.94 | 0.88 |

注：1. 开洞率为洞口面积与墙段毛面积之比，窗洞高度大于层高 50%时，按门洞对待；

2. 洞口中线偏离墙段中线大于墙段长度的 1/4 时，表中影响系数值折减 0.9；门洞的洞顶高度大于层高的 80%时，表中数据不适用；窗洞高度大于 50%层高时，按门洞对待。

### 11.2.3　墙体抗震承载力的验算

（1）墙体水平地震剪力设计值

根据《建筑抗震设计规范》GB 50011—2010 的规定，墙体截面抗震验算的设计表达式为：

$$S \leqslant \frac{R}{\gamma_{RE}} \quad (11.2\text{-}11)$$

式中　$S$——结构构件内力组合的设计值，包括组合的弯矩、轴向力和剪力设计值；

$R$——结构构件承载力设计值；

$\gamma_{RE}$——承载力抗震调整系数，按表 11.2-5 采用。

**承载力抗震调整系数　　　表 11.2-5**

| 墙体 | 梁端设置构造柱的承重墙 | 自承重墙 | 其他墙体 |
|---|---|---|---|
| $\gamma_{RE}$ | 0.90 | 0.75 | 1.00 |

（2）不利墙段的选择

多层混凝土多孔砖砌体房屋抗剪承载力验算时，不利墙段的选择可根据下列原则综合考虑：

1）竖向荷载从属面积较大的墙段；

2）承担地震作用较大的墙段；

3）竖向压应力较小的墙段；

4）截面积较小的墙段。

（3）混凝土多孔砖砌体沿阶梯形截面破坏的抗震抗剪强度

根据《混凝土砖建筑技术规范》CECS 257 的规定，各类混凝土多孔砖砌体沿阶梯形截面破坏的抗震抗剪强度设计计算，应按下式确定

$$f_{VE} = \zeta_N f_v \tag{11.2-12}$$

式中 $f_{VE}$——混凝土多孔砖砌体沿阶梯形截面破坏的抗震抗剪强度设计值；

$f_v$——非抗震设计的混凝土多孔砖砌体抗剪强度设计值；

$\zeta_N$——混凝土多孔砖砌体抗震抗剪强度的正应力影响系数，按表 11.2-6 采用。

**砌体抗震抗剪强度的正应力影响系数 $\zeta_N$　　表 11.2-6**

| $\sigma_0/f_v$ | | | | | | | |
|---|---|---|---|---|---|---|---|
| 0.0 | 1.0 | 3.0 | 5.0 | 7.0 | 10.0 | 12.0 | ≥16.0 |
| 0.80 | 0.99 | 1.25 | 1.47 | 1.65 | 1.90 | 2.05 | — |

注：$\sigma_0$ 为对应于重力荷载代表值的砌体截面平均压应力。

（4）混凝土多孔砖墙体的截面抗震承载力

1）一般情况下，应按下式验算：

$$V \leqslant f_{VE}A/\gamma_{RE} \tag{11.2-13}$$

式中 $V$——考虑地震作用组合的墙体剪力设计值（N）；

$A$——砖墙体横截面毛面积（$mm^2$）；

$\gamma_{RE}$——承载力抗震调整系数。承重墙两侧均设构造柱的墙体，应取 0.9，其他墙体应取 1.0，自承重墙取 0.75。

2）当按式（11.2-13）验算不满足要求时，可计入基本均匀设置于墙段中部、截面不小于240mm×240mm（墙厚190mm时为240mm×190mm），且间距不大于4m的构造柱对受剪承载力的提高作用，按下列简化方法计算：

$$V \leqslant \frac{1}{\gamma_{RE}}[\eta_c f_{VE}(A - A_c) + \zeta f_t A_c + 0.08 f_y A_s] \tag{11.2-14}$$

式中 $A_c$——中部构造柱横截面总面积（$mm^2$）（对横墙和内纵墙 $A_c > 0.15A$ 时，取 $0.15A$；对外纵墙，$A_c > 0.25A$ 时，取 $0.25A$）；

$f_t$——中部构造柱的混凝土轴心抗拉强度设计值（MPa），应按现行国家标准《混凝土结构设计规范》GB 50010采用；

$A_s$——中部构造柱的纵向钢筋横截面总面积（$mm^2$）（配筋率不应小于0.6%，大于1.4%时，按1.4%计算）；

$f_y$——钢筋抗拉强度设计值（MPa）；

$\zeta$——中部构造柱参与工作系数，居中设一根时取0.5，多于一根时取0.4；

$\eta_c$——墙体约束修正系数，一般情况下取1.0，构造柱间距不大于2.8m时取1.1。

## 11.3 多层混凝土多孔砖房屋抗震构造措施

混凝土多孔砖房屋构造柱的设置要求：

1）构造柱设置部位，应符合表11.3-1的要求。

2）外廊式和单面走廊式的多层混凝土多孔砖房屋，应根据房屋增加一层后的层数，按表11.3-1的要求设置构造柱，且单面走廊两侧的纵墙均应按外墙处理。

3）教学楼、医院等横墙较少的房屋，应根据房屋增加一层后的层数，按表 11.3-1 的要求设置构造柱；当教学楼、医院等横墙较少的房屋为外廊式或单面走廊式时，应按上款要求设置构造柱；当 6 度不超过四层、7 度不超过三层和 8 度不超过二层时，应按增加二层后的层数设置。

当混凝土多孔砖房屋高度和层数接近表 11.1-1 的限值时，纵、横墙内尚应按下列要求设置构造柱：

**多层混凝土多孔砖房屋构造柱设计要求　　　表 11.3-1**

<table>
<tr><th colspan="3">房屋层数</th><th colspan="2" rowspan="2">设置部位</th></tr>
<tr><th>6度</th><th>7度</th><th>8度</th></tr>
<tr><td>四、五</td><td>三、四</td><td>二、三</td><td rowspan="3">楼、电梯间四角，楼梯斜梯段上下端对应的墙体处；<br>外墙四角和对应转角；<br>错层部位横墙与外纵墙交接处；<br>大房间内外交接处；<br>较大洞口两侧</td><td>隔 12m 或单元横墙与外纵墙交接处；<br>楼梯间对应的另一侧内横墙与外纵墙交接处</td></tr>
<tr><td>六</td><td>五</td><td>四</td><td>隔开间横墙（轴线）与外墙交接处；<br>山墙与内纵墙交接处</td></tr>
<tr><td>七</td><td>≥六</td><td>≥五</td><td>内墙（轴线）与外墙交接处；<br>内墙的局部较小墙垛处；<br>内纵墙与横墙（轴线）交接处</td></tr>
</table>

注：较大洞口，内墙指不小于 2.1m 的洞口；外墙在内外墙交接处已设置构造柱时应允许适当放宽，但洞侧墙体应加强。

1）横墙内的构造柱间距不宜大于层高的 2 倍，下部 1/3 楼层的构造柱间距应适当减小。

2）当外纵墙开间大于 3.9m 时，应另设加强措施。内纵墙的构造柱间距不宜大于 4.2m。

3）混凝土多孔砖房屋各楼层均应设置现浇混凝土圈梁，按表 11.3-2 的要求设置。圈梁宽度不应小于 190mm，配筋不应少于 4$\phi$12。现浇或装配整体式钢筋混凝土楼、屋盖与墙体有可靠连接，可不另设圈梁，但楼板沿墙体周边应加强并应与相应的构造柱可靠连接。

**混凝土多孔砖房屋现浇钢筋混凝土圈梁设置要求　　　表 11.3-2**

| 墙类 | 烈度 | |
|---|---|---|
| | 6、7 度 | 8 度 |
| 外墙和内墙 | 屋盖处及每层楼盖处 | 屋盖处及每层楼盖处 |
| 内横墙 | 同上；屋盖处间距不应大于 7m；楼盖处间距不应大于 15m；构造柱对应部位 | 同上；屋盖处沿所有横墙，且间距不应大于 7m；楼盖处间距不应大于 7m；构造柱对应部位 |

混凝土多孔砖房屋的构造柱，应符合下列要求：

1）构造柱最小截面可采用 190mm×190mm，纵向钢筋不宜少于 4$\phi$12，箍筋间距不宜大于 200mm，且在柱上下端宜适当加密；7 度时六层及以上、8 度时五层及以上，构造柱纵向钢筋宜采用 4$\phi$14，房屋四角的构造柱可适当加大截面及配筋。

2）构造柱与混凝土多孔砖墙连接处应砌成马牙槎，沿墙高每隔 500mm 设置 2$\phi$6 水平钢筋和 $\phi$4 分布短筋平面内点焊组成的拉结网片或 $\phi$4 点焊钢筋网片，每边伸入墙内不宜小于 1m。6、7 度时底部 1/3 楼层，8 度时底部 1/2 楼层，上述钢筋网片应沿墙体水平通长设置。

3）与圈梁连接处的构造柱的纵筋应穿过圈梁，保证构造柱纵筋上下贯通。

4）构造柱可不单独设置基础，但应伸入室外地面下 500mm，或与埋深小于 500mm 的基础圈梁相连。

5）必须先砌筑多孔砖墙体，再浇筑构造柱混凝土。

墙体交接处或构造柱与墙体连接处应设置拉结钢筋网片，网片可采用直径 4mm 的钢筋点焊而成每边伸入墙内不宜小于 1m，且沿墙高应每隔 400mm 设置。

多层混凝土多孔砖房屋的层数，6 度时七层、7 度时六层及以上、8 度时五层及以上，在底层和顶层的窗台标高处，沿纵横墙应设置通长的水平现浇钢筋混凝土带；其截面高度不应小于60mm，纵筋不应少于2$\phi$10，并应有分布拉结钢筋；其混凝土强度等级不应低于C20。

多层混凝土多孔砖房屋的楼梯间应符合下列要求：

1）顶层楼梯间墙体应沿墙高每隔500mm设2$\phi$6通长钢筋和$\phi$4分布短钢筋平面内点焊组成的拉结网片或$\phi$4点焊网片；7～8度时其他各层楼梯间墙体应在休息平台或楼层半高处设置60mm厚、纵向钢筋不应少于2$\phi$10的钢筋混凝土带或配筋砖带，配筋砖带不少于3皮，每皮的配筋不少于2$\phi$6，砂浆强度等级不应低于M7.5且不低于同层墙体的砂浆强度等级。

2）7度和8度时，楼梯间及门厅内墙阳角处的大梁支承长度不应小于500mm，并应与圈梁连接。

3）装配式楼梯段应与平台板的梁可靠连接，不应采用墙中悬挑式踏步或踏步竖肋插入墙体的楼梯，不应采用无筋砖砌栏板。

4）突出屋顶的楼梯间和电梯间，构造柱应伸到顶部，并与顶部圈梁连接，内外墙交接处应沿墙高每隔400mm设2$\phi$4拉结钢筋，且每边伸入墙内不应小于1m。

坡屋顶房屋的屋架应与顶层圈梁可靠连接，檩条或屋面板应与墙及屋架可靠连接，房屋出入口处的檐口瓦应与屋面构件锚固；7度和8度时，顶层内纵墙顶宜增砌支撑山墙的踏步式墙垛。

预制阳台应与圈梁和楼板的现浇板带可靠连接。

多层多孔砖房屋的女儿墙高度超过0.5m时，应增设锚固于顶层圈梁的构造柱；墙顶应设置压顶圈梁，其截面高度不应小于60mm，纵向钢筋不应少于2$\phi$10。

同一结构单元的基础或桩承台，宜采用同一类型的基础，底面宜埋置在同一标高上，否则应增设基础圈梁并应按1：2的台阶逐步放坡。

横墙较少的多层混凝土多孔砖住宅楼的总高度和层数接近或达到表11.1-1规定限值，应采取下列加强措施：

1）房屋的最大开间尺寸不宜大于6.6m。

2）同一结构单元内横墙错位数量不宜超过横墙总数的1/3，且连续错位不宜多于两道；错位的墙体交接处均应增设构造柱，且楼、屋面板应采用现浇钢筋混凝土板。

3）横墙和内纵墙上洞口的宽度不宜大于1.5m；外纵墙上洞口的宽度不宜大于2.1m或开间尺寸的一半；且内外墙上洞口位置不应影响内外纵墙与横墙的整体连接。

4）所有纵横墙均应在楼、屋盖标高处设置加强的现浇钢筋混凝土圈梁，圈梁的截面高度不宜小于150mm，上下纵筋各不应少于3$\phi$10。

5）所有纵横墙交接处及横墙的中部，均应增设构造柱，在横墙内的柱距不宜大于层高，在纵横墙的柱距不宜大于4.2m，配筋宜符合表11.1-2的要求。

6）同一结构单元的楼板和屋面板应设置在同一标高。

7）房屋底层和顶层，在窗台标高处宜设置沿纵横墙通长的水平现浇钢筋混凝土带；其截面高度不应小于60mm，宽度不应小于190m，纵向钢筋不应少于3$\phi$10。

底部框架-抗震墙房屋的上部混凝土多孔砖墙体，设置构造柱应符合下列要求：

1）构造柱的设置部位，应根据房屋的总层数按表11.3-1的规定设置。过渡层尚应在底部框架柱对应位置处设置构造柱。

2）构造柱的纵向钢筋不宜少于4$\phi$14，箍筋间距不宜大于200mm。

3）过渡层的构造柱的纵向钢筋，7度时不宜少于4$\phi$6，8度时不宜少于6$\phi$6。与底部框架柱贯通的构造柱，纵向钢筋应锚入底部的框架柱内，相邻的多孔砖孔洞应填实；当纵向钢筋锚固在框架梁内时，框架梁的相应位置应加强。

底部框架-抗震墙房屋的上部抗震墙的中心线宜同底部的框架梁、抗震墙的轴线相重合；构造柱宜与框架柱上下贯通。

底部框架-抗震墙房屋的楼盖应符合下列要求：

1）过渡层的底板应采用现浇钢筋混凝土板，板厚不应小于 120mm；并应少开洞、开小洞，当洞口尺寸大于 800mm 时，洞口周边应设置边梁。

2）其他楼层，采用装配式钢筋混凝土楼板时均应设置现浇圈梁；采用现浇钢筋混凝土楼、屋盖与墙体有可靠连接，可不另设圈梁，但楼板沿墙体周边应加强配筋并应与相应的构造柱可靠连接。

底部框架-抗震墙房屋的钢筋混凝土托墙梁，其截面和构造应符合下列要求：

1）梁的截面宽度不应小于 300mm，梁的截面高度不应小于跨度的 1/10。

2）箍筋的直径不应小于 8mm，间距不应大于 200mm；梁端在 1.5 倍梁高且不小于 1/5 梁净跨范围内，以及上部墙体的洞口处和洞口两侧各 500mm 且不小于梁高的范围内，箍筋间距不应大于 100mm。

3）沿梁高应设置腰筋，数量不应少于 $2\phi14$，间距不应大于 200mm。

4）梁的主筋和腰筋应按受拉钢筋的要求锚固在柱内，且支座上部的纵向钢筋在柱内的锚固长度应符合钢筋混凝土框支梁的有关要求。

底部的钢筋混凝土抗震墙，其截面和构造应符合下列要求：

1）抗震墙周边应设置梁（或暗梁）和边框柱（或框架柱）组成的边框；边框梁的截面宽度不宜小于墙板厚度的 1.5 倍，截面高度不宜小于墙板厚度的 2.5 倍；边框柱的截面高度不宜小于墙板厚度的 2 倍。

2）抗震墙墙板的厚度不宜小于 160mm，且不应小于墙板净高的 1/20；抗震墙宜开设洞口形成若干墙段，各墙段的高宽比不宜小于 2。

3）抗震墙的竖向和横向分布钢筋配筋率均不应小于 0.30%，并应采用双排布置；双排分布钢筋间拉筋的间距不应大于 600mm，直径不应小于 6mm。

4）墙体的边缘构件可按《建筑抗震设计规范》GB 50011—2010 中 6.4 节关于一般部位的规定设置。

抗震墙的约束边缘构件包括暗柱、端柱和翼墙，可按图 11.3-1 采用。约束边缘构件的范围及配筋要求应符合表 11.3-3 的要求。

**抗震墙约束边缘构件的范围及配筋要求　　表 11.3-3**

| 项　目 | 一级（7、8 度） | | 二、三级 | |
|---|---|---|---|---|
| | $\lambda \leqslant 0.3$ | $\lambda > 0.3$ | $\lambda \leqslant 0.4$ | $\lambda > 0.4$ |
| $l_c$（暗柱） | $0.15h_w$ | $0.20h_w$ | $0.15h_w$ | $0.20h_w$ |
| $l_c$（翼墙或端柱） | $0.10h_w$ | $0.15h_w$ | $0.10h_w$ | $0.15h_w$ |
| $\lambda_v$ | 0.12 | 0.20 | 0.12 | 0.20 |
| 纵向钢筋（取较大值） | $0.012A_c$，8$\phi$16 | | $0.010A_c$，6$\phi$16（三级 6$\phi$14） | |
| 箍筋或拉筋沿竖向间距 | 100mm | | 150mm | |

注：1. 抗震墙的翼墙长度小于其 3 倍厚度或端柱截面边长小于 2 倍墙厚时，视为无翼墙、无端柱；

2. $l_c$ 为约束边缘构件沿墙肢长度，且不小于墙厚和 400mm；有翼墙或端柱时尚不应小于翼墙厚度或端柱沿墙肢方向截面高度加 300mm；

3. $\lambda_v$ 为约束边缘构件的配箍特征值，体积配箍率可按《建筑抗震设计规范》GB 50011—2010 中式（6.3.9）计算，并可适当计入满足构造要求且在墙端有可靠锚固的水平分布钢筋的截面面积；

4. $h_w$ 为抗震墙墙肢长度；

5. $\lambda$ 为墙肢轴压比；

6. $A_c$ 为图 11.3-1 中约束边缘构件阴影部分的截面面积。

抗震墙的构造边缘构件的范围，宜按图 11.3-2 采用；构造边缘构件的配筋应满足受弯承载力要求，并宜符合表 11.3-4 的要求。

抗震墙的墙肢长度不大于墙厚的 3 倍时，应按柱的有关要求进行设计；矩形墙肢的厚度不大于 300mm 时，宜全高加密箍筋。

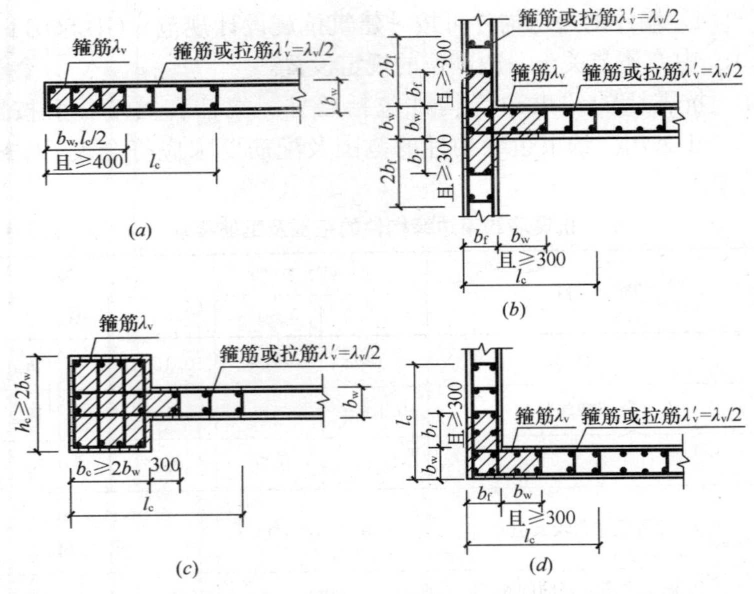


图 11.3-1 抗震墙的约束边缘构件

（$a$）暗柱；（$b$）有翼墙；（$c$）有端柱；（$d$）转角墙（L形墙）

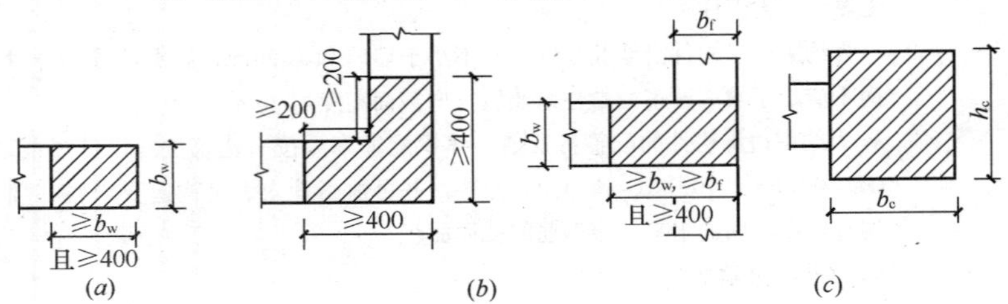


图 11.3-2 抗震墙的构造边缘构件范围

（$a$）暗柱；（$b$）翼柱；（$c$）端柱

跨高比较小的高连梁，可设水平缝形成双连梁、多连梁或采取其他加强受剪承载力的构造。顶层连梁的纵向钢筋伸入墙体的锚固长度范围内，应设置箍筋。

当6度设防的底层框架-抗震墙页岩多孔砖房的底层采用约束砖砌体墙时，其构造应符合下列要求：

**抗震墙构造边缘构件的配筋要求　　表 11.3-4**

| 抗震等级 | 底部加强部位 | | | 其他部位 | | |
|---|---|---|---|---|---|---|
| | 纵向钢筋最小用量（取较大值） | 箍筋 | | 纵向钢筋最小用量（取较大值） | 箍筋 | |
| | | 最小直径（mm） | 沿竖向最大间距（mm） | | 最小直径（mm） | 沿竖向最大间距（mm） |
| 一 | $0.010A_c$，6$\phi$16 | 8 | 100 | $0.008A_c$，6$\phi$14 | 8 | 150 |
| 二 | $0.008A_c$，6$\phi$14 | 8 | 150 | $0.006A_c$，6$\phi$12 | 8 | 200 |
| 三 | $0.006A_c$，6$\phi$12 | 6 | 150 | $0.005A_c$，4$\phi$12 | 6 | 200 |
| 四 | $0.005A_c$，4$\phi$12 | 6 | 200 | $0.004A_c$，4$\phi$12 | 6 | 250 |

注：1. $A_c$ 为计算边缘构件纵向构造钢筋的暗柱或端柱面积，即图 11.3-2 抗震墙截面的阴影部分；
2. 对其他部位，拉筋的水平间距不应大于纵筋间距的 2 倍，转角处宜用箍筋；
3. 当端柱承受集中荷载时，其纵向钢筋、箍筋直径和间距应满足柱的相应要求。

1）墙厚不应小于 240mm，砌筑砂浆强度等级不应低于 M10，应先砌墙后浇框架。

2）沿框架柱每隔 300mm 配置 2$\phi$8 水平钢筋和 $\phi$4 分布短筋平面内点焊组成的拉结网片，并沿砖墙水平通长设置；在墙体半高处尚应设置与框架柱相连的钢筋混凝土水平系梁。

3）墙长大于 4m 和洞口两侧，应在墙内增设钢筋混凝土构造柱。

底部框架-抗震墙房屋的材料强度等级，应符合下列要求：

1）框架柱、抗震墙和托墙梁的混凝土强度等级，不应低于 C30。

2）过渡层墙体的砌筑砂浆强度等级，不应低于 M10。

# 第 12 章　混凝土多孔砖砌体房屋的施工技术

混凝土多孔砖砌体的施工技术包括以下几个主要部分：

1）原材料的质量控制；

2）墙体砌筑前的准备工作；

3）多孔砖墙体砌筑；

4）构造柱施工；

5）冬、雨期施工。

混凝土多孔砖的建筑建造方法、节点构造与传统的黏土砖混结构有一定区别，如果不按混凝土多孔砖的特点和要求去施工，或者没有充分熟悉和掌握混凝土多孔砖这一新型材料的技术标准和建筑技术规程，仍然沿用传统砖混结构的一套构造、措施和方法，仅作为简单的建筑墙体材料的替换，必然会引起混凝土多孔砖建筑的质量问题。

从建筑体系分析，多层混凝土多孔砖建筑与多层普通砖混建筑，两者都是用砌体作为竖向承重构件，砌体均用块体和砂浆进行砌筑。两种不同的建筑体系，虽然砌体用块材不同，抗震构造措施也不同，但是从施工角度分析，两种不同建筑体系在施工总平面布置、施工组织设计、流水施工段的划分、劳动力的组织、机械设备的选用和施工管理等方面有很多共同之处。

其不同之处主要在材料、施工技术、施工技术管理以及混凝土多孔砖墙体的易开裂特征等方面。

根据全国各施工企业在混凝土多孔砖建筑方面的施工实践和经验，为了确保混凝土多孔砖建筑的施工质量，施工企业应根据混凝土多孔砖建筑的施工特点，必须编制一些施工技术措施，加强施工技术管理。这些施工技术管理和施工技术措施有：

1）制定混凝土多孔砖墙体砌筑施工技术措施；

2）构造柱施工技术措施；

3）防止和减轻墙体裂缝的施工技术措施；

4）水电管线、盒和其他工程的施工技术措施。

## 12.1 混凝土多孔砖建筑的施工特点

多层砌体建筑，墙体是最重要的构件。它不仅是结构构件，担负起承受垂直荷载和水平荷载（地震或风）的作用，也是建筑构件，担负起使用功能，如保温、隔热、隔声、防渗等要求。因此，墙体构件中块体材料、尺寸、空心率的变化，必然在施工方面带来很多特点。从施工实践来看，关键在于下列几个主要问题：1）熟悉混凝土多孔砖；2）从施工方面如何防止和减轻墙体的开裂；3）如何保证构造柱混凝土的施工质量。

（1）混凝土多孔砖墙体的施工质量是导致墙体开裂的主要因素之一

混凝土多孔砖建筑的墙体较砖混建筑的墙体，在相同设计条件下，前者墙体较后者墙体容易开裂。影响多孔砖墙体开裂有以下一些施工因素：

1）多孔砖上墙砌筑时的含水率。有些施工人员（包括操作工人）误认为在常温施工时，多孔砖砌筑应浇水湿润，有利于砂浆的硬化，提高砂浆与块体的粘结强度。实际上这是一个方面，另一方面混凝土多孔砖收缩大，上下两皮多孔砖壁、肋接触面积小，砌体的抗剪强度低，潮湿的多孔砖产生的收缩应力大于砂浆粘结强度的增加时，容易使多孔砖墙体开裂。

2）应采用专用的砌筑砂浆。混凝土多孔砖的砌筑砂浆除要求控制强度和保水性外，砂浆的稠度和粘结性也较普通砖的砌筑砂浆要求高，质量控制也严格。

3）砂浆的饱满度应符合规范要求。多孔砖墙体不仅规定了水平灰缝不得低于90％，而且竖向灰缝的饱满度不得低于80％。

由于多孔砖的高度为 90mm 以上，是实心砖高度 53 mm 的 1.7 倍，因此，竖缝砂浆的饱满度对墙体的砌筑尤为重要。

（2）构造柱混凝土施工是构造柱施工质量的关键

由于构造柱截面小、高度高，如何保证浇筑混凝土的密实性，是构造柱施工的关键工序。为了保证构造柱混凝土的施工质量，应考虑：

1）控制粗骨料的最大粒径；

2）混凝土的流动性好，坍落度大；

3）浇注的混凝土振捣密实。

## 12.2 原材料的质量控制

（1）混凝土多孔砖

混凝土多孔砖强度等级是保证砌体强度最基本的因素，所以混凝土多孔砖的强度等级应符合设计要求。同一单位工程使用的混凝土多孔砖应持有同一厂家生产的产品合格证明书和进场复验报告。

混凝土多孔砖产品合格证明书应包括型号、规格、产品等级、强度等级、密度等级、相对含水率、生产日期等内容。主规格混凝土多孔砖应进行尺寸偏差和外观质量的检验以及强度等级的复验。辅助规格混凝土多孔砖仅做尺寸偏差和外观质量的检验，但应有保证强度等级的产品质量证明书。同一单位工程不宜使用两个厂家混凝土多孔砖，这是为避免出现墙体收缩裂缝而对产品提出的要求。

干燥收缩是混凝土多孔砖的特征，而影响收缩的因素又较多。经 28d 养护后收缩可完成 60%以上，因此，适当延长养护时间，能减少因混凝土多孔砖收缩过多而引起的墙体裂缝。混凝土多孔砖在厂内的自然养护龄期或蒸汽养护期及其后的停放期总时间必须确保 28d。

混凝土多孔砖产品宜包装出厂，并可采用托板装运。这样可减少混凝土多孔砖搬运、堆放过程中的损耗，并为现场创建文明工地提供方便和条件。

住宅和其他民用建筑内隔墙、围墙可使用合格品等级混凝土多孔砖，房屋建筑工程的其他部位均应使用不得低于一等品等级的混凝土多孔砖。

（2）混凝土

为防止粗骨料被卡住，粒径以 5～15mm 为宜。构造柱混凝土用的粗骨料可按一般混凝土构件要求，宜为 10～30mm，并均应符合国家现行标准《普通混凝土用碎石或卵石质量标准及检验方法》JGJ 53 的有关规定。

钢筋的品种、规格数量应符合设计要求，并应有质量合格证书及按要求取样复验，复验合格方可使用。

（3）砌筑砂浆

1）原料要求

水泥应采用有质量保证书的普通硅酸盐水泥或矿渣硅酸盐水泥，水泥应按品种、强度等级、出厂日期分别堆放，并保持干燥。如果遇水泥强度等级不明或出厂日期超过三个月等情况，应进行试验复查，合格后方可使用，这是保证工程质量的重要措施。不同品种的水泥，不得混合使用。因为不同水泥混合使用，会产生强度降低或材性变化。

多孔砖砌体砂浆中的砂宜采用过筛的洁净中砂，并应符合现行国家标准《建筑用砂》GB/T 14684 的规定。采用人工砂、山砂及特细砂时应符合相应的现行技术标准。砂中含泥量过大，不但会增加砌筑砂浆的水泥用量，还可能使砂浆的收缩值增大，耐久性降低，影响砌体质量。对于水泥砂浆，事实上已成为水泥黏土砂浆，但又与一般使用黏土膏配制的水泥黏土砂浆在其性质上有一定差异，难以满足某些条件下的使用要求。M5 以上的水泥混合砂浆，如砂子含泥量过大，有可能导致塑化剂掺量过多，造成砂浆强度降低。因而对砂子中的含泥量做了相应规定：

①对水泥砂浆和强度等级不小于 M5 的水泥混合砂浆，其砂

子的含泥量不应超过5%；

②对强度等级小于M5的水泥混合砂浆，其砂子的含泥量不应超过10%。

拌制水泥混合砂浆用的石灰膏、电石膏、粉煤灰和磨细生石灰粉等无机掺合料应符合下列要求：

①生石灰及磨细生石灰粉质量应符合国家现行标准《建筑生石灰》JC/T 479和《建筑生石灰粉》JC/T 480的有关规定。

②石灰膏用块状生石灰熟化时，应采用孔格不大于3mm×3mm的网过滤。熟化时间不得少于7d；磨细生石灰粉的熟化时间不得少于2d。沉淀池中的石灰膏应防止干燥、冻结和污染。脱水硬化的石灰膏已失去化学活性，对砌筑砂浆保水性与和易性会有影响，故严禁使用脱水硬化的石灰膏。消石灰粉不应直接用于砂浆中。

③制作电石膏的电石渣应加热至70℃进行检验，无乙炔气味方可使用。

④粉煤灰品质指标应符合现行国家标准《用于水泥和混凝土中的粉煤灰》GB 1596的有关规定。

掺入砌筑砂浆中的有机塑化剂或早强、缓凝、防冻等外加剂，应经检验和试配，符合要求后，方可使用。有机塑化剂产品，应具有法定检测机构出具的砌体强度型式检验报告。

目前，在砂浆中掺用的有机塑化剂、早强剂、缓凝剂、防冻剂等产品很多，但同种产品的性能存在差异，为保证施工质量，应对这些外加剂进行检验和试配，使其符合要求后再使用。对有机塑化剂，尚应有针对砌体强度的型式检验，根据其结果确定砌体强度。例如，对微沫剂替代石灰膏制作水泥混合砂浆，砌体抗压强度较同强度等级的混合砂浆砌筑的砌体的抗压强度降低10%；而对砌体的抗剪强度无不良影响。

砌筑砂浆和混凝土的拌合用水应符合国家现行标准《混凝土拌合用水标准》JGJ 63的规定。现城市中一般使用自来水拌制砌筑砂浆和混凝土。若用河水或其他水源，应符合混凝土用水标准。

2）强度要求

砌筑砂浆强度等级的评定应以标准养护、龄期为28d的试块抗压试验结果为准，并应按国家现行标准《建筑砂浆基本性能试验方法》JGJ 70的规定执行。混凝土多孔砖砌体的砌筑砂浆强度等级不得低于M5，并应符合设计要求。

3）稠度要求

砌筑砂浆的操作性能对混凝土多孔砖砌体质量影响较大，它不仅影响砌体的抗压强度，而且对砌体抗剪和抗拉强度影响较为明显。砂浆良好的保水性、稠度及粘结力对防止墙体渗漏、开裂与消除干缩裂缝有一定的成效。所以砌筑砂浆应具有良好的和易性，分层度不得大于30mm。砌筑普通混凝土多孔砖砌体的砂浆稠度宜为50～70mm；轻骨料混凝土多孔砖的砌筑砂浆稠度宜为60～70mm。

4）搅拌要求

①砂浆配料时不严格称量是造成砌筑砂浆达不到设计强度等级或超出规定强度等级过多的原因，离散性相当大。既浪费了材料又影响了质量。因此，砌筑砂浆配合比应符合国家现行标准《砌筑砂浆配合比设计规程》JGJ 98的规定，并必须经试验按重量比配制。

②施工单位一般多采用机械拌制砂浆，但有些地区仍存在用手工拌制的情况。显然，手工不易拌合均匀，影响砂浆质量。因此，砌筑砂浆应采用机械搅拌，拌合时间自投料完算起，水泥砂浆和混合砂浆不得少于2min；水泥粉煤灰砂浆和掺有外加剂的砂浆，不得少于3min；掺有机塑化剂的砂浆，宜为3～5min，并均应在初凝前使用完毕。施工时，砂浆放置时间过长会产生泌水现象，致使砂浆和易性变差，操作困难，灰缝不易饱满，影响砂浆与混凝土多孔砖的粘结力。因此，砌筑前应再次拌合。

③砂浆应随拌随用，水泥砂浆和混合砂浆应分别在3h和4h内使用完毕；当施工期间最高气温超过30℃时，应分别在拌成

后 2h 和 3h 内使用完毕。对掺用缓凝剂的砂浆，其使用时间可根据具体情况延长。

5）其他要求

混凝土多孔砖基础砌体必须采用水泥砂浆砌筑，这是因为地下防潮的要求，并应将混凝土多孔砖孔洞全部填实 C20 混凝土。对于地下室室内的填充墙等墙体可用水泥混合砂浆砌筑。水泥混合砂浆的保水性较好，易于砌筑，有利于砌体质量，无防潮地坪以上的混凝土多孔砖墙体应采用水泥混合砂浆砌筑。采用预拌砂浆的地区，砂浆的储存、使用及试件取样等应符合有关技术标准要求。

砌筑砂浆试块取样应取自搅拌机出料口。同盘砂浆应制作一组试块。

同一验收批的砌筑砂浆试块抗压强度平均值必须大于或等于设计强度等级所对应的立方体抗压强度；其中抗压强度最小一组的平均值必须大于或等于设计强度等级所对应的立方体抗压强度的 75%。

砌筑砂浆的验收批指同一类型、同一强度等级的砂浆试块应不少于 3 组。当同一验收批只有一组试块时，该组试块抗压强度的平均值必须大于或等于设计强度等级所对应的立方体抗压强度。

每一检验批且不超过一个楼层 $250m^3$ 混凝土多孔砖砌体所用的砌筑砂浆，每台搅拌机应至少抽检一次。当配合比变更时，应制作相应试块。用混凝土多孔砖砌筑的基础砌体可按一个楼层计；制作砌筑砂浆试件时，应将无底试模放在铺有潮湿新闻纸的混凝土多孔砖上。

当施工中出现下列情况时，宜采用非破损和微破损检验方法对砌筑砂浆和砌体强度进行原位检测，判定砌筑砂浆的强度：

①砌筑砂浆试块缺乏代表性或试块数量不足；

②对砌筑砂浆试块的试验结果有怀疑或争议；

③砌筑砂浆试块的试验结果不能满足设计要求时，需另行确认砌筑砂浆或砌体的实际强度。

## 12.3 施工准备

堆放混凝土多孔砖的场地应预先夯实平整，并便于排水。不同规格型号、强度等级的混凝土多孔砖应分别覆盖堆放。堆垛上应有标志，垛间应留适当宽度的通道。堆置高度不宜超过1.6m，堆放场地应有防潮措施。装卸时，不得采用翻斗卸车和随意抛掷。

由于混凝土多孔砖墙体的特殊性，如与门窗连接的预制块，局部墙体为填实块，暗敷水平管线的凹形块，砌入墙体的各种建筑构配、钢筋网片和拉结筋等都要求在施工准备阶段先行加工并分类、分规格进行堆放。

严禁使用有竖向裂缝、断裂、龄期不足28d的混凝土多孔砖及外表明显受潮的混凝土多孔砖进行砌筑。因为干缩是混凝土多孔砖的重要特征。在自然条件下，混凝土收缩一般需要180d后才趋于稳定，养护28d的混凝土仅完成全部收缩的60%，其余收缩将在28d后完成，故在生产厂室内或棚内的停置时间应越长越好。这样对减少混凝土多孔砖上墙后的收缩裂缝有好处。

混凝土多孔砖表面的污物应在砌筑前清理干净。清理混凝土多孔砖表面的污物是为了使混凝土多孔砖与砌筑砂浆或粉刷层之间粘结得更好。

砌筑混凝土多孔砖基础或底层墙体前，应采用经检定的钢尺校核房屋放线尺寸，允许偏差值应符合表12.3-1的规定。

**房屋放线允许偏差** **表12.3-1**

| 长度 $L$,宽度 $B$(m) | 允许偏差(mm) |
| --- | --- |
| $L(B)\leqslant 30$ | ±5 |
| $30<L(B)\leqslant 60$ | ±10 |
| $60<L(B)\leqslant 90$ | ±15 |
| $L(B)>30$ | ±20 |

砌筑底层墙体前必须对基础工程按有关规定进行检查和验收，符合要求后方可进行墙体施工。

混凝土多孔砖砌体施工质量的控制等级应符合表 12.3-2 的规定。

**混凝土多孔砖砌体施工质量的控制等级　　表 12.3-2**

| 项目 | 施工质量控制 | | |
|---|---|---|---|
| | A | B | C |
| 现场质量管理 | 制度健全，并严格执行各非施工方质量监督人员经常到现场，或现场设有常驻代表；施工方有在岗专业技术管理人员，人员齐全，并持证上岗 | 制度基本健全，并能执行；非施工方质量监督人员间断地到现场进行质量控制；施工方有在岗专业技术管理人员，并持证上岗 | 有制度；非施工方质量监督人员很少做现场质量控制；施工方有在岗专业技术管理人员 |
| 砂浆、混凝土强度 | 试块按规定制作，强度满足验收规定，离散性小 | 试块按规定制作，强度满足验收规定，离散性小 | 试块强度满足验收规定，离散性大 |
| 砂浆拌合方式 | 机械拌合：配合比计量控制严 | 机械拌合：配合比计量控制一般 | 机械或人工拌合：配合比计量控制较差 |
| 砌筑工人 | 中级工以上，其中高级工不少于 20% | 高、中级工不少于 70% | 初级工以上 |

## 12.4 墙体砌筑抹灰

（1）混凝土多孔砖砌筑要求

砌筑混凝土多孔砖时，应清除多孔砖表面污物和芯柱部位混凝土多孔砖孔洞底部的毛边，剔除外观质量不合格的多孔砖。混凝土多孔砖砌体尺寸和位置允许偏差应符合表 12.4-1 的规定。

混凝土多孔砖砌体尺寸和位置允许偏差　　表 12.4-1

<table>
<tr><th>序号</th><th colspan="3">项　目</th><th>允许偏差（mm）</th><th>检验方法</th></tr>
<tr><td>1</td><td colspan="3">轴线位移偏差</td><td>10</td><td>用经纬仪或拉线和尺量检查</td></tr>
<tr><td>2</td><td colspan="3">基础和砌体顶面标高</td><td>±15</td><td>用水准仪和尺量检查</td></tr>
<tr><td rowspan="3">3</td><td rowspan="3">垂直度</td><td colspan="2">每层</td><td>5</td><td>用线锤或 2m 托线板检查</td></tr>
<tr><td rowspan="2">全高</td><td>≤10m</td><td>10</td><td rowspan="2">用经纬仪或重锤挂线和尺量检查</td></tr>
<tr><td>>10m</td><td>20</td></tr>
<tr><td rowspan="2">4</td><td rowspan="2">表面平整度</td><td colspan="2">清水墙、柱</td><td>6</td><td rowspan="2">用 2m 靠尺和塞尺检查</td></tr>
<tr><td colspan="2">混水墙、柱</td><td>6</td></tr>
<tr><td rowspan="2">5</td><td rowspan="2">水平灰缝平直度</td><td colspan="2">清水墙 10m 以内</td><td>7</td><td rowspan="2">用 10m 拉线和尺量检查</td></tr>
<tr><td colspan="2">混水墙 10m 以外</td><td>10</td></tr>
<tr><td>6</td><td colspan="3">水平灰缝厚度（连续五皮多孔砖累计）</td><td>±10</td><td>与皮数杆比较，尺量检查</td></tr>
<tr><td>7</td><td colspan="3">垂直灰缝宽度（水平方向连续五块累计）</td><td>±15</td><td>用尺量检查</td></tr>
<tr><td rowspan="2">8</td><td rowspan="2">门窗洞口（后塞口）</td><td colspan="2">宽度</td><td>±5</td><td rowspan="2">用尺量检查</td></tr>
<tr><td colspan="2">高度</td><td>±5</td></tr>
<tr><td>9</td><td colspan="3">外墙窗上下窗口偏移</td><td>20</td><td>以底层窗口为准，用经纬仪或吊线检查</td></tr>
</table>

墙体砌筑应从房屋外墙转角定位处开始。砌筑皮数、灰缝厚度、标高应与该工程的皮数杆相应标志一致。皮数杆应竖立在墙的转角处和交接处，间距宜小于 15m。皮数杆是保证混凝土多孔砖砌体砌筑质量的重要措施。

规定混凝土多孔砖墙体日砌筑高度有利于已砌筑墙体尽快形成强度使其稳定，有利于墙体收缩裂缝的减少。因此，适当控制每天的砌筑速度是必要的。正常施工条件下，混凝土多孔砖墙体每日砌筑高度宜控制在 1.4m 或一步脚手架高度内。

混凝土多孔砖砌筑前不得浇水。浇过水的混凝土多孔砖与表面明显潮湿的混凝土多孔砖会产生膨胀和日后干缩现象，砌筑上墙易使墙体产生裂缝，所以严禁使用。考虑到气候特别炎热干燥时，砂浆铺摊后会失水过快，影响砌筑砂浆与混凝土多孔砖间的粘结。因此，可根据施工情况稍喷水湿润。轻骨料混凝土多孔砖应根据施工时实际气温和砌筑情况而定，必要时应按当地气温情况提前洒水湿润。

砌筑时，混凝土多孔砖（包括多排孔封底混凝土多孔砖、带保温夹芯层的混凝土多孔砖）均应底面朝上（即反砌）砌筑。混凝土多孔砖底面的铺灰面较大，有利于铺摊砂浆，易保证水平灰缝饱满度，对混凝土多孔砖受力也有利。

混凝土多孔砖墙内不得混砌黏土砖或其他墙体材料。因为混凝土多孔砖是混凝土制成的薄壁空心墙体材料。块体强度与黏土砖等其他墙体材料不等强，而且两者间的线膨胀值也不一致。混砌极易引起砌体裂缝，影响砌体强度。所以，即使混砌也应采用与混凝土多孔砖材料强度同等级的预制混凝土块。

混凝土多孔砖内外墙和纵横墙必须同时砌筑并相互交错搭接。临时间断处应砌成斜槎，斜槎水平投影长度不应小于斜槎高度。严禁留直槎，因为留直槎的墙体不利于房屋抗震，并且往往是墙体受害破坏的部位。

为避免因温度作用使屋面板变形，从而拉动隔墙引起墙体开裂的状况，顶层内隔墙不得与屋面板底接触，砌筑时应预留一定的间隙，如房屋顶层的内隔墙在离该处屋面板板底 15mm，缝内采用 1：3 石灰砂浆或弹性腻子嵌塞。再用石灰砂浆或弹性材料填塞。隔墙顶接触梁板底的部位应采用实心混凝土多孔砖斜砌楔紧。

混凝土多孔砖砌体是薄壁空心墙，水平缝铺灰面积较小，撬动或碰动了已砌筑的混凝土多孔砖会影响砌体质量。因此，新砌筑的砌体，不宜采用黏土砖墙的敲击法来矫正，而应清除原砂浆，重新砌筑。

砌筑混凝土多孔砖的砂浆应随铺随砌，墙体灰缝应横平竖直。水平灰缝宜采用坐浆法满铺混凝土多孔砖全部壁肋或多排孔混凝土多孔砖的封底面；竖向灰缝应采取满铺端面法，即将混凝土多孔砖端面朝上铺满砂浆再上墙挤紧，然后加浆插捣密实。竖向灰缝饱满度对防止墙体裂缝和渗水至关重要，其饱满度均不宜低于90%。水平灰缝厚度和竖向灰缝宽度宜为10mm，不得小于8mm，也不应大于12mm。

砌筑时，墙面必须用原浆做勾缝处理，随砌随勾缝可使墙体灰缝密实不渗水。缺灰处应补浆压实，并宜做成凹缝，凹进墙面2mm，凹缝便于粉刷层与墙体基层连接。

砌入墙内的钢筋点焊网片和拉结筋必须放置在水平灰缝的砂浆层中，不得有露筋现象。钢筋网片的纵横筋不得重叠点焊，应控制在同一平面内。

混凝土多孔砖墙体孔洞中需充填隔热或隔声材料时，应砌一皮灌填一皮，可避免漏放的情况，应填满，不得捣实，充填材料必须干燥、洁净，粒径应符合设计要求。目前市场上内外保温隔热材料较多，施工方法也不相同，因此，应按现行相关标准与要求进行。

砌筑带保温夹芯层的混凝土多孔砖墙体时，应将保温夹芯层一侧靠置室外，并应对孔错缝。左右相邻混凝土多孔砖中的保温夹芯层应互相衔接，上下皮保温夹芯层之间的水平灰缝处应砌入同质保温材料。这样可避免冷（热）桥现象，以提高墙体保温效果。

（2）混凝土多孔砖夹芯墙施工宜符合下列要求：

内外墙应按设计要求及时砌入拉结件。拉结件的防腐与埋设关系到两叶墙的稳定与安全。用钢筋制作拉结件时，其直径不应小于6mm，埋设的水平间距不应大于800mm，竖向垂直间距也不应大于400mm，而且沿竖向应呈梅花状交错埋设。钢筋网片拉结件应采用$\phi4$钢筋点焊成型，埋设的水平和竖向间距都不应大于400mm。拉结件在叶墙上搁置长度不应小于叶墙厚度的2/3，而且不小于60mm。

内外墙应按照皮数杆拉线砌筑。内叶墙应先砌至需设置第一层拉结件的高度，外叶墙的砌筑应待内叶墙外侧保温板施工后进行。当外叶墙的砌筑高度与已砌的内叶墙等高时，才能设拉接件。内外叶墙均依次往上砌筑，直至规定标高。砌筑时灰缝中挤出的砂浆与空腔槽内掉落的砂浆应在砌筑后及时清理。

（3）砌体构件处理

固定圈梁、挑梁等构件侧模的水平拉杆、扁铁或螺栓应从混凝土多孔砖灰缝中预留 4$\phi$10 孔穿入，不得在混凝土多孔砖块体上打凿安装洞。内墙可利用侧砌的混凝土多孔砖孔洞进行支模，模板拆除后应采用 C20 混凝土将孔洞填实。防止该部位存在渗水隐患。

安装预制梁、板时，必须先找平后灌浆，不得干铺。预制楼板安装也可采用硬架支模法施工。

木门窗框与混凝土多孔砖墙体两侧连接处的上、中、下部位应砌入埋有沥青木砖的混凝土多孔砖（190 mm×190mm×190mm）或实心混凝土多孔砖，并用铁钉、射钉或膨胀螺栓固定。

门窗洞口两侧的混凝土多孔砖孔洞灌填 C20 混凝土后，其门窗与墙体的连接方法可按实心混凝土墙体施工。

（4）抹灰工程

房屋顶层内粉刷必须待钢筋混凝土平屋面保温层、隔热层施工完成后方可进行；对钢筋混凝土坡屋面，应在屋面工程完工后进行。这样可减少甚至避免因温差影响而产生的墙体裂缝。

房屋外墙抹灰必须待屋面工程全部完工后进行。待房屋外墙稍稳定并且顶上几层砌筑砂浆终凝完成后再做外抹灰，有利于外抹灰与墙体基层间粘结，墙面不致产生不规则裂缝或龟裂。

多孔砖建筑墙体抹灰工程宜在砌体完工 7～10d 和在墙体工程质量检验合格后，从底层向上进行抹灰施工。

抹灰工程面层不得有爆灰和裂纹。各抹灰层之间及抹灰层与墙体之间粘结牢固，不应有脱皮、空鼓等。

抹灰墙应检查预埋件位置是否正确，与墙体连接是否牢固，并应将多孔砖墙体的灰缝、孔洞等填补密实、平整、清除浮灰。

墙面设有钢丝网的部位，应先采用有机胶拌制的水泥浆或界面剂（涂刷有机胶或界面剂有利于抹灰材料与钢丝网及墙体基层间粘结）等材料满涂后，方可进行抹灰施工。抹灰前墙面不宜洒水。天气炎热干燥时可在操作前 1～2h 适度喷水。

墙面抹灰应分层进行，总厚度宜为 18～20mm。分层抹灰有利于防止抹灰层空壳和裂纹等质量弊病。外墙抹灰分三道工序可提高抹灰质量。施工实践证实，外墙面使用带弹性的中高档涂料有利于外墙面防渗。当使用瓷砖、面砖饰面材料时，应选用专用粘贴和嵌缝材料。若粘贴不牢、施工马虎会引起外墙渗水，应引起注意。

厨房、卫生间等较潮湿房间的墙体第一皮混凝土多孔砖孔洞应采用 C20 混凝土填实。墙面底层抹灰应采用掺防水剂的水泥砂浆，再做水泥砂浆找平层外贴瓷砖或面砖。

各种抹灰砂浆层在凝固前防止暴晒、雨淋、水冲、撞击、振动，水泥砂浆宜在墙体湿润条件下养护。

（5）水电管线、盒和其他工程施工技术

因为混凝土多孔砖是薄壁空心材料，砌好后打洞、凿槽会损坏混凝土多孔砖的壁和肋，影响砌体强度，甚至产生微裂缝。因此，要求将土建施工与水电安装通盘考虑，做到预留、预埋，不得在已砌筑的墙体上打洞和凿槽。施工时，负责水电安装的施工员应跟随现场，密切配合土建施工进度，做好管线暗敷和空调、脱排油烟机等家电设备留设工作，仅个别考虑不周的部位方可打凿，以确保墙体工程质量。

照明、电信、闭路电视等线路可采用内穿 12 号铁丝的白色增强塑料管。水平管线宜预埋于专供水平管用的实心带凹槽混凝土多孔砖内，也可敷设在圈梁模板内侧或现浇混凝土楼板（屋面板）中。竖向管线应随墙体砌筑埋设在混凝土多孔砖孔洞内。管线出口处应采用 U 形混凝土多孔砖（190mm × 190mm × 190mm）竖砌，内埋开关、插座或接线盒等配件，四周用水泥砂浆填实。

冷、热水水平管可采用实心带凹槽的混凝土多孔砖进行敷设。立管宜安装在E字形混凝土多孔砖中的一个开口孔洞中。待管道试水验收合格后，采用C20混凝土浇灌封闭。

卫生设备安装宜采用筒钻成孔。孔径不得大于120mm，上下左右孔距应相隔一块以上的混凝土多孔砖。

严禁在外墙和纵、横承重墙沿水平方向凿长度大于390mm的沟槽。因混凝土多孔砖属薄壁空心材料，沿水平方向凿槽将危及墙体结构安全。

安装后的管道表面应低于墙面4～5mm，并与墙体卡牢固定，不得有松动、反弹现象。浇水湿润后用1∶2水泥砂浆填实封闭。外设10mm×10mm的$\phi$0.5～0.8钢丝网，网宽应跨过槽口，每边不得小于80mm。这是为防止管道安装处的墙面产生裂缝而采取的措施。

为了组织流水施工，应划分施工段。施工段的分段位置宜设在伸缩缝、沉降缝、防震缝、构造柱或门窗洞口处。考虑到墙体的稳定性，相邻施工段的砌筑高差不得超过一个楼层高度，也不应大于4m。

墙体的伸缩缝、沉降缝和防震缝内，不得夹有砂浆、碎多孔砖和其他杂物。因为这些杂物限制了房屋建筑的变形使变形缝起不到应有的作用。

每一楼层砌完后，必须校核墙体的轴线尺寸和标高。对允许范围内的偏差，应在本层楼面上校正。

混凝土多孔砖墙体砌筑应采用双排外脚手架或里脚手架进行施工。混凝土多孔砖属薄壁空心材料，墙上留设脚手孔洞将使墙体承受局压。事后镶砌也难以使该部位砂浆饱满密实。

## 12.5 构造柱施工

混凝土多孔砖建筑构造柱构造措施，是保证混凝土多孔砖建筑质量的关键部位之一。设置钢筋混凝土构造柱的混凝土多孔砖砌体，应按绑扎钢筋、砌筑墙体、支设模板、浇筑混凝土的施工顺序进行。

墙体与构造柱连接处应砌成马牙槎。从每层柱脚开始，先退后进，形成100mm宽、200mm高的凹凸槎口。柱墙间应采用2$\phi$6的拉结筋拉结、间距宜为400mm，每边伸入墙内长度应为1000mm或伸至洞口边。

构造柱两侧模板必须紧贴墙面，支撑必须牢靠，严禁板缝漏浆，保证构造柱混凝土密实。构造柱混凝土保护层宜为20mm，且不应小于15mm。混凝土坍落度宜为50～70mm。

浇灌构造柱混凝土前应清除落地灰等杂物并将模板浇水湿润，然后先注入与混凝土配比相同的50mm厚水泥砂浆，再分段浇灌、振捣混凝土，直至完成。凹型槎口的腋部必须振捣密实。

构造柱轴线从基础到顶层应对准、垂直，其尺寸的允许偏差值应符合表12.5-1的规定。

**构造尺寸允许偏差　　表12.5-1**

| 序号 | 项　目 | | | 允许偏差（mm） | 检查方法 |
|---|---|---|---|---|---|
| 1 | 柱中心线位置 | | | 10 | 用经纬仪检查 |
| 2 | 柱层间错位 | | | 8 | 用经纬仪检查 |
| 3 | 柱垂直度 | 每　层 | | 10 | 用吊线法检查 |
| | | 全高 | ≤10m | 15 | 用经纬仪检查 |
| | | | >10m | 20 | 用经纬仪或吊线法检查 |

## 12.6　冬、雨期施工与安全施工

（1）冬期施工

当室外日平均气温连续5d稳定低于5℃时，多孔砖砌体工程应采取冬期施工技术措施，编制冬期施工方案。日平均气温应根据当地气象资料确定，在冬期施工期限以外，当日最低温低于－3℃时，也按冬期施工规定执行。当室外日平均气温连续5d高于5℃时应解除冬期施工。

冬期施工所用的材料，应符合下列规定：

1）不得使用浇过水或浸水后受冻的混凝土多孔砖，因为混凝土多孔砖遇水受冻后，与砌筑砂浆间的粘结强度会降低。

2）砌筑砂浆宜用普通硅酸盐水泥拌制。普通硅酸盐水泥早期强度增长较快，有利于砂浆在冻结前即具有一定强度，应优先选用。

3）石灰膏、电石膏应防止受冻，如遭冻结，应融化后方可使用。

4）砌筑砂浆和芯柱、构造柱混凝土所用的砂与粗骨料不得含有冰块和直径大于10mm的冻结块。

5）拌合砌筑砂浆宜采用两步投料法。水的温度不得超过80℃，砂的温度不得超过40℃，砂浆稠度宜较常温适当减小。

6）现场运输与储存砂浆应有冬期施工措施。

砌筑后，应及时用保温材料对新砌砌体进行覆盖，砌筑面不得留有砂浆。继续砌筑前，应清扫砌筑面。

冬期施工时，对低于M10强度等级的砌筑砂浆，应比常温施工提高一级，且砂浆使用时的温度不应低于5℃。冬期施工期间适当提高砌筑砂浆强度等级有利于砌体质量。

记录冬期砌筑的施工日记除按常规要求外，尚应记载室外空气温度、砌筑时砂浆温度、外加剂掺量以及其他有关资料。

构造柱混凝土的冬期施工应按国家现行标准《建筑工程冬期施工规程》JGJ 104和《混凝土结构工程施工质量验收规范》GB 50204中有关规定执行。

地基土不冻胀时，基础可在冻结的地基上砌筑；地基土有冻胀性时，必须在未冻的地基上砌筑。在基槽、基坑回填土前应采取防止地基遭受冻结的措施。

混凝土多孔砖砌体不得采用冻结法施工。因混凝土多孔砖砌体的水平灰缝中有效铺灰面较小，若采用冻结法施工，在解冻期间施工中易产生墙体稳定问题，故不予取之。埋有未经防腐处理的钢筋（网片）的混凝土多孔砖砌体不应采用掺氯盐砂浆法施工，因为掺有氯盐的砂浆对未经防腐处理的钢筋、网片易造成腐蚀。

采用掺外加剂法时，其掺量应由试验确定，并应符合现行国家标准《混凝土外加剂应用技术规范》GB 50119 的有关规定。

采用暖棚法施工（暖棚法施工是可使砌体中砂浆强度始终在大于 5℃的气温状态下得到增长而不遭冻结的一项施工技术措施）时，混凝土多孔砖和砂浆在砌筑时的温度不应低于 5℃，同时离所砌的结构底面 500mm 处的棚内温度也不应低于 5℃。

暖棚内的混凝土多孔砖砌体养护时间，应根据暖棚内的温度按表 12.6-1 确定。

**暖棚法混凝土多孔砖砌体的养护时间　　表 12.6-1**

| 暖棚内温度（℃） | 5 | 10 | 15 | 20 |
|---|---|---|---|---|
| 养护时间不少于（d） | 6 | 5 | 4 | 3 |

注：表中数值是最少养护期限，如果施工要求强度能较快增长，可以提高棚内温度或适当延长养护时间。

（2）雨期施工

雨期施工，堆放室外的混凝土多孔砖应有覆盖设施，因为混凝土多孔砖被雨水淋湿将会产生湿胀，日后上墙因干缩缘故易使墙体开裂。

雨量为小雨及以上时，应停止砌筑，若继续往上砌筑，常因已砌好砌体的灰缝砂浆尚未凝固而使墙体发生偏斜。对已砌筑的墙体宜覆盖。继续施工时，应复核墙体的垂直度。

砌筑砂浆稠度应视气温和天气的实际情况适当减小，每日砌筑高度不宜超过 1.2m，雨期不利于混凝土多孔砖砌筑。因此，日砌筑高度也应适当减小。

（3）安全施工

混凝土多孔砖墙体施工安全技术要求，须遵守现行建筑工程安全技术规定。

为防止混凝土多孔砖在垂直吊运过程中因受碰动或其他因素的影响从高空坠落伤人，垂直运输使用托盘吊装时，应使用尼龙网或安全罩围护混凝土多孔砖。

在楼面或脚手架上堆放混凝土多孔砖或其他物料时，严禁倾卸和抛掷，不得撞击楼板和脚手架。因为在楼面上倾倒和抛掷混凝土多孔砖或其他物料，易造成混凝土多孔砖破碎、楼板断裂及脚手架不稳定，故应予以制止。

堆放在楼、屋面上的各种施工荷载不得超过楼板（屋面板）的设计允许承载力。主要防止堆载超过楼板或屋面板的允许承载能力而突然断裂，造成重大安全事故。

砌筑混凝土多孔砖或进行其他施工时，施工人员严禁站在墙上进行操作。站在墙上操作既不符合安全施工要求，又影响砌体砌筑质量，故有必要制止。

对未浇筑（安装）楼板或屋面板的墙和柱，在遇大风时，其允许自由高度不得超过表12.6-2的规定。

**混凝土多孔砖墙和柱的允许自由高度　　　表12.6-2**

| 墙、柱厚度（mm） | 墙和柱的允许自由高度（m） | | |
|---|---|---|---|
| | 风荷载（kN/m²） | | |
| | 0.3（相当7级风） | 0.4（相当8级风） | 0.5（相当9级风） |
| 190 | 1.4 | 1.0 | 0.6 |
| 390 | 4.2 | 3.2 | 2.0 |
| 490 | 7.0 | 5.2 | 3.4 |
| 590 | 10.0 | 8.6 | 5.6 |

注：允许自由高度超过时，应加设临时支撑或及时现浇圈梁。

为了防止施工中随意留设施工洞口，以确保人身安全，施工中，如需在砌体中设置临时施工洞口，其洞边离交接处的墙面距离不得小于600mm，并应沿洞口两侧每400mm处设置$\phi$4点焊网片及洞顶钢筋混凝土过梁。

射钉枪保管使用不当有误伤他人的可能，施工时应予重视，它的使用与保管必须符合有关部门规定。

# 参考文献

[1] Weijun Yang，Junjie Tian. Study of sound insulation properties of concrete hollow-brick wall. In：Proc of the 13th International Brick and Block Masonry Conference. Amsterdam，2004.

[2] 倪玉双，杨伟军，蒋耀华. 轻骨料混凝土多孔砖砌体基本力学性能试验研究. 新型建筑材料，2009. 3.

[3] 杨伟军，施楚贤. 混凝土砌块砌体与配筋砌体剪力墙研究. 北京：中国科学技术出版社，2002.

[4] 施楚贤，钱义良，吴明舜，杨伟军，程才渊. 砌体结构理论与设计(第二版). 北京：中国建筑工业出版社，2003. 11.

[5] Weijun Yang，Hui Yu. Effect of the hole type of hollow brick on mechanical behavior. In：Proc of the 13th International Brick and Block Masonry Conference. Amsterdam，2004.

[6] 杨伟军. 混凝土空心砖砌体房屋. 长沙：中南大学出版社，2004.

[7] 钱晓倩，钱志宇，孟涛等. 混凝土多孔砖的砌体力学性能及应用. 建筑砌块与砌块建筑，2004，22(4).

[8] 翟红侠，廖绍锋，冯兰芳. 混凝土多孔砖应用技术研究. 国外建材科技，2005，26(1).

[9] 于献青，董晓峰. 混凝土多孔砖试验验证情况分析. 砖瓦，2003，29(8).

[10] 杨春侠. 博士学位论文. 混凝土多孔砖砌体结构房屋拟动力试验研究及抗震性能分析，湖南大学，2007.

[11] 邢国起. 一种新型保温混凝土多孔砖的研究. 长春工程学院报(自然科学版)，2009，10(1).

[12] 张三明，谭艳平. 不同型号混凝土多孔砖墙体热工性能分析. 新型建筑材料，2005. 03.

[13] 陈治平，陈立、郭安萍. 多功能连锁砌块的结构特点及其应用. 建筑砌块与砌块建筑，2001. 01.

[14] 袁海庆等. 混凝土-纸基空腔材料复合砌块的应用研究. 混凝土与水泥制品，2002. 02.

[15] 杜文英. 建议研究和采用多功能砌块. 建筑砌块，1998. 03.

[16] 陆凯安. 我国建筑垃圾的现状和综合利用. 施工技术，1998：28(5).

[17] 陈福广等. 新型墙体材料手册. 北京：中国建材工业出版社，2000.

[18] 倪玉双，杨伟军，杨春侠. 不同肋厚混凝土多孔砖砌体基本力学性能试验研究及理论分析. 建筑砌块与砌块建筑，2006. 03.

[19] 冯志杰. 硕士学位论文. 黄河淤泥承重模数多孔砖的选型及孔型研究. 郑州大学，2007.

[20] 严理宽等. 混凝土多孔砖的生产和应用. 北京：中国建材工业出版社，1992 .

[21] 李复茂. 彩色劈裂砌块产品的开发与应用 . 山东建材，2003，24(4).

[22] 王庆霖等. 砌体结构. 北京：中国建筑工业出版社，1995.

[23] 王铁梦. 工程结构裂缝控制. 北京：中国建筑工业出版社，1998.

[24] 《砌体结构设计规范》GB 50003—2001. 北京：中国建筑工业出版社，2002.

[25] 中国工程建设协会标准《混凝土砖建筑技术规范》CECS 257：2009. 北京：中国城市出版社，2009.

[26] 《建筑抗震设计规范》GB 50011—2001. 北京：中国建筑工业出版社，2001.

[27] 杨伟军等. 混凝土多孔砖砌体受压承载力试验与分析. 建筑砌块与砌块建筑 .

[28] 杨伟军等. 混凝土多孔砖砌体弯曲抗拉强度试验研究. 建筑结构 .

[29] 钱义良. 施楚贤. 砖石结构研究论文集. 长沙：湖南大学出版社，1989.

[30] 杨伟军. 施楚贤. 砌体受压本构关系研究成果的述评. 四川建筑科学研究，1999，95(3).

[31] 杨伟军，施楚贤. 偏心受压砌体构件偏心距计算的探讨. 建筑结构，1999.

[32] Weijun Yang，Chuxian Shi. Random Nonlinear Finite Element Analysis of Masonry Structure. 12th IBBMaC Proceedings，Maderid，Spain，2000.

[33] Weijun Yang，Chuxian Shi，Analysis of the Nonlinear Stochastic Earthquake Response on Masonry Structures. 12th IBBMaC Proceedings，Maderid，Spain，2000.